教育部职业教育与成人教育司推荐教材

Java 程序设计案例教程

（第三版）

沈大林　主编

沈　昕　肖柠朴　曾　昊　副主编

中国铁道出版社
CHINA RAILWAY PUBLISHING HOUSE

内 容 简 介

　　Java 是一种功能强大的，具有简单、面向对象、分布式、可移植等性能的多线程动态计算机编程语言。同时，Java 还是一种跨平台的程序设计语言，可以在各种类型的计算机和操作系统上运行。Java 语言非常适合于企业网络和 Internet 环境，现已成为 Internet 中最受欢迎、最有影响的编程语言之一。本书使用 JDK 8 Update 112 作为开发工具来介绍 Java 语言。

　　本书共分为 9 章，主要介绍了 Java 编程基础知识、算法和流程控制语句、数组和方法、面向对象程序设计、图形用户界面设计与实现以及异常处理和多线程。同时，还配合知识的讲解介绍了 70 多个案例，提供了大量思考与练习题。全书以案例操作为主线，通过学习大量实用、经典的编程案例来介绍 Java 语言，使读者可以快速掌握并应用所学的 Java 语言编程知识。

　　本书适合作为中等职业学校计算机专业的教材，也可以作为高等职业院校非计算机专业的教材，还可以作为 Java 语言爱好者的自学用书。

图书在版编目（CIP）数据

Java 程序设计案例教程 / 沈大林主编. — 3 版. —
北京：中国铁道出版社，2017.5
　教育部职业教育与成人教育司推荐教材
　ISBN 978-7-113-22981-8

　Ⅰ. ①J… Ⅱ. ①沈… Ⅲ. ①JAVA 语言－程序设计－
职业教育－教材 Ⅳ. ①TP312.8

　中国版本图书馆 CIP 数据核字（2017）第 075488 号

书　　名：Java 程序设计案例教程（第三版）
作　　者：沈大林　主编

策　　划：邬郑希　　　　　　　　　　读者热线：（010）63550836
责任编辑：邬郑希　徐盼欣
封面制作：白　雪
责任校对：张玉华
责任印制：郭向伟

出版发行：中国铁道出版社（100054，北京市西城区右安门西街 8 号）
网　　址：http://www.tdpress.com/51eds/
印　　刷：三河市兴达印务有限公司
版　　次：2004 年 11 月第 1 版　2009 年 4 月第 2 版　2017 年 5 月第 3 版　2017 年 5 月第 1 次印刷
开　　本：787 mm×1 092 mm　1/16　印张：17.5　字数：422 千
书　　号：ISBN 978-7-113-22981-8
定　　价：42.00 元

第三版前言

  Java 语言以其独有的开放性、跨平台性和面向网络的交互性风靡全球，是目前最常用的计算机编程语言之一，也是主要的网络开发语言之一。Java 具有面向对象、分布式和多线程等先进高级计算机语言的特点，同时它还因可移植、安全性能高和网络移动性等逐渐成为一种行业标准。

  本书详细介绍使用 Java 语言进行编程的基本知识和方法。本书的特点是内容全面且易懂，以实例为主，全面介绍了用 Java 语言编程所需的各方面知识，内容包括 Java 编程基础知识、算法和流程控制语句、数组和方法、面向对象程序设计、图形用户界面设计与实现以及异常处理和多线程等。通过大量实例的讲解以及丰富的习题，初学者可以迅速而全面地掌握 Java 编程语言，编写出适合现代企业或个人需要的程序。

  本书共分 9 章，介绍了 70 多个案例，提供了大量思考与练习题。第 1 章主要介绍如何安装 Java 语言开发工具，如何运行 Java 应用程序和 Java 小程序。第 2 章主要介绍 Java 语言编程的基础知识，包括输出数据的方法、数据类型、变量与常量以及面向对象基本概念和 Java 库类。第 3 章主要介绍运算符与表达式以及数据类型的转换。第 4 章主要介绍 Java 语言的分支语句，包括 if 语句、switch 语句。第 5 章主要介绍了循环语句和跳转语句的使用，包括 for 语句、do…while 语句和 while…loop 语句以及 break、continue 和 return 语句。第 6 章主要介绍数据结构的基础知识，包括一维数组和多维数组的创建与使用，数字排序和递归思想以及方法的意义和应用。第 7 章主要介绍如何在 Java 语言中实现面向对象程序设计、类的继承和多态以及与面向对象相关的接口、包和修饰符等知识。第 8 章介绍 Java 基本的图形用户界面的实现，包括窗口的显示、文字和图像的显示、创建容器、指定布局、事件处理以及图形用户界面中常用的组件等内容。第 9 章主要介绍 Java 语言异常处理机制和方法、线程的概念和多线程的应用。

  本书在前两版基础上，增加了最新全国计算机等级考试二级 Java 考试大纲中要求的运算符和表达式、断言等内容，并更新了部分案例。

  建议教师在使用本教材进行教学时，可以一边带学生做各章的案例（指导学生在计算机前按照书中案例的操作步骤进行操作），一边带学生学习各种相关知识和实用技术，将它们有机地结合在一起，以达到事半功倍的效果。采用这种方法学习的学生，掌握知识的速度快、学习效果好，可以提高灵活应用能力和创造能力。

  本书由沈大林任主编，沈昕、肖柠朴、曾昊任副主编。参加本书编写工作的人员还有：王爱赪、王浩轩、魏雪英、胡野红、曲彭生、董鑫、杨旭、张伦、郝侠、李斌、刘桂玲、黄启宝、苏飞、王小兵、郑鹤、张磊、关山、赵亚辉、丰金兰、夏京等。

  本书适应了社会、企业、人才和学校的需求，适合作为中等职业学校计算机专业的教材，也可以作为高等职业院校非计算机专业的教材或培训学校的培训教材，还可以作为 Java 语言爱好者的自学用书。

  由于编者水平有限，加上编著、出版时间仓促，书中难免有疏漏和不妥之处，恳请广大读者批评指正。

编　者

2017 年 2 月

第一版前言

Java 语言是由美国 SUN 公司开发的一种功能强大的，具有简单、面向对象、分布式、可移植等性能的多线程动态计算机编程语言。同时，Java 还是一种跨平台的程序设计语言，可以在各种类型的计算机和操作系统上运行。Java 语言非常适合于企业网络和 Internet 环境，现在已成为 Internet 中最受欢迎、最有影响的编程语言之一。

本书使用 Java 2 SDK 1.4.2 作为开发工具，对 Java 语言进行介绍，包括 Java 语言基础知识、面向对象编程、图形用户界面设计以及数据的输入输出等内容。

本书是"新世纪职业技术培训案例教程"系列丛书之一。全书共分为 6 章，讲解了 37 个实例，提供了 100 多道思考与练习题。全书以计算机实例操作为主线，采用真正的任务驱动方式，展现全新的教学方法。本书贯穿以实例带动知识点的学习，通过学习大量实用、经典的编程实例，来介绍 Java 语言，使读者可以快速掌握、应用所学的 Java 语言编程知识。每个实例均由实例效果、技术分析、程序解析、知识进阶和思考练习五部分组成。在按实例进行讲解时，充分注意知识的相对完整性和系统性。读者可以跟着本书的操作步骤去操作，从而完成应用实例的制作，还可以在实例制作中轻松地掌握 Java 语言程序的设计。本书由浅及深、由易到难、循序渐进、图文并茂，理论与实际制作相结合，可使读者在阅读学习时知其然还知其所以然，不但能够快速入门，而且可以达到较高的水平，有利于教学和自学，教师可以得心应手地使用它进行教学，学生也可以自学。

本书由沈大林主编，沈昕、肖柠朴编著。参加本书编写工作的主要人员有：王浩轩、曲彭生、董鑫、杨旭、张伦、李斌、郝侠、李稚平、黄启宝、胡玉莲、郭鸿博、李俊、朱海跃、张磊、郭华、王英、戴淑英、王钢、刘桂玲、靳轲、章国显、刘锋、王连、王小兵、王全、谭汉英、丰金兰、苏飞、夏京、隋金声、杨卫东、潘雪蓉、袁柳、郑鹤、赵亚辉、关山、胡野红等，参加其他编写工作的还有新昕教学工作室的人员。

本书可以作为中等计算机职业技术学校的教材，也可以作为初、中级培训班的教材，还适于作为初学者的自学用书。

由于水平有限，加上编著、出版时间仓促，书中难免有偏漏和不妥之处，恳请广大读者批评指正。

编　者
2004 年 9 月

第二版前言

　　Java 语言以其独有的开放性、跨平台性和面向网络的交互性风靡全球，是目前最常用的计算机编程语言，也是主要的网络开发语言之一。Java 具有面向对象、分布式和多线程等先进高级计算机语言的特点，同时它还因可移植、安全性能高和网络移动性等逐渐成为一种行业标准。

　　本书详细地介绍使用 Java 语言进行编程的基本知识和方法。本书的特点是内容全面且易懂，以实例为主，全面介绍了用 Java 语言编程所需的各方面知识，内容包括 Java 编程基础知识、算法和流程控制语句、数组和方法、面向对象程序设计、图形用户界面设计与实现以及异常处理和多线程等。通过大量实例的讲解以及丰富的习题，初学者可以迅速而全面地掌握 Java 编程语言，编写出适合现代企业或个人需要的程序。

　　本书共分 7 章，介绍了 58 个案例，提供了大量思考与练习题。第 1 章主要介绍如何安装 Java 语言开发工具，如何使用 DOS 系统运行 Java 应用程序和 Java 小程序。第 2 章主要介绍 Java 语言编程的基础知识，包括输出数据的方法、数据类型、变量与常量、运算符与表达式以及面向对象基本概念和 Java 库类。第 3 章主要介绍 Java 语言的流程控制语句，包括 if 语句、switch 语句、for 语句、do...while 语句和 while...loop 语句以及 break、continue 和 return 语句。第 4 章主要介绍数据结构的基础知识，一维数组和多维数组的创建与使用，数字排序和递归思想以及方法的意义和应用。第 5 章主要介绍如何在 Java 语言中实现面向对象程序设计、类的继承和多态以及与面向对象相关的接口、包和修饰符等知识。第 6 章介绍 Java 基本的图形编程知识，包括窗口的显示、文字和图像的显示、创建容器、指定布局、事件处理以及图形用户界面中常用的组件等内容。第 7 章主要介绍 Java 语言异常处理机制和方法、线程的概念和多线程的应用。

　　建议教师在使用该教材进行教学时，可以一边带学生做各章的案例（指导学生在计算机前按照书中案例的操作步骤进行操作），一边学习各种相关知识和实用技术，将它们有机地结合在一起，以达到事半功倍的效果。采用这种方法学习的学生，掌握知识的速度快、学习效果好，可以提高灵活应用能力和创造能力。

　　本书由沈大林主编，沈昕、肖柠朴、曾昊等编著。参加本书编写工作的主要人员还有：王爱赪、王浩轩、魏雪英、胡野红、曲彭生、董鑫、杨旭、张伦、李稚平、郝侠、李斌、朱海跃、刘桂玲、靳轲、黄启宝、王英、章国显、戴淑英、李俊、王全、苏飞、王小兵、谭汉英、郑鹤、张磊、关山、赵亚辉、丰金兰、夏京等。

　　本书适应了社会、企业、人才和学校的需求，适合作为中等职业学校计算机专业的教材，也可以作为高等职业院校非计算机专业的教材或培训学校的培训教材，还可以作为 Java 语言爱好者的自学用书。

　　由于编者水平有限，加上编著、出版时间仓促，书中难免有疏漏和不妥之处，恳请广大读者批评指正。

编　者
2009 年 2 月

目 录

第 1 章 Java 语言概论

Java 语言是一种目前最常用的计算机程序设计语言，广泛地应用于个人和企业级网络应用开发，以及移动应用的开发。对于初次接触计算机编程语言的人来说，Java 语言简单易学，不需要长时间的培训就可以编写出适合个人或企业需要的程序。

本章主要介绍 Java 语言的原理、开发工具和安装方法，以及与 Java 语言相关的 DOS 命令和 HTML 语言，并通过案例介绍 Java Application 和 Java Applet 的运行方法。

1.1 Java 语言简介

Java 是 Sun 公司（现已被 Oracle 公司收购）开发的、适用于 Internet 的面向对象的程序设计语言，是主要的网络开发语言之一。Java 具有与平台无关、面向对象、多线程、稳定、安全、可靠和易学等特点，比较适合于初次接触计算机编程语言的人学习。

1.1.1 Java 语言简史

Java 语言是一种面向对象编程的计算机高级语言。Java 语言的发展得益于它与 WWW 的成功结合。Java 语言在被定位到 WWW 上后，才真正焕发了生机，在极短的时间内迅速地流行起来。

Java 语言是由美国 Sun 公司的"绿色工程"（green project）小组于 1991 年开发研制出来的。最初它是一种管理小型家用电子产品的分布式代码管理系统，而且那时候它的名字也不是 Java，而是橡树（Oak）。但是，由于当时市场和语言本身的问题，整个计划并没有达到预期的目标。眼看 Oak 就要夭折时，因特网（Internet）的迅速发展拯救了它。

1994 年，"绿色工程"小组的开发方向已经转向 Internet。他们用 Oak 编写的一系列网络应用程序让 Sun 公司看到了 Oak 的再开发前景，于是决定给 Oak 起一个更响亮的名字——Java。Java 原意爪哇，为著名的咖啡原产地。"绿色工程"小组希望每一个使用 Java 的人都有一种轻松、惬意的感觉，就像是在品尝香浓美味的咖啡。

1995 年 5 月，Sun 公司正式发布了 Java 技术。同时，Netscape 通信公司技术副总裁宣布 Netscape 公司将在其产品 Web 浏览器中支持 Java。随后，一些著名的计算机公司，如 IBM、Microsoft、Novell、SGI、Oracle 和 Borland 等，都陆续宣布将支持 Java，并购买 Java 的使用许可。Netscape 和 Microsoft 两大公司先后公布了支持 Java 语言的浏览器。

Java 正式发布以后，得到了全球计算机界的高度重视和广泛好评，美国著名的计算机杂志 *PC Magazine* 将 Java 评为 1995 年十大优秀科技产品。Microsoft 公司总裁比尔·盖茨在经过一段时间的观察后，不无感慨地说："Java 是长时间以来最卓越的程序设计语言。"并由此调整了 Microsoft 的软件产品开发战略。随着 Java 语言在互联网和多媒体上的发展，Sun 公司推出了一种用 Java 编写的、可嵌入浏览器内部的小程序 Applet，使得 Web 页面上出现了更丰富多彩的图像和动画。

JDK 是使用 Java 编程语言构建应用、小程序和组件的开发环境。1996 年，Sun 公司正式推出 JDK 1.0，并在不断改进和升级后，发布了 JDK 1.1、JDK 1.1.5 等版本。Sun 公司在 1999 年将 Java 升级为 1.2 版，1.2 版倾注了 Sun 公司大量的心血，为使其更加完善，1.2 版加入了许多新的设计。鉴于 1.2 版与之前版本的巨大差异，Sun 公司将 1.2 版以及其后的版本命名为 Java2。

随着 Java 版本的升级，Java 程序运行更快，多媒体功能也更强，同时还扩充了对网络的支持和对 XML 的处理。另外，随着 Java 语言技术的不断发展，Sun 公司根据市场需求进一步将 Java 细分为以下 3 个版本：针对企业级 e-Business 架构和 Web 服务开发与应用的平台 J2EE（Java 2 Enterprise Edition）；针对普通 PC 应用的 Java 开发平台 J2SE（Java 2 Standard Edition）；针对嵌入式设备及消费类电器（如手机、智能卡等）的开发平台 J2ME（Java 2 Micro Edition）。

2005 年 6 月，在 Java One 大会上，Sun 公司发布了 Java SE6，并取消了 Java 各种版本中的数字 2，如 J2EE 更名为 Java EE，J2SE 更名为 Java SE，J2ME 更名为 Java ME。

2009 年，Oracle 公司宣布收购 Sun。到目前为止，JDK 的最新版本为 JDK 8。

1.1.2　Java 语言实现机制

Java 语言是一种高级语言，因此不能够被计算机的 CPU 直接接收，必须通过一个功能强大的翻译器将 Java 高级语言翻译成计算机 CPU 可以接收的机器语言。

1. 翻译器

翻译器有两种：一种是编译器（compiler），另一种是解释器（interpreter）。编译器和解释器的作用都是将高级语言写好的程序翻译成计算机 CPU 能够接收的机器语言，不同的只是翻译的方式不同。编译器是把程序全部翻译成机器语言后，CPU 再运行翻译好的全部机器语言；解释器是在程序运行时每翻译一句高级语言就传递给 CPU，CPU 立即运行这部分翻译好的机器语言。显然，用编译器程序运行速度较快，但翻译时间较长；用解释器翻译时间短，但运行速度较慢。

2. Java 虚拟机

Java 语言并没有用编译器直接将程序翻译成机器语言，而是先翻译成字节码（byte code），这样编译的时间大大减少。字节码类似于机器指令，但又不是为某个特定的机器定义的，因此，字节码格式的程序是不能被计算机的 CPU 直接接收的，一般不能在某个具体的平台上执行，而需要由 Java 运行系统中的解释器来解释执行。这个解释器也叫 Java 虚拟机（Java Virtual Machine，JVM）。

因此，Java 程序的执行需要经过两个步骤：第一步由编译器将 Java 程序编译为字节码；第二步由 Java 虚拟机解释执行字节码，将字节码翻译成机器语言。第二步是在程序运行过程中进行的，但是时间远比一般的编译器要快。而且 Java 虚拟机是针对每一台计算机的，也就是说，当同一个程序在具有不同类型操作系统的计算机上运行时，Java 编译器先将程序翻译成同样的字节码文件，Java 虚拟机再根据所在计算机操作系统的不同，解释成相应的机器语言。Java 语言的翻译方法如图 1-1-1 所示。JVM 运行的代码存储在 .class 文件中，每个文件最多包含一个 public 类的代码。

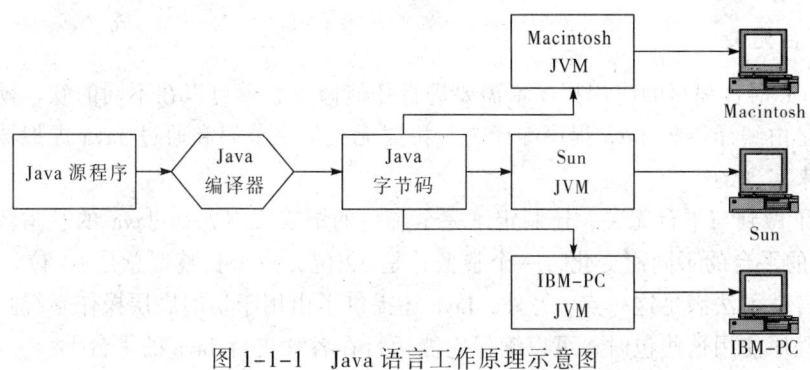

图 1-1-1　Java 语言工作原理示意图

从本质上讲 Java 语言是解释型语言，但 Java 通过预先将源代码编译成接近于机器指令的字节码，有效地克服了传统解释型语言的性能瓶颈，同时又保持了解释型语言的可移植性特点。

1.1.3　Java 语言的特点

Java 语言是一种完全面向对象的程序设计语言，它是解释执行的，能跨平台使用。Java 具有高性能和高度的安全性，支持多线程，具有内存垃圾自动收集机制。随着学习的深入，读者会逐渐对 Java 的术语有较深入的理解。

1. 面向对象

在现实世界中，任何实体都可以看作一个对象，对象具有状态和行为两大特征。在 Java 语言中，没有采用传统的、以过程为中心的编程方法，而是采用以对象为中心、通过对象之间的调用来解决问题的编程方法。

在 Java 语言中，除了数值、布尔逻辑和字符三个基本数据类型外，其他类型都是对象。Java 的程序代码以类的形式组织，由类来定义对象的各种状态和行为，如果不创建新类就无法创建程序。Java 程序在运行时必须先创建一个类的实例，然后才可以提交运行。

Java 支持继承特性。Java 的类可以从其他类中继承行为，但 Java 只支持类的单重继承，即每个类只能从一个类中继承，这可以避免因支持多重继承而带来的混乱和语言的繁杂。Java 支持接口，接口允许程序员定义方法但又不立即实现。一个类可以实现多个接口，利用接口可以得到多重继承的许多优点而又没有多重继承的问题。

Java 摒弃了 C++ 中的非面向对象特性（如结构和函数调用），也不再支持全局变量。

2. 结构简单化

Java 语言的程序构成及语言风格等与 C 语言和 C++ 语言非常类似，但是 Java 语言摒弃了 C 语言和 C++ 语言的复杂、不安全特性以及一些不是绝对必要的功能。例如，指针的操作和内存的管理、头文件、预处理器、运算符重载和隐式的类型转换等。

此外，Java 语言提供了种类丰富、功能强大的类库，提高了编程效率，通过实现自动垃圾收集大大简化了内存管理的工作。因此，Java 比 C++更容易学习，其程序的可读性也更强。

在 Java 语言系统中添加了自动垃圾收集功能，能够不断对内存进行扫描，自动释放不再使用的内存块，这使程序员不需要关心内存管理问题，使 Java 程序的编写变得简单，同时，还减少了程序中因内存管理问题而产生的错误。

3．与平台无关

使用 Java 语言编写的应用程序不需要进行任何修改，就可以在不同的软、硬件平台上运行。这主要是由编译器将 Java 程序编译为与机器无关的字节码和通过 Java 虚拟器字节码翻译成机器语言来实现的。

Java 为了做到与平台无关，还制定了完全统一的语言文本，如 Java 的基本数据类型不会随支持 Java 的平台的不同而变化，一个整型总是 32 位，一个长整型总是 64 位。而 C 和 C++程序设计语言就无法满足这一点。另外，Java 还提供了由用于访问底层操作系统功能的类所组成的包，当程序使用这些包时，可以确保它能运行在各种支持 Java 的平台上。

4．支持多线程

多线程是指在一个程序中可以同时执行多个任务。线程也称轻量进程，是一个传统大进程里分出来的、独立的、可并发执行的单位。OS/2、Windows NT、Windows XP/7/8/10 等操作系统都支持并发，这意味这些操作系统都能够同时进行多项任务的并发处理。Java 程序可以有多个执行线程。例如，可以让一个线程进行复杂的计算，而让另一个线程用来进行用户交互，这样用户可以在不中断计算线程的前提下与系统进行交互。

C 语言和 C++采用单线程体系结构，而 Java 语言支持多线程技术。

5．安全高效

因为 Java 最初的设计目的是应用于电子类家庭消费产品，所以要求有较高的可靠性。现今的 Java 语言主要用于网络应用程序的开发，因此对安全性有很高的要求。如果没有安全保证，用户运行从网络下载的 Java 语言应用程序是十分危险的。Java 语言通过使用编译器和解释器，在很大程度上避免了病毒程序的产生和网络程序对本地系统的破坏。

Java 语言提供了异常处理机制，有效地避免了因程序编写错误而导致的死机现象。这种异常处理机制是目前操作系统的错误处理方法，Java 将异常处理机制引入语言中，使程序员能够用统一的方法来处理各种错误。

Java 语言提供了内存保护机制，使得 Java 程序只能修改被允许部分的内存值。对于传统的程序，它们可以访问计算机中所有内存的值，这会引起一系列问题。

此外，Java 语言还取消了指针操作，从而消除了复写内存单元或破坏有用数据的可能性。Java 语言具有真正的数组和串的概念，即解释器能够检查数组或串的索引值，以防越界；而且不能将任意整数通过强制类型转换的方法转换成对某一对象的引用。

6．动态性

Java 语言不但提供了适合于 Internet 环境的对象连接机制、程序组织方式和名字空间，还通过提供支持 TCP/IP、WWW 等的网络包，使用户能够方便地访问其他 URL 上的资源。

思考与练习 1-1

1. 填空题

（1）Java 语言是_____公司开发的，该公司于 2009 年被_____公司收购。

（2）Java 语言是面向对象的程序设计语言，其特点是_____、_____、_____、_____、_____和_____等。

2. 问答题

（1）翻译器有两种：一种是编译器（compiler），另一种是解释器（interpreter）。它们的相同之处是什么？不同之处是什么？

（2）简单描述 Java 语言翻译器的工作流程。

1.2　Java SDK 8 的下载和安装

Java SDK 的全称是 Java SE Development Kit，也称 JDK。它是 Sun 公司编写的 Java 语言开发工具。它没有用户界面，只能在 DOS 命令窗口下运行。其操作简单，初学者只要掌握几条常用的 DOS 命令就可以轻松地运行 Java 程序。2014 年，Oracle 公司发布了 Java SDK 8。

本节介绍 Java SDK 8 的下载安装过程、Bin 文件夹的内容及作用和设置环境变量的意义及方法。

1.2.1　下载并安装 Java SDK 8

本书采用 SDK 8 Update 112 版本。

1. 下载 Java SDK 8

Java SDK 8 可以从 Oracle 公司网站免费下载，操作步骤如下：

（1）打开浏览器，在"地址"栏中输入 www.oracle.com/technetwork/cn/java，进入 Oracle 公司 Java 技术支持页面，如图 1-2-1 所示。

图 1-2-1　Oracle 公司 Java 技术支持页面

（2）在页面右侧 New Downloads 栏中，单击 Java SE 8 Update 111/112 链接进入 JDK 的下载页面，如图 1-2-2 所示。

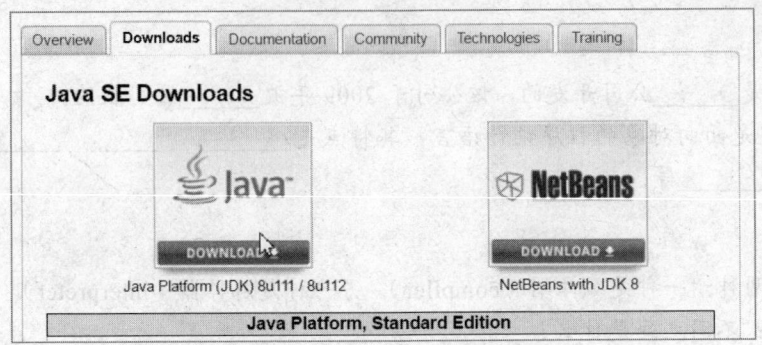

图 1-2-2　Java SDK 8 下载页面 1

（3）在图 1-2-2 中单击 Java DOWNLOAD 大图标，进入如图 1-2-3 所示的下载页面。

Java SE Development Kit 8u112		
You must accept the Oracle Binary Code License Agreement for Java SE to download this software.		
○ Accept License Agreement		● Decline License Agreement
Product / File Description	File Size	Download
Linux x86	162.42 MB	jdk-8u112-linux-i586.rpm
Linux x86	177.12 MB	jdk-8u112-linux-i586.tar.gz
Linux x64	159.97 MB	jdk-8u112-linux-x64.rpm
Linux x64	174.73 MB	jdk-8u112-linux-x64.tar.gz
Mac OS X	223.15 MB	jdk-8u112-macosx-x64.dmg
Solaris SPARC 64-bit	139.78 MB	jdk-8u112-solaris-sparcv9.tar.Z
Solaris SPARC 64-bit	99.06 MB	jdk-8u112-solaris-sparcv9.tar.gz
Solaris x64	140.46 MB	jdk-8u112-solaris-x64.tar.Z
Solaris x64	96.86 MB	jdk-8u112-solaris-x64.tar.gz
Windows x86	188.99 MB	jdk-8u112-windows-i586.exe
Windows x64	195.13 MB	jdk-8u112-windows-x64.exe

图 1-2-3　Java SDK 8 下载页面 2

（4）在 Java SE Development Kit 8u112 栏中，单击选中 Accept License Agreement 单选按钮，表示接受许可协议。然后根据用户所使用的操作系统平台选择相应的下载选项。本书采用 Windows x64 操作系统，单击 jdk-8u112-windows-x64.exe 链接，开始下载 JDK 8 Update 112。

随着 Oracle 公司对 Java 语言版本的不断升级，下载 JDK 的网页内容会有所不同，读者可根据网页的具体提示下载最新的版本。

2．安装 Java SDK 8

下载完成后，即可安装 Java SDK 8，其操作步骤如下：

（1）在保存 JDK 软件的文件夹中双击 jdk-8u112-windows-x64.exe 文件图标，运行该文件，开始安装 Java SDK 8。

（2）稍等片刻，弹出"Java SE Development Kit 8 Update 112（64-bit）-安装程序"对话框。单击"下一步"按钮，弹出"Java SE Development Kit 8 Update 112（64-bit）-定制安装"对话框，如图 1-2-4 所示。在该对话框中可以设定需要安装的功能和安装软件的路径。

（3）对话框中的开发工具、源代码和公共 JRE 选项是 Java 最基本的三个功能。

开发工具功能：是 Java 的核心，包括开发 Java 程序必需的库类和工具，以及一个专用的 Java 运行环境 JRE。

源代码功能：包含了 Java 所有核心库类的源代码。

公共 JRE 功能：提供了独立的 Java 运行环境 JRE，任何应用程序均可以使用该 JRE。

如果要重新设定安装的功能，可以单击选项名前的图标，调出其下拉列表，选择是否安装，建议安装所有 Java 功能。如果要重新设定安装的位置，可以单击"更改"按钮，在弹出的对话框中选择文件的安装路径。读者可以在计算机硬盘的任何地方安装 JDK，本书使用默认路径。

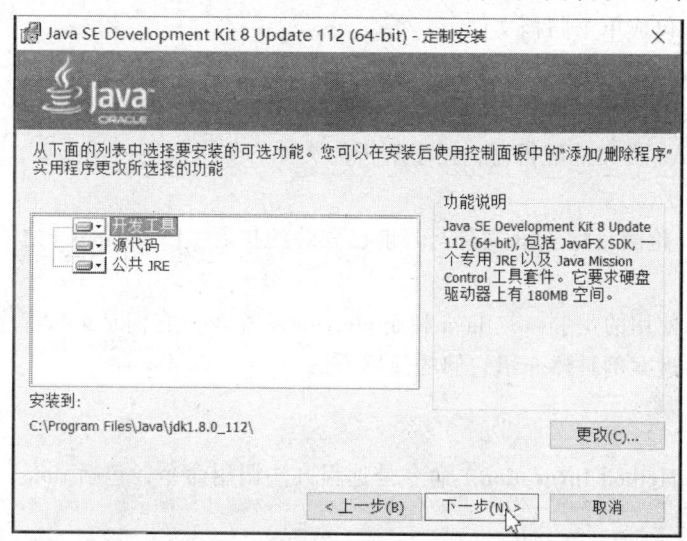

图 1-2-4　"Java SE Development Kit 8 Update 112（64-bit）-定制安装"对话框

（4）单击"下一步"按钮，开始安装 JDK。稍等一段时间，安装完成后，系统自动弹出"Java SE Development Kit 8 Update 112（64-bit）– 完成"对话框。单击"后续步骤"按钮可以打开网页了解更多 Java 信息。单击"关闭"按钮，关闭对话框，安装完成。

1.2.2　Bin 文件夹

安装好 Java SDK 8 后，会在安装目录下看到一些文件夹和文件。例如，include 文件夹存放 Java 标准类的源代码，demo 文件夹存放演示程序代码，lib 文件夹存放 JDK 工具命令的实际执行程序，src.zip 压缩文件存放的是 Java 所有核心类库的源代码。打开安装路径下的 bin 文件夹，其中有 50 多个以 exe 为扩展名的文件，它们都是 Java 语言的操作命令，都是可以在 DOS 环境下执行的文件。下面对部分命令进行简要介绍。

1.　基本命令

基本命令包括 javac、java、javadoc、appletviewer、jar、jdb、javah、javap 和 extcheck。

（1）javac：是 Java 语言的编译器。在 DOS 环境的"命令提示符"窗口中输入 javac，然后输入含有 Java 源程序的文件名，即可以编译该源程序，生成相应的字节码文件。

（2）java：是 Java 语言的解释器。在 DOS 环境的"命令提示符"窗口中输入 java，然后输入行编译好的字节码文件名，即可以运行程序，输出结果。

（3）javadoc：用于生成 Java API 文档。解析 Java 源文件中类的声明和文档注释，并产生相应的 HTML 格式的文档，描述公有类、保护类、内部类、接口、构造方法、方法和成员变量等。

（4）appletviewer：是 Java Applet 的浏览器，可以使 Applet 脱离 Web 浏览器环境运行和调试。在 DOS 环境的"命令提示符"窗口中输入 appletviewer，再输入含有字节码文件的 HTML 程序名，即可以运行编译好的 Applet 程序。

（5）jar：是 Java 类文件归档命令。jar 命令可将多个文件合并为一个 JAR 归档文件，是多用途的存档及压缩工具。它基于 ZIP 和 ZLIB 压缩格式。jar 命令的主要目的是便于将 Applet 或者 Application 打包成单个归档文件。

（6）jdb：Javah 程序的调试器。

（7）javah：从 Java 类中调用 C++程序代码。

（8）Javap：Java 类文件解析器，用于解析类文件。如果没有使用选项，javap 将输出类的 public 域和方法。

（9）extcheck：检测目标 JAR 文件与当前已安装的扩展（Extensions）之间的标题和版本是否冲突。

在本书中，常使用的是 javac、java 和 appletviewer 命令。它们是运行程序的主要工具，在以后的章节中将通过案例具体介绍它们的使用方法。

2．RMI 命令

RMI（Remote Method Invocation）命令是远程方法调用命令，包括 rmic、rmiregistry、rmid 和 serialver。

（1）rmic：为远程对象生成 stub 和 skeleton。

（2）rmiregistry：在当前主机的指定端口上启动远程对象注册服务程序。

（3）rmid：激活系统守候进程，以便能够在 Java 虚拟机上注册和激活对象。

（4）serialver：返回 serialVersionUID。

3．国际化命令

国际化命令只包含一个 native2ascii 命令。该命令将含有本地编码字符（既非 Latin-1 又非 Unicode 字符）的文件转换为 Unicode 编码字符的文件。

4．安全控制命令

安全控制命令包括 keytool、jarsigner、policytool、kinit、klist 和 ktab。

（1）keytool：管理密钥库和证书。

（2）jarsigner：为 Java 归档 JAR 文件产生签名，并可校验已签名的 JAR 文件的签名。

（3）policytool：管理策略文件的图形化工具。

（4）kinit：获得 Kerberos v5 tickets 的工具，相当于 Solaris 操作系统中相类似的工具 kinit。

（5）klist：列表显示证书缓存区和密钥表中的项，相当于 Solaris 操作系统中相类似的工具 klist。

（6）ktab：帮助用户管理密钥表的工具，相当于 Solaris 操作系统中相类似的工具 ktab。

5．Java IDL 和 RMI-IIOP 命令

这类命令帮助用户建立使用 OMG 的 IDL 和 CORBA/IIOP 标准的应用程序，包括 tnameserv、idlj、orbd 和 servertool 等命令。

（1）tnameserv：访问 CORBA 命令服务。

（2）idlj：将 OMG IDL 定义的接口文件翻译为 .java 文件，使 Java 语言编写的程序能够使用 CORBA 功能。

（3）orbd：支持 client 端透明地定位和激活 CORBA 环境中的永久服务对象。

（4）servertool：使应用程序员可以注册、撤销注册、启动和停止一个服务对象。

1.2.3　设置环境变量

由于 JDK 的编译和运行基本上都是在 DOS 环境下进行，因此，为了能在任何提示符下都可以方便地直接使用 bin 文件夹中的可执行文件和 Java 类库，需要对系统环境变量 PATH 进行更新。更新环境变量 PATH 后，用户不需要再输入 Bin 文件夹中可执行文件的完整路径来运行该文件，只需要直接输入可执行文件的文件名。例如，如果没有修改环境变量 PATH，则用户需要输入 C:\Program Files\Java\jdk1.8.0_112\bin\javac myfirst.java 来编译 Java 源程序 myfirst.java；更新系统环境变量后，用户只需要输入 javac myfirst.java 命令就可以编译 Java 源程序 myfirst.java。

下面以 Windows 10 计算机操作系统为例，介绍设置的方法。

（1）单击"开始"→"控制面板"→"系统和安全"→"系统"菜单命令，弹出"系统"界面。在界面的左侧单击"高级系统设置"链接，弹出"系统属性"对话框，选择"高级"选项卡，如图 1-2-5 所示。

图 1-2-5　"系统属性"对话框

（2）在"高级"选项卡中，单击"环境变量"按钮，弹出"环境变量"对话框，如图 1-2-6 所示。此时，可以设置用户（此处为 Gracie）的环境变量，也可以设置系统的环境变量。如果设置用户的环境变量，则只能该用户使用，其他用户不可以使用。如果设置系统的环境变量，则此计算机的每个用户均可以使用。这里设置用户环境变量，设置系统的环境变量与此完全相同。

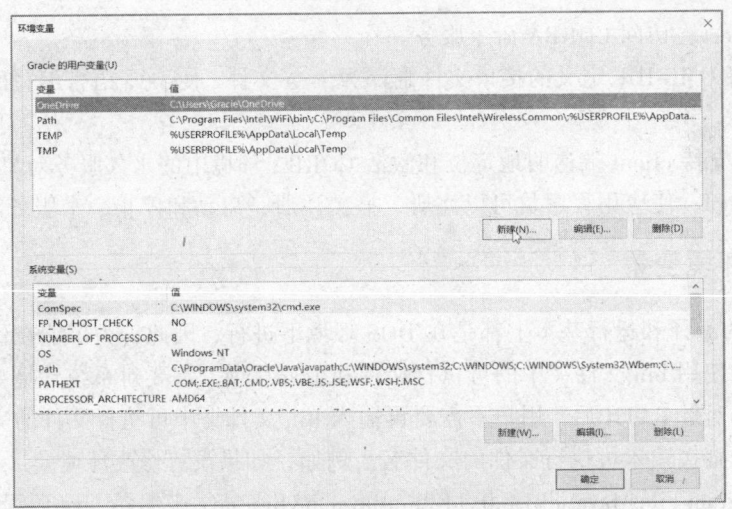

图 1-2-6　"环境变量"对话框

（3）单击"Gracie 的用户变量"栏下方的"新建"按钮，弹出"新建用户变量"对话框，在"变量名"文本框中输入新建的变量"JAVA_HOME"，在"变量值"文本框中输入"C:\Program Files\Java\jdk1.8.0_112"，如图 1-2-7 所示。JAVA_HOME 指向的是 JDK 的安装路径，在这路径下能够找到 bin、lib 等目录。

（4）单击"确定"按钮返回"环境变量"对话框，此时"Gracie 的用户变量"栏中创建了JAVA_HOME 变量。

（5）双击"Gracie 的用户变量"栏中的 Path 变量，弹出"编辑环境变量"对话框。在对话框中，单击"新建"按钮，输入"%JAVA_HOME%\bin"，再次单击"新建"按钮，输入"%JAVA_HOME%\jre\bin"，如图 1-2-8 所示。%JAVA_HOME%表示引用 JAVA_HOME 环境变量的值。

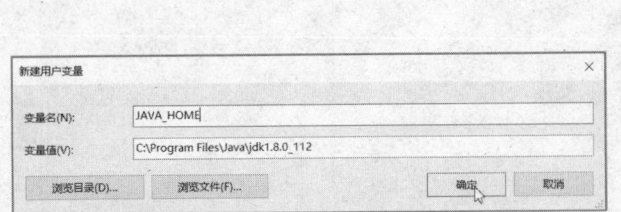

图 1-2-7　"新建用户变量"对话框

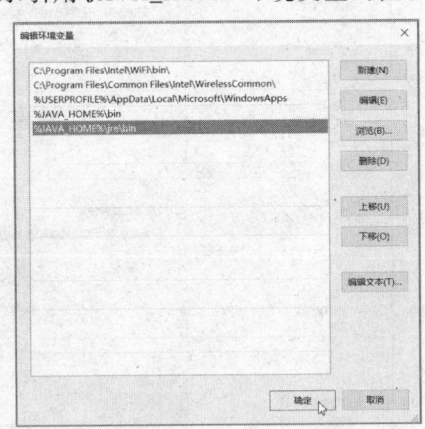

图 1-2-8　"编辑环境变量"对话框

（6）单击"确定"按钮，返回"环境变量"对话框。单击"Gracie 的用户变量"栏下方的"新建"按钮，弹出"新建用户变量"对话框，在"变量名"文本框中输入新建的变量"CLASSPATH"，在"变量值"文本框中输入".;%JAVA_HOME%\lib\dt.jar;%JAVA_HOME%\lib\tools.jar"，如图 1-2-9 所示。

图 1-2-9 "编辑用户变量"对话框

（7）依次单击"确定"按钮，保存设置。设置好 PATH 变量后，就可以进入 DOS 环境了。在 Windows 2000 或以上版本中，可以单击"开始"→"所有程序"→"附件"→"命令提示符"菜单命令；在 Windows 10 中，单击"开始"按钮，然后在搜索框中输入 cmd。调出 DOS 窗口后，在提示符后面输入 javac 命令，按【Enter】键后，如果显示的内容与图 1-2-10 所示一样，则表示 JDK 安装成功、系统环境变量被更新。如果显示的内容与图 1-2-10 所示不同，则需要重新安装或系统环境变量未被更新。

图 1-2-10 执行 javac 命令的结果

思考与练习 1-2

1. 填空题

（1）_____文件夹中有 50 多个以 exe 为扩展名的文件，它们都是 Java 语言的操作命令，都是可以在 DOS 环境下执行的文件。

（2）_____命令是 Java 语言的编译器；_____命令是 Java 语言的解释器；_____命令是 Java Applet 的浏览器。

（3）_____命令能为远程对象生成 stub 和 skeleton。

（4）_____命令是类文件解析器。

（5）_____安全控制命令可以管理密钥库和证书。

2. 问答题

（1）更新环境变量 PATH 的好处是什么？

（2）在 Windows XP 操作系统下更新环境变量 PATH 的步骤是什么？

1.3　Java 语言程序构成

Java 源程序包括源代码（.java 文件）、由编译器生成的类（.class）文件、由归档工具 jar 生成的.jar 文件和对象状态序列化.ser 文件。由于只有源代码文件需要用户编写，所以这里只讨论源代码的构成。

1.3.1　Java 源代码的构成

Java 源代码主要是由 package 语句、import 语句、类、方法和语句等 5 个部分构成的。

1．package 语句

package 语句用来定义该程序所属的包，包相当于 Windows 系统中的文件夹。该语句必须位于整个程序的最前面，并且每个程序只允许使用一条 package 语句。如果忽略该语句，则程序属于默认包。关于包的具体概念和作用将在后面的章节中详细介绍。

2．import 语句

import 语句用来导入其他包中的类，以便于在程序中使用。该语句必须位于类定义之前，并且可以多次使用，导入多个类。例如，某程序中如果具有 import java.awt.*;语句和 import java.applet.*;语句，则其作用是分别导入 java.awt 和 java.applet 中所有的包，使得该程序可以应用这些包中所定义的类，符号"*"表示所有的类。

3．类

类（class）是整个源代码的核心部分，也是编写程序的地方。每个类的内容是用一对花括号括起来的。每个类都有不同的名字，但是如果有被 public 修饰的类则类名必须与程序的文件名相同，public 表示此类是公开的，其他程序也可以调用。也就是说，一个源程序文件中可以没有或者最多有一个 public 类，且其类名要与文件名一致，其他类的个数不限。

类的声明格式为：

```
class 类名
{
   语句体
}
```

其中，关键字 class 用来声明类，其后是类的名称。

4．方法

每个 Java 应用程序都要有且只有一个 main()方法，不论 main()方法处于程序的哪个位置，它都是程序运行的起始点。main()方法所在的类为程序的主类。main()方法的格式永远都是：

```
public static void main(String args[])
```

一个类中可以有多个方法，每个方法都有不同的名字，其声明格式为：

```
修饰符 方法名(参数列表){
   语句体
}
```

在方法的内部不可以再声明其他方法，但是可以调用其他方法。

5．语句

类或方法中的语句体是由一条条以分号结尾的语句组成的。语句是 Java 程序的基本单位之一，是程序具体操作的内容。一般来说，一条语句占据一行，以分号结尾。语句有赋值语句、调用方法语句和对象定义语句等多种形式，今后将一一介绍。

此外，Java 语言是严格区分大小写的语言，所以在书写语句时，一定要注意大小写不能混淆。例如，System.out.println("Hello World! ");语句，不可以写成 system.out.println("Hello World");或者 System.out.Println("Hello World");等。因为这在 Java 编译器看来是完全不同的语句。

1.3.2　Java 源代码的排版规则

在 Java 语言编译器编译源程序时，其忽略所有空白空间和空白行，只对程序进行编译。也就是说，无论程序的布局如何，只要内容不变，则其字节码文件是相同的，运行结果也是一样的。但是，一个美观大方、层次分明的代码排版可以帮助编程人员阅读和理解程序的含义和作用，从而降低编程的复杂性、提高编程的效率。下面列出一些人们约定俗成的规则：

（1）在 Java 程序中，经常要使用花括号{}将一组相关语句括起来。例如，类中的所有语句、方法中的所有语句以及某些语句体等。一般规定一对花括号的左括号应紧跟它所在的语句的后面，右括号总是各自独立占用一行，并且与左括号所在语句行的第一个字符垂直对齐。

（2）在一对花括号中，所有语句的起始位置相对于该对花括号的位置向右缩进一个统一的单位。本书采用缩进 2 个英文字符的位置。例如，下面两种格式虽然在语法上都是正确的，但第一种格式是推荐采用的，第二种格式不推荐采用。

格式一：
```
If (a=100){
  System.out.println("回答正确")
};
```
格式二：
```
If (a=100){System.out.println("回答正确")};
```
（3）一般来说，一条语句占据一行。如果语句较短，可以在一行中显示多条语句，但是每条语句的分号不可以省略。

（4）左括号和后一个字符之间不应该出现空格，同样的，右括号和前一个字符之间也不应该出现空格。例如，下面第一条语句的格式推荐采用，第二条语句的格式不推荐采用。
```
CalArea(a,b);
CalArea( a,b );
```

1.3.3　Java Application 和 Java Applet

Java 程序可以分为两类：一类是 Java Application，又称 Java 应用程序；另一类是 Java Applet，又称 Java 小程序。这两类程序的代码都是由 5 部分组成的。

1．Java 应用程序

Java 应用程序是完整的程序，不需要其他语言的帮助，就可以独立运行。其编译运行的操作方法如下：

（1）用"记事本"或者其他无格式的文本编辑软件编写源程序。不要用 Word 这类带格式的文本编辑软件，因为它隐藏了许多 Java 解释器不能识别的格式信息。编写好程序后，保存源程序。文件名与源程序中类（class）的名字必须一致，扩展名必须为 java。

（2）在 DOS 命令环境下，输入命令"javac 文件名.java"，按【Enter】键，计算机将自动建立一个和源程序名字相同、扩展名为.class 的文件，此文件用来保存源程序的 Java 字节码。

（3）输入命令"java 文件名"，按【Enter】键，运行编译好的字节码文件，输出程序运行结果。

也可以用类似于 NetBeans 的 Java 集成开发工具来获得.class 文件，并执行解释输出结果。本书采用在 DOS 命令环境下编译程序和输出结果。

注意：Java 语言是区分大小写的，所以输入的文件名必须与要执行的文件名完全一致。

2．Java 小程序

Java 小程序是嵌在 HTML 编写的 Web 页面中的非独立程序，由 Web 浏览器内包含的 Java 编译器来编译运行。Java Applet 程序中没有 main() 方法，也就是说没有程序运行的起始点。因此需要 HTML 语言的帮助来运行程序输出结果。

编译运行的操作方法如下：

（1）用"记事本"或者其他无格式文本编辑软件编写源程序。编写好程序后，保存源程序。文件名与源程序中类（class）的名字必须一致，扩展名必须为 java。

（2）用"记事本"或者其他无格式文本编辑软件编写含有该 Java 小程序的 HTML 语言程序，并和 Java 源程序保存在同一个文件夹下。文件的名称可以任意设置，但是扩展名必须为 html。

（3）在 DOS 命令环境下，输入命令"javac 文件名.java"，按【Enter】键，计算机将自动建立一个和源程序名字相同、扩展名为 class 的文件，此文件用来保存源程序的 Java 字节码。

（4）输入命令"appletviewer 文件名.html"，按【Enter】键，运行含有字节码文件的 HTML 文件，输出程序运行结果。

思考与练习 1-3

1．填空题

（1）_____语句用来定义该程序所属的包，该语句必须位于整个程序的_____，并且每个程序只允许使用_____条该语句。

（2）每个 Java 应用程序都要有且只有一个_____方法，不论该方法处于程序的哪个位置，它都是程序运行的_____。

（3）Java 源文件中最多只能有一个_____类，其他类的个数不限。

（4）Java 源程序是由_____、_____、_____、_____和_____组成的。

（5）Java 程序可以分为两类，一类是_____，又称_____；另一类是_____，又称_____。

2．问答题

（1）编译和运行 Java 应用程序的方法是什么？

（2）编译和运行 Java 小程序的方法是什么？

1.4　案　例　演　示

本节将通过两个案例具体介绍 Java Application 和 Java Applet 的编译运行方法。

1.4.1　我的第一个 Java 应用程序

编写一个 Java 应用程序 MyFirstApp，程序运行后，在"命令提示符"窗口中显示"Hello World!"和"这是我的第一个 Java 应用程序"两行文字，操作步骤如下：

（1）单击"开始"→"所有程序"→"附件"→"记事本"菜单命令，打开"记事本"软件。

（2）在"记事本"中，输入如下程序代码。

```java
public class MyFirstApp{
 public static void main(String args[]){
   System.out.println("Hello World!");
   System.out.println("这是我的第一个 Java 应用程序");
 }
}
```

（3）代码中的 System.out.println("Hello World!");和 System.out.println("这是我的第一个 Java 应用程序");语句是打印语句，其作用是输出显示小括号内两个双引号之间的内容。

（4）单击"文件"→"保存"菜单命令，弹出"另存为"对话框，如图 1-4-1 所示。在对话框上方的下拉列表框中，选择保存的路径。本书均保存在 D 盘的"源代码"文件夹中。在"文件名"文本框中，输入 MyFirstApp.java 作为文件的全名。其中，文件名必须与程序中 public class 后边的一串字母 MyFirstApp 保持完全一致，包括大小写。文件的扩展名必须为 java。文件名和扩展名之间用小数点符号"."连接，如图 1-4-1 所示。单击"保存"按钮将程序代码保存在文件夹中。

（5）单击"开始"→"所有程序"→"附件"→"命令提示符"菜单命令，进入 DOS 系统的用户界面（即"命令提示符"窗口），如图 1-4-2 所示（各个计算机所显示的 DOS 系统默认路径因设置不同而略有不同）。

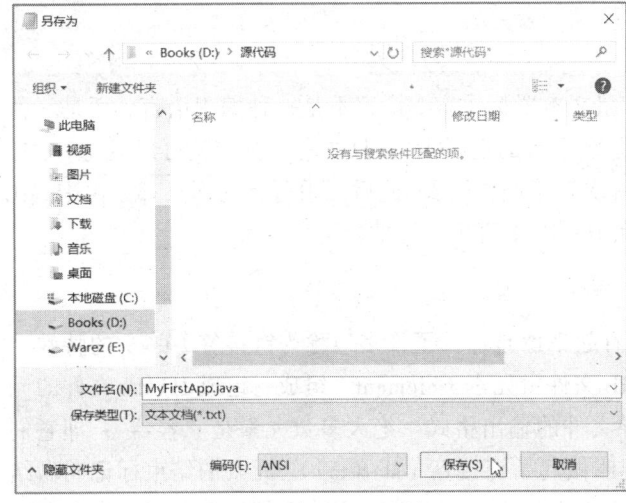

图 1-4-1　"另存为"对话框

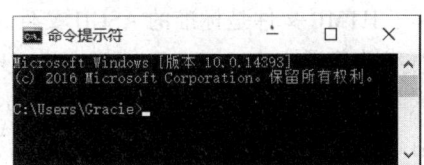

图 1-4-2　"命令提示符"窗口

（6）在"命令提示符"窗口中，使用 DOS 命令将当前路径设置为文件 MyFirstApp 所在的目录，也就是 D 盘"源代码"文件夹。首先输入 d:命令按【Enter】键，将当前提示符变成 D:\>。再输入"cd 源程序"命令按【Enter】键，将当前提示符变成"D:\源程序>"，如图 1-4-3 所示。

（7）输入 javac MyFirstApp.java 命令，即可开始编译源程序 MyFirstApp.java。稍等片刻，计算机就可以完成编译，如图 1-4-4 所示。编译完成后，系统不会给出任何提示，只是显示出新的命令行。注意，javac 命令中的源程序名必须包括扩展名 java。

（8）使用 dir 命令显示目录中的文件时，可以看到产生了一个与 MyFirstApp 文件同名的、扩展名为 class 的文件，该文件所含有的内容是 MyFirstApp 程序的字节码。

（9）输入 java MyFirstApp 命令，运行字节码文件，输出程序的运行结果，如图 1-4-4 所示。注意，java 命令中的字节码文件名不能含有扩展名。

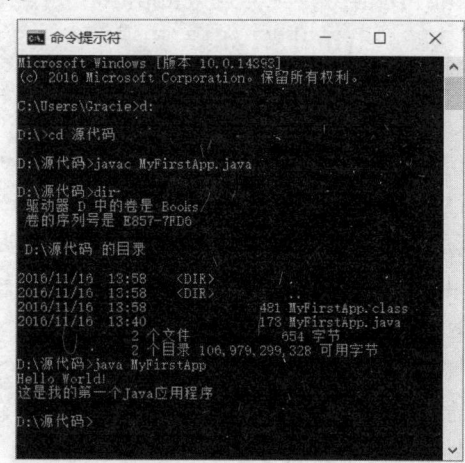

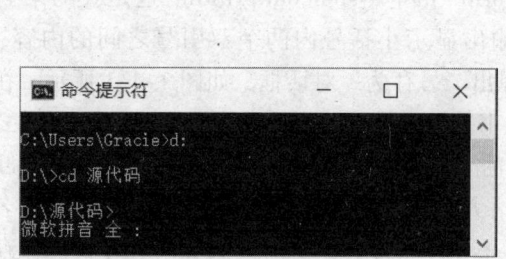

图 1-4-3　改变路径　　　　　　　图 1-4-4　程序 MyFirstApp 的运行结果

如果对源代码进行了修改，则需要再次保存文件，并且重新执行步骤（7）和（9）中的两个命令，更新字节码文件内容，才可以将修改后的结果显示出来。否则，Java 将运行原有的字节码文件，显示原有运行结果。

1.4.2　HTML 语言

HTML（HyperText Markup Language，超文本置标语言）语言不是一种编程语言，而是一种描述网页内容结构的标记语言。它与操作系统平台的选择无关，只要有浏览器就可以运行 HTML 程序，显示网页内容。1990 年 HTML 语言首次用于制作网页，此后几乎所有的网页都是由 HTML 语言或以其他语言（如 Java 语言）镶嵌在 HTML 语言中编写的。

1. HTML 语言结构

HTML 文件是标准的 ASCII 文件，它看起来像是加入了许多被称为链接签（tag）的特殊字符串的普通文本文件。从结构上讲，HTML 文件由元素（element）组成，组成 HTML 文件的元素有许多种，用于组织文件的内容和指导文件的输出格式。绝大多数元素是"容器"，即它们有起始标记和结尾标记。元素的起始标记叫做起始链接签（start tag），元素的结束标记叫做结尾链接签（end tag），在起始链接签和结尾链接签中的部分是元素体。每一个元素都有名称和可选择的属性，元素的名称和属性都在起始链接签内标明。

一个元素的元素体中可以有其他元素。"属性名""＝""属性值"合起来构成一个完整的属性，一个元素可以有多个属性，各个属性间用空格分隔。

需要说明的是，HTML 是一门发展很快的语言，早期的 HTML 文件并没有如此严格的结构，因而现在流行的浏览器为了保持对早期 HTML 文件的兼容性，也支持不按上述结构编写的 HTML 文件。另外，各种浏览器对 HTML 元素及其属性的解释也不完全一样。一般来讲，HTML 的元素有下列三种表示方法：

```
<元素名>文件或超文本</元素名>
<元素名 属性名 = "属性值...">文本或超文本</元素名>
<元素名>
```

第三种写法仅用于一些特殊的元素，例如，分段元素 P，它仅仅通知 WWW 浏览器在此处分段，因而不需要界定作用范围，所以它没有结尾链接签。

注意：HTML 文档中的起始链接签 "<" 和元素名称（如 BODY）之间不能有空格。

2. HTML 语言的语法

HTML 语言的语法比较简单，所有的标记符都是用尖括号括起来的。例如，<HTML>是 HTML 开始的标记符号。绝大多数标记符都是以开始标记符和结束标记符成对出现的。开始标记符和相应的结束标记符之间的内容是该标记符所影响的范围。结束标记符是在开始标记符前边加入一个反斜线。例如，<TITLE>欢迎进入 Java 语言天地！</TITLE>，表示网页的显示名称为"欢迎进入 Java 语言天地！"。当然也有例外，换行标记符
是一个单一标记符。虽然 HTML 的标记符不区分大小写，但是通常都是使用大写字母，这有利于 HTML 文档的维护。

HTML 文件的内容可以在"记事本"或其他文本工具软件中输入。在存盘输入文件名称时，一定要输入 HTML 文件的扩展名 htm 或 html。Windows 系统会自动将文件保存为可以使用浏览器打开的文件格式，如 IE 网页形式等。在编写 HTML 文档时，各种英文标记符要在英文输入方式下输入，如双引号、尖括号等。

一些常用的 HTML 语言标记符的作用如表 1-4-1 所示。

表 1-4-1　常用的 HTML 语言标记符

标 记 符	作 用
<HTML>...</HTML>	<HTML>表示 HTML 文档的开始，</HTML>表示 HTML 文档的结束，它是 HTML 文档中最基本的标记，不可缺少
<READ>...</READ>	网页标题标记符，可以提高网页文档的可读性，向浏览器提供一个信息，它可以被忽略
<HEAD>...</HEAD>	网页标题标记符，可以提高网页文档的可读性，不包括网页的任何实际内容，只是向浏览器提供一些与网页有关的特定信息，它可以被忽略
<TITLE>...</TITLE>	设定 HTML 程序运行时窗口的显示名称，其中的内容可以任意改动，如果没有<TITLE>和</TITLE>标记符，则窗口的显示名称为程序的完整目录。当使用了<READ>和</READ>标记符时，一定要同时使用<TITLE>和</TITLE>标记
<BODY>...</BODY>	网页主题内容标记符，其内包含了网页的全部内容，一般不可缺少
<BODY BGCOLOR=#RRGGBB>	用来设置网页的背景颜色

标　记　符	作　　　用
<IMG SRC="图像文件的目录和文件名">	用来导入图像和动画文件，在网页中加载 GIF 动画的方法与加载图像的方法一样，GIF 动画文件的扩展名也是 gif，文件格式是 GIF89A 格式
<IMG SRC="图像文件的目录和文件名">	如果图像文件在该 HTML 文件所在文件夹内，则可以只写图像文件名，例如，<IMG SRC="myPic.jpg">，如果文件的目录或者文件名写得不对，则在网页中，显示图像的位置处会显示一个带"×"的小方块
<H1>...</H1>	正文的第一级标题标记，此外，还有第二、三、四、五、六级标题标记，分别为<H2>和</H2>、<H3>和</H3>、<H4>和</H4>、<H5>和</H5>、<H6>和</H6>，级别越高，文字越小
<CENTER>...</CENTER>	可以使二者之间的文字在网页内居中放置
 	换行标记符，表示后面的内容移到下一行，它是单向标记符，没有</BR>标记符
<PRE>...</PRE>	用来保留文本原来格式的标记符，它的作用可以将其内的文本内容，按照原来的格式显示，否则浏览器会自动取消文本中的空格，在最后加入换行
<B>...</B>	粗体标记符，可以使其中的文字变为粗体
<P>...</P>	段落标记符，它的作用是将其内的文字另起一段显示。段与段之间有一个空行
<OL>...</OL>	有序列表标记符，其内用<LI>标记符引导文字，显示网页中的这些文字后，文字前会自动加上序号，例如，"1""2"……
<UL>...</UL>	无序列表标记符，其内用<LI>标记引导文字，显示网页中的这些文字后，文字前会自动加上一个黑色圆点

在表 1-4-1 中，<BODY BGCOLOR=#RRGGBB>标记符的格式有以下两种：

```
<BODY BCOLOR=#RRGGBB>
<BODY BCOLOR="颜色的英文名称">
```

在第一种格式中，RR、GG、BB 可以分别取值为 00～FF 的十六进制数。RR 用来表示颜色中有多少红色成分，GG 用来表示颜色中有多少绿色成分，BB 用来表示颜色中有多少蓝色成分。红、绿、蓝三色按一定比例混合，可以得到各种颜色。数值越大，相应的颜色越深。

例如，<BODY BCOLOR=#000000>，表示黑色；<BODY BCOLOR=#FFFFFF>，表示白色；<BODY BCOLOR=#FFFF00>，表示黄色；<BODY BCOLOR=#FF0000>，表示红色。

第二种格式是直接使用颜色的英文名称来设定网页的背景颜色。例如，<BODY BCOLOR=black>：用来设置网页的背景颜色为黑色；<BODY BCOLOR=yellow>，用来设置网页的背景颜色为黄色；<BODY BCOLOR=green>，用来设置网页的背景颜色为绿色。

1.4.3　我的第一个 Java 小程序

编写一个 Java 小程序 MyFirstApplet，程序运行后，在新打开的窗口中显示"Hello World!"和"这是我的第一个 Java 小程序。"两行文字，操作步骤如下：

（1）单击"开始"→"所有程序"→"附件"→"记事本"菜单命令，打开"记事本"软件。

（2）在"记事本"中，输入如下程序代码。

```
import java.awt.*;
import java.applet.*;
public class MyFirstApplet extends Applet{
```

```
public void paint(Graphics g){
  g.drawString("Hello World!",30,50);
  g.drawString("这是我的第一个 Java 小程序。",30,100);
  }
}
```

（3）在上面的代码中，第 1 条语句引入 java.awt 包中的所有类；第 2 条语句引入 java.applet 包中的所有类，包括 Applet 类，这是 Apple 程序必须引入的类。g.drawString("Hello World!",30,50);和 g.drawString("这是我的第一个 Java 小程序。",30,100);语句用来在窗口中输出显示内容。在其小括号中，双引号之间的字符为要显示的内容，第一个数字是显示起始位置的 X 坐标值，第二个数字是显示起始位置的 Y 坐标值。

（4）将上面的程序保存，文件名为 MyFirstApplet.java。

（5）因为 Java 小程序需要 HTML 语言的帮助来运行程序及输出结果，所以用"记事本"软件再编写一个名为 Myhtm.html 的程序，其代码内容如下：

```
<HTML>
<HEAD>
<TITLE> 我的第一个 Java 小程序 </TITLE>
</HEAD>
<BODY>
<APPLET CODE="MyFirstApplet.class" WIDTH=250 HEIGHT=180>
</APPLET>
</BODY>
</HTML>
```

（6）保存上面的程序，HTML 文件名不一定与 Java 源程序的类名一致，但扩展名必须为 htm 或者 html。

（7）在 HTML 程序中，<APPLET CODE = "MyFirstApplet.class" WIDTH = 250 HEIGHT = 180> 标记符用于标记启动字节码文件的位置。如果字节码文件和 HTML 文件不在同一目录下，要给出字节码文件的完整目录，所以建议二者最好放在同一个目录下。WIDTH 和 HEIGHT 分别是 Applet 窗口的宽度和高度。

（8）在"命令提示符"窗口中，输入 javac MyFirstApplet.java 命令，编译源程序 MyFirstApplet.java。稍等片刻，计算机就可以完成编译，如图 1-4-5 所示。

（9）输入 appletviewer Myhtm.htm 命令，运行 HTML 文件，如图 1-4-5 所示。输出程序的运行结果，如图 1-4-6 所示。

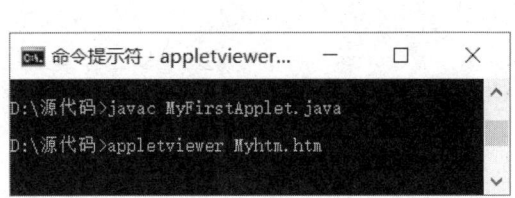

图 1-4-5　运行 MyFirstApplet 程序的 DOS 命令

图 1-4-6　MyFirstApplet 的运行结果

注意：如果对源程序或者 HTML 文件的内容进行了修改，则需要再次保存该文件，并且重新执行步骤（8）和（9）中的两个命令更新字节码文件内容，才可以将修改后的结果显示出来。否则，Java 将运行原有的字节码文件，显示原有运行结果。

思考与练习 1-4

1. 填空题

（1）HTML 语言是一种描述_____的标记语言，其所有的标记符都要用_____括起来。

（2）<HEAD>...</HEAD>是_____标记符；<TITLE>...</TITLE>用来设定 HTML 程序运行时窗口的_____。

（3）<APPLET>和</APPLET>标记符中的"CODE = "处用来_____，WIDTH 和 HEIGHT 分别是 Applet 窗口的_____和_____。

2. 操作题

（1）编写一个 Java Application 程序在"命令提示符"窗口内分多行显示姓名、性别和个人爱好。

（2）编写一个 Java Applet 程序，在新打开的窗口内分多行显示姓名、性别和个人爱好。

（3）用 HTML 代码创建一个介绍个人简历的网页。

（4）写出下面程序的运行结果。

```
public class Exp{
  public static void main(String args[]){
    System.out.println("&&&&&&");
    System.out.println(" &&&&&&");
    System.out.println("  &&&&&&");
    System.out.println("   &&&&&&");
    System.out.println("  *");
    System.out.println(" ***");
    System.out.println("*****");
  }
}
```

第 2 章　Java 语言编程入门

本章主要介绍 Java 语言编程的基础知识，包括输出数据的方法、数据类型、变量与常量，以及面向对象基本概念和 Java 库类。

2.1　注释语句和打印语句

在 Java 语言中，注释语句用于帮助其他阅读或者使用该程序的人理解源程序的内容，打印语句是最简单也是最常用的输出语句。

2.1.1　注释语句

在 Java 语言中，注释语句是比较特殊的一种语句，其内容不会被 Java 编译器编译。注释语句中的内容是对整个程序或者个别语句作用的解释。注释语句一共有三种形式，分别介绍如下。

1. 单行注释语句

单行注释语句的注释内容从//开始，到行尾结束，一般位于要解释语句的结尾处。这种形式多用于解释声明变量的含义和语句的作用。例如：

```
System.out.println("Hello World!");    //输出 "Hello World!" 文字
```

2. 多行注释语句

多行注释语句的注释内容从/*开始，到*/结束，可以单行或者多行，一般位于要解释的类或者方法的前面。这种形式多用于解释整个源程序的目的和某个方法的作用。符号/*和*/成对出现，不可以套用。例如，下面的程序使用了两种形式的多行注释语句，这些内容均不会被 Java 编译器编译。

```
/*程序创建日期: 2016 年 11 月
  程序编写人: 沈　昕*/
public class MyFirstApp{
/*下面的方法用来分两行输出显示 "Hello World!" 和 "这是我的第一个 Java 应用程序" */
  public static void main(String args[]){
    System.out.println("Hello World!");    //输出 "Hello World!" 文字
    System.out.println("这是我的第一个 Java 应用程序");
  }
}
```

3. 文档注释语句

文档注释语句的注释内容从 "/**" 开始，到 "*/" 结束，一般位于整个程序的最前面。文档注释语句是 Java 所特有的 doc 注释。使用"javadoc 文件名.java"命令，系统自动生成 API 文档，其内容就是该文件中的文档注释语句。

2.1.2 打印语句以及相关知识

在 Java 语言中，任何类型的数据都可以通过输出语句显示在屏幕上，以达到人机交流的目的。最常用的输出语句是打印语句。

1. 打印语句

打印语句有两种形式，输出效果略有不同。

（1）System.out.println()语句：该语句的作用是把小括号中的内容显示在屏幕上，并且增加新的一行。如果还有要打印的内容，则从新的一行开始显示；如果没有，则显示空白行。

（2）System.out.print()语句：该语句和 System.out.println()的功能基本相同，只是不增加新的一行。如果还有要打印的内容，则紧接着上次内容的后边显示；如果没有，则不显示空白行。例如，下面程序的运行结果如图 2-1-1 所示。

```java
public class Print{
 public static void main(String args[]){
   System.out.println("北京欢迎你! ");
   System.out.print("Welcome to ");
   System.out.print("Beijing!");
 }
}
```

如果 System.out.println()语句的小括号中没有任何内容，则显示一行空白行。而 System.out.print()语句的小括号中必须要有打印内容，否则会显示错误信息，如图 2-1-2 所示。

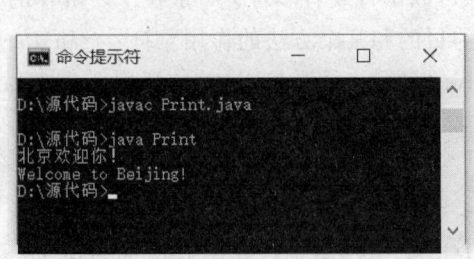

图 2-1-1 程序 Print.java 的运行结果

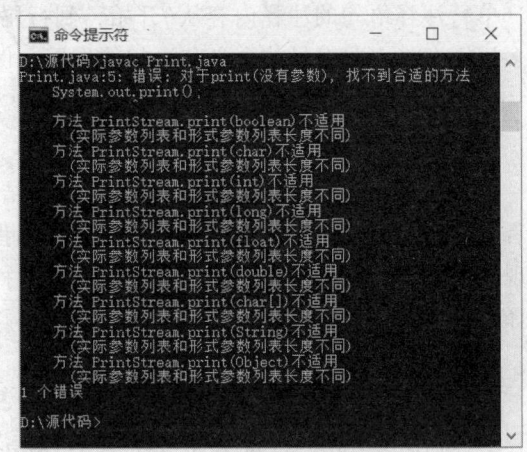

图 2-1-2 显示错误信息

2. 转义字符

转义符号以反斜线开头，后边紧跟一个或几个字符，是具有特定含义的符号。它的主要作用是显示一些打印语句不能显示的符号或效果。例如，显示双引号、单引号、反斜线符号等。因为转义符号具有特殊的意义，所以即使在双引号内也不会被显示出来，常用的转义符号形式及其作用如表 2-1-1 所示。

表 2-1-1　转义字符及其作用

转义符号	转义符号的作用	转义符号	转义符号的作用
\n	表示位置移动到下一行的开头	\"	显示双引号符号
\b	表示位置向左退一格	\'	显示单引号符号
\r	表示回车	\f	表示走纸换页
\t	表示位置向右移动到下一个制表位置	\ddd	显示 3 位八进制数所代表的字符
\\	显示反斜线符号	\uxxxx	显示 4 位十六进制数所代表的字符

其中，\ddd 表示 1～3 位的八进制数据（ddd）所代表的字符，例如'\141 是字母 a。这种方式可以扩展 ASCII 字符和控制符。\uxxxx 表示 1～4 位的十六进制数据（xxxx）所代表的字符，例如'\u0047 是字母 A。

3. 统一码

统一码（Unicode）是一种在计算机上使用的字符编码。它为每种语言中的每个字符设定了统一并且唯一的二进制编码，以满足跨语言、跨平台进行文本转换、处理的要求。所有的 Java 源代码都是用统一码编写的，在 Java 语言中，所使用的字符都是由统一码声明的。这也包括汉字在内的许多非英语字符。统一码给每个字符都提供了一个唯一的数字，不同的 CPU、不同的操作系统或者不同的计算机，它们的统一码都是一样的。通过上边介绍的转义字符\uxxxx 和 \ddd，可以把统一码转换成字符并打印出来。读者所熟悉的 ASCII 码是统一码的一部分，将在后面进行介绍。

【案例 2.1】使用转义符号输出字符

编写程序 ZY，使用各种符号和转义符号绘制一个倒三角形图案，并通过转义符号将统一码转换为对应的英文字母，然后借助打印语句将其显示在屏幕上，操作步骤如下：

（1）在"记事本"中，输入如下程序代码。

```
public class ZY{
  public static void main(String args[]){
    /*输出倒三角形图案*/
    System.out.println("#######\n ##### \n  ###  \n   #   ");
    /*下面的语句用来输出 "Hello World!" 文字*/
    System.out.println("\u0048\u0065\u006c\u006c\u006f\u0057\u006f\
u0072\u006c\u0064\u0021");
  }
}
```

（2）在上面的程序中，使用符号打印倒三角形时，不是通过 4 条打印语句来实现的，而是只用了一条打印语句。这是利用转义符号\n 的换行作用来实现的。打印语句中的转义符号\n 表示产生新的一行，相当于 System.out.println()命令。因为转义符号具有特殊的意义，所以即使在双引号内也不会被显示出来。

（3）将文件保存在"源代码"文件夹中，文件名为 ZY.java，程序运行结果如图 2-1-3 所示。

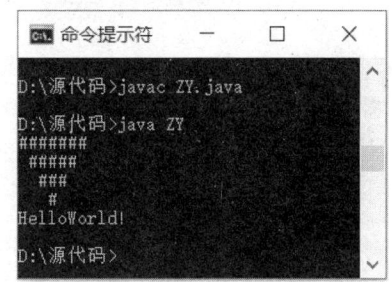

图 2-1-3　程序 ZY 的运行结果

思考与练习 2-1

1. 填空题

（1）在 Java 语言中，_____是比较特殊的一种语句，其内容不会被 Java 编译器编译。

（2）转义符号以_____开头，后边紧跟一个或几个字符，是具有特定含义的符号。

（3）按转义字符的作用，填写表 2-1-2 中的转义字符。

表 2-1-2　转义字符的作用

转义字符	转义字符的作用
	表示位置向右移动到下一个制表位置
	表示位置移动到下一行的开头
	表示位置向左退一格
	显示 3 位八进制数所代表的字符
	显示单引号符号
	显示 4 位十六进制数所代表的字符
	显示双引号符号
	显示反斜线符号

2. 操作题

（1）只使用一条打印语句输出由百分比符号%组成的菱形图案。提示：使用转义符号来换行。

（2）编写一个 Java 应用程序，程序运行后使用符号绘制一幅投篮的图画，如图 2-1-4 所示。
要求使用转义符号换行、输出反斜线和双引号。

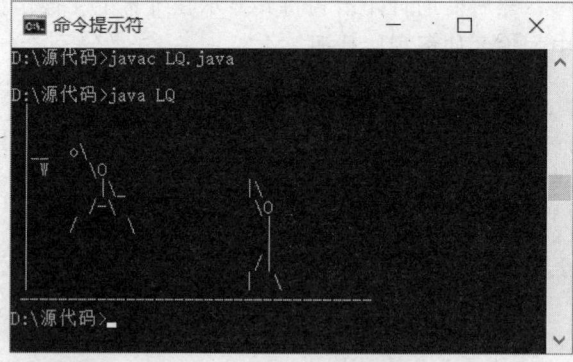

图 2-1-4　运行后的投篮画面

（3）写出下面程序的运行结果。

```
/*显示特殊符号
日期：2016年11月
作者：沈 昕*/
public class Ex1{
  public static void main(String args[]){
    System.out.println("\t\\\n\\\"");
    System.out.println("\"Hello World! \"");
```

```
    System.out.println("\"世界, 你好!\"");
  }
}
```

（4）写出下面程序的运行结果。

```
public class Ex2{
  public static void main(String args[]){
    System.out.println("ooooO");
    System.out.println("(    ).    Ooooo");
    System.out.println("\\  (      (   )");
    System.out.println("  \\_)     )  /");
    System.out.println("          (_/");
  }
}
```

2.2 数据类型与变量和常量

在编写程序的过程中，有些数据会被多次使用，如果数据很长或者使用次数很多，则编写起来非常不方便，也容易出错。这就需要把数据存储在计算机内存中，以便随时读取。在 Java 语言中，存储数据的内存空间有变量和常量两种类型。

2.2.1 数据类型

科学家最初编写计算机程序的目的是操作计算机处理大量的数据。因此，在编写程序的过程中，一定会使用很多数据。但是，现实生活中的数据多种多样，很难统一处理。为了解决这个难题，Java 语言先把数据分类，再依据各种类型数据的特点做出相应的处理。总体上，Java 将数据分成普通型数据和对象型数据两大类。

1. 普通型数据

普通型数据可以分成整数类型、浮点类型、逻辑（布尔）类型和字符类型 4 种。

（1）整数类型：不含小数点的数字为整数类型数据。例如，7354、-936、0 等。整数类型又根据数据所占内存的容量和表达数字的范围分为字节型（byte）、短整型（short）、整型（int）和长整型（long）4 种。

（2）浮点类型：含小数点的数字为浮点类型数据。例如，64.234、-46.12232、734.00 等。浮点类型又根据数据所占内存的容量和表达数字的范围分为单精度浮点型（float）和双精度型（double）两种。除了普通的表示方法，浮点类型的数据还可以用科学计数法表示。例如，6.1E7、-1.9e2。

（3）逻辑类型：逻辑类型（又称布尔类型）数据只有两个数值 true 和 false，表示"真"和"假"，或者"是"和"否"等对立的状态。

（4）字符类型：用一对单引号围起来的单个字符，例如，'S'、'g'、'%'。因为一个中文汉字是一个字符，所以单个的汉字也可以作为字符类型数据，例如，'你'、'好'。

2. 对象型数据

对象型数据是对现实生活中具体事物的抽象总结。每一种对象型数据都具有其对应的类，用来声明该种对象型数据的共性和功能。最常用的对象型数据是字符串（String）类型数据。

字符串类型数据是用一对双引号围起来的一串字符，例如，"This is a string."、"欢迎进入Java语言的世界"。虽然字符串类型是对象类型中的一种，但是其与普通类型数据在声明格式、打印方式等方面很类似。关于对象型数据，将在后面的章节中进行详细的介绍。

3．输出各种类型数据

使用打印语句可以输出任何类型的数据，但是不同类型的数据具有不同的输出格式。

（1）输出整数类型和浮点类型数据时，在打印语句中的小括号内输入要显示的数字，可以将该数字原封不动地显示在屏幕上。例如：
```
System.out.println(-642.64);
```
（2）输出字符类型数据时，在打印语句中的小括号内使用单引号将要显示的字符括起来，可以将该字符原封不动地显示在屏幕上。例如：
```
System.out.print('f');
```
（3）输出逻辑类型数据时，在打印语句中的小括号内输入 true 或者 false，可以将该逻辑型数据原封不动地显示在屏幕上。例如：
```
System.out.print(false);
```
（4）输出字符串类型数据时，在打印语句中的小括号内使用双引号将要显示的字符串括起来，可以将该字符串原封不动地显示在屏幕上。例如：
```
System.out.print("Hello World!");
```

2.2.2　变量和常量

变量和常量都必须要有类型，它们的类型必须与其保存的数据类型一致。不论变量还是常量，在使用前都要先声明，也就是告诉系统，程序需要使用一个变量或者常量来存储数据，请在内存中给一个空间，同时还要告诉系统该空间的名称。声明后的变量或者常量，可以通过赋值语句来获得需要保存的数据。

1．变量和常量的类型

变量和常量的类型是与数据类型相对应的，有什么样的数据类型，就有什么样的变量类型和常量类型。常用的变量和常量的类型有下面 5 种。

（1）整数类型：也分为 byte、short、int 和 long 四种类型。

（2）浮点类型：也分为 float 和 double 两种类型。

（3）逻辑型：又叫布尔型变量，只有 true 和 false 两个值。

（4）字符型：只存储字符型数据，其取值范围是所有用统一码表示的字符，即'\u0000'～'\uFFFF'。

（5）字符串型：只存储字符串型数据。

各种类型变量和常量的声明类型、所占内存空间大小、取值范围和默认值等属性如表 2-2-1 所示。

表 2-2-1　变量和常量的类型

变量和常量类型	声明类型	所占内存空间	取值范围	默认值
字节型	byte	8 位	-128～127	0
短整型	short	16 位	-32 768～32 767	0
整型	int	32 位	-2 147 483 648～2 147 483 647	0
长整型	long	64 位	-9.22E18～9.22E18	0
单精度浮点型	float	32 位	-3.402823E3～3.402823E38	0.0
双精度浮点型	double	64 位	-1.8E-308～1.8E308	0.0
逻辑型	boolean	1 位	true 或者 false	false
字符型	char	16 位	'\u0000'～'\uFFFF'	'\u0000'
字符串型	String			""（空字符串）

2．声明变量

所谓变量就是内存中的一小块空间，它用来存储一个数据。可以将一个数据保存在变量中，也可以从变量中读取该数据。内存中可以有许多个这样的小块空间，为了以示区别，命名它们为不同的名字，这个名字就叫变量名。变量中的数据可以是编程者赋予的，也可以是程序运行过程中临时存储的运算中间结果。变量中保存的数据可以随时改变，但是一个变量在同一时间中只可以保存一个数据。

在使用变量之前需要声明变量，也就是说在内存中设定一个空间用来保存数据。声明变量的格式为：

```
声明类型 变量名;
```

其中，声明类型决定该变量的类型和所占内存空间的大小，变量名用来指代所占的内存空间。具体的声明类型参见表 2-2-1 中的"声明类型"列。

如果想要一行声明多个同样类型的变量，其格式为：

```
声明类型 变量名1,变量名2,…,变量名n;
```

例如，下面的语句分别声明了一个整型变量 number，一个字符串型变量 str 和 3 个双精度型变量 n1、n2 和 n3。

```
int number;
String str;
double n1,n2,n3;
```

3．赋值语句

在声明变量后，必须给变量赋值才可以使用变量。一般使用赋值语句给变量赋值，其格式为：

```
变量名=数据;
```

例如，下面的语句分别给变量 number 和 str 赋值为 100 和"Hello World"。

```
number=100;
str="Hello World";
```

注意，在给 float 类型变量赋值时，数字的后边要加上字母 f 或者 F，以便与 double 型数据区分，例如：

```
float f=85.32f;        //语法正确
float f=85.32;         //语法错误
```

在给整数类型变量赋的值可以是十进制数，也可以是八进制数和十六进制数。八进制数必须以数字 0 开头，0 只是八进制数的标识符号，没有数学意义。十六进制数以 0x 或者 0X 开头。例如：

```
int i=0123;
int i=0x12AB;
```

除了上边介绍的格式外，可以通过下面 4 种格式给变量赋值。

（1）一行分别给多个同样类型的变量或常量赋初值，其格式为：

变量名 1=数据；变量名 2=数据；…；变量名 n=数据；

例如，下面的语句表示声明一组字符型变量 c1、c2 和 c3，并赋初值为'a'、'b'和'c'。

```
char c1,c2,c3;
c1='a';c2='b';c3='c';
```

（2）声明变量和给变量赋值合并使用，其格式为：

声明类型 变量名=数据；

例如，下面的语句用来声明一个值为 true 的逻辑型变量 isFull。

```
boolean isFull=true;
```

（3）一次声明多个同样类型的变量并赋初值，其格式为：

声明类型 变量名 1=数据,变量名 2=数据,…,变量名 n=数据；

例如，下面的语句分别声明三个双精度型变量 num1、num2 和 num3，并赋初值为 100.33、-55.8 和 77.22。

```
double num1=100.33,num2=-55.8,num3=77.22;
```

此外，也可以只给一部分变量赋值，例如：

```
double num1,num2,num3=77.22;
```

（4）一次给多个变量赋同样的值，其格式为：

变量名 1=变量名 2=…=变量名 n=数据；

例如，下面的语句表示给变量 a、b 和 c 赋初值 100。

```
a=b=c=100;
```

4．声明常量

如果一个存储空间中的数据在程序运行过程中一直都没有发生改变，则称这种空间为常量，常量也有常量名。

在编程中，有些数值在程序中会多次使用。例如，进行圆的计算中的 π 值，如果在每次使用时都重复输入，既费事又容易出错。另外，如果某一值在程序中多次重复出现时，要改变此值，就需要改动程序中的多个地方，既麻烦又容易遗漏。这时，可以用常量来保存数据。这样不但易于输入，而且还便于理解此数据的含义，如要想改变某一常量的值时，只需改变程序中给该常量赋值的语句就可以了，既方便又不易出错。

声明常量的方法与声明变量的方法基本相同，只是在声明常量时要使用关键字 final，其格式为：

```
final 声明类型 常量名;
final 声明类型 常量名1,常量名2,…,常量名n;
```

例如，下面的语句声明了一个 double 类型的常量 Pi 用来保存数据 3.1415926535。

```
final double Pi=3.1415926535;
```

一般来说，可以在程序类中的任何位置声明变量或者常量，声明以后才可以给变量或者常量赋值，赋值以后才可以使用变量或者常量。上面格式中的数据，既可以是实际数据，也可以是变量或者常量，但是数据类型要和变量或者常量类型相匹配。

5．输出变量值和常量值

使用打印语句可以输出变量或常量的值，其格式为：

```
System.out.println(变量或常量名);
System.out.print(变量或常量名);
```

例如，下面的语句用来在屏幕上显示变量 a、b 和 c 的值。

```
int a=100,b=200;
final double c=12.3456789;
System.out.println(" a= "+a);
System.out.println(" b= "+b);
System.out.println(" c= "+c);
```

在上面的打印语句中，使用符号"+"将多个数据连接起来，作为一个整体显示在屏幕上，如图 2-2-1 所示。

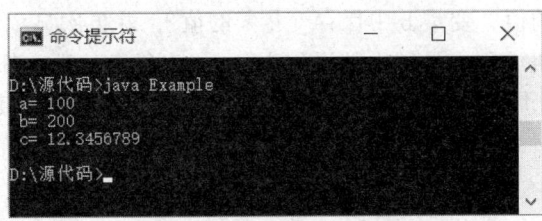

图 2-2-1 输出变量的值

6．标识符和关键字

在 Java 语言中，类、过程、变量、常量、包和接口等的名称通称为标识符。在声明任何标识符时，必须遵守以下规定。

（1）标识符必须以大小写字母、数字、下画线_和美金符号$组成。

（2）不可以用数字开头。例如，account、$pay、_11 都是合法的标识符；good morning、01_hello、@xyz、abc#都是不合法的标识符。因为美元符号$经常被用于内部处理，所以建议最好不要使用。

（3）Java 语言严格区分大小写。例如，account 和 Account 是两个完全不同的标识符。

（4）标识符的长度没有限制，但是不宜过长。

（5）不可以使用 Java 语言的关键字作为标识符。

关键字（reserved words，也称保留字）是 Java 语言语法的组成部分，具有特殊的含义，不可以作为标识符使用。Java 语言有 50 个关键字，一律用小写字母表示。Java 语言的常见关键字如下：

abstract	boolean	break	byte
case	catch	char	class
continue	default	do	double
else	extends	false	final
finally	float	for	if
implements	import	instanceof	int

interface	long	native	new
null	package	private	protected
public	return	short	static
super	switch	synchronized	this
throw	throws	tansient	true
try	void	volatile	while

Java 的保留字很多，不可能一一背下来，但是总的来说，声明类、方法、变量和常量时所用的单词，以及各种语句所用的单词都是保留字。通过今后的学习，接触的保留字越来越多，在理解每个保留字的含义后，自然就能记住了。

【案例 2.2】互换变量值

编写程序 HH，在屏幕上显示变量 a 和 b 的值，然后使用赋值语句将它们的值互换（也就是变量 a 中保存变量 b 的值，变量 b 中保存变量 a 的值），并再次显示在屏幕上。

互换变量值是计算机编程中最基本的操作之一，很多复杂的程序都是通过变量值的互换来实现的。例如，将一组无序的数字按从大到小的顺序输出。因为变量只能保存最新的数据，之前的数据会丢失，所以需要使用一个新的变量来临时保存某个变量的值。操作步骤如下：

（1）在"记事本"中，输入如下程序代码。

```java
public class HH{
  public static void main(String args[]){
    int a=1111,b=2222,temp;
    System.out.println("互换前的变量值: a = "+a+" b = "+b);
    /*变量temp来临时保存变量a中的数字*/
    temp=a;         //将变量a的值赋给变量temp
    a=b;            //将变量b的值赋给变量a
    b=temp;         //将变量temp的值赋给变量a
    System.out.println("互换后的变量值: a = "+a+" b = "+b);
  }
}
```

（2）在上面的程序中，使用变量 temp 来临时保存变量 a 原有的值。执行完 temp=a;语句后，变量 a 和 temp 中的值是一样的，都是 1111。执行完 a = b;语句后，变量 a 和 b 的值是一样的，都是 2222，变量 temp 的值依旧是 1111。执行完 b = temp;语句后，变量 b 和 temp 的值是一样的，都是 1111。变量的数值互换完成。

（3）将文件保存在"源代码"文件夹中，文件名为 HH.java，程序运行结果如图 2-2-2 所示。

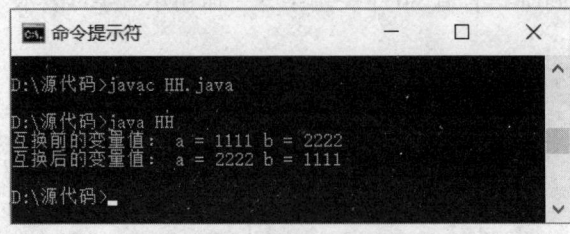

图 2-2-2　程序 HH 的运行结果

思考与练习 2-2

1. 填空题

（1）普通型数据可以分成_____、_____、_____和_____ 4 种。数据'A'是_____类型的数据。

（2）在 Java 语言中，标识符必须以_____、_____、_____和_____组成，且不可以用_____开头。

（3）整型变量使用_____来声明；长整型变量使用_____来声明；字符型变量使用_____来声明；字符串型变量使用_____来声明。

（4）字符变量以 char 表示其类型，它在内存中占_____bit。

2. 选择题（多选题）

（1）下列标识符中合法的是_____。

    A. myAcc   B. _4567   C. R-1   D. 5Inc

（2）下列数字中代表双精度浮点类型的是_____。

    A. 0123   B. 3.1415   C. 62.63D   D. -24.13f

（3）下列数字中代表十六进制整数的是_____。

    A. x123   B. 6AC   C. 0XAA   D. -576

（4）下列数字中代表八进制整数的是_____。

    A. 0123   B. 384   C. 0X153   D. -042

3. 操作题

（1）参照【案例 2.2】，编写程序在屏幕上显示变量 a、b 和 c 的初始值分别为'a'、'b'和'c'，然后使用赋值语句将它们的值依次互换（也就是变量 a 中保存变量 b 的值，变量 b 中保存变量 c 的值，变量 c 中保存变量 a 的值），并再次显示在屏幕上。

（2）编写程序，声明 1 个整型变量、1 个浮点型变量、1 个字符型变量和 1 个字符串型变量，然后给这 4 个变量赋值，最后输出变量的值。

（3）指出下面程序中的错误。

```java
public class Ex1{
  public static void main(String[] args){
    System.out.print("姓名: ");
    System.out.print('沈');
    System.out.print('昕');
    System.out.print();
    System.out.print("性别: ");
    System.out.println("F");
    System.out.print("年龄: ");
    System.out.println("30");
    System.out.print("身高: ");
    System.out.println('1.65');
    System.out.print("婚否: ");
    System.out.println("true");
  }
}
```

2.3　面向对象和 Java 库类

本节主要介绍面向对象的程序设计以及如何使用 Java 库类。

2.3.1　面向对象

面向对象的程序设计强调直接以实际问题中的事物为中心来思考和认识问题，并按照这些事物的特征把它们抽象为对象，作为构成软件程序的基础。面向对象的程序设计是目前软件工业的主流，绝大多数的系统程序、应用程序都是采用面向对象的思想来设计开发的。

1．面向对象的概念

术语"面向对象"是由英文 Object Oriented 翻译而来的，简称为 OO。对象的概念是面向对象技术的核心。在面向对象概念中，整个世界是由各种各样的对象（object）组成的。世界上存在着许多类型相同的对象，也存在着许多类型不同的对象。例如，一台计算机和一本书是类型不同的两个对象，而 A 先生的自行车和 B 女士的自行车可以看作同一类型的两个对象。在面向对象程序设计中，对象是一个由信息及对信息进行处理的描述所组成的包，是对现实世界的抽象。

虽然人们对对象的描述不可能完全相同，但是都是从两个方面来描述对象。对象的状态和对象的行为。对象的状态是指描述对象的数据，它描述了对象的属性和特征，可以是系统或者用户声明的数据类型，也可以是一个抽象的数据类型。例如，计算机的型号、颜色、品牌等。对象的行为是指声明在对象状态上的一组操作方法的集合，说明了对象的功能。例如，计算机进行创建文档、删除文档等操作。

2．面向对象程序设计中的术语

在面向对象程序设计中，经常使用一些术语。下面介绍 5 个常用的术语。

（1）对象：对象是面向对象程序设计的核心，也是程序的主要组成部分。一个程序实际上就是一组对象的总和。

在现实世界中，人们面对的所有事物都可以称为对象，例如，计算机、图书、各种动物、各类草木等。在 Java 语言中，对象是由数据以及对数据进行处理的方法组成的，是对现实世界的抽象描述。

在面向对象程序设计中，通过对象的状态（states）和行为（behaviors）两个方面描述对象。每一个对象都是由状态和行为两个最基本的部分组成的。虽然同一类对象的行为都是一样的，但是每个对象的状态都是独立于其他对象的。例如，进行各种数学运算是任何一个计算器都具有的行为，但是每个计算器的品牌、型号、颜色等状态又是不同的。

（2）类（class）：在客观世界中对象是大量存在的，为了便于理解和管理，通过归类的方法从一个个具体对象中抽取共同特征，就形成了类。对象是由类创建的，类是同一类型对象的集合和抽象。例如，汽车有很多种类，包括宝马、尼桑、红旗等。它们是不同的对象，但是都属于汽车类，存在着许多共同点。

在 Java 语言中，每一个类是一种对象类型数据，属于不同类的对象具有不同的数据类型。一个对象被称为其类的一个实例（instance），是该类的一次实例化的结果。例如，月饼模子可以看作月饼的类,使用模子做月饼的过程实际上就是一个实例化的过程,最终制作出的月饼是该月饼模子的对象。

类还可以具有子类,子类除了具有类的所有状态和行为外,还具有自己特有的状态和行为。例如,狗是哺乳动物类的一个子类,它除了具有哺乳动物类共有的状态和行为外,还具有狗类特有的状态和行为。

(3)消息(message):消息是面向对象系统中实现对象间的通信和请求任务的操作。当一个对象需要另外一个对象提供服务时,它向对方发出一个请求,而收到请求的对象会响应这个请求并完成指定的服务,这种向对象发出的请求就称为消息。消息是系统构成的基本元素,为对象提供了唯一合法的动态联系途径,使对象成为一个互相配合的有机整体。对象间传递的消息一般由三部分组成:接收对象名、调用的操作名和参数。

(4)域(field):域是类或对象的状态属性的总称。它可以是普通数据类型的变量,也可以是其他类的对象。例如,在计算机类中,品牌和颜色可以是 String 类型数据,产品价格可以是 float 类型数据。在 Java 语言中使用实例变量来表达类或对象的状态,其作用于整个类。

(5)方法(method):方法是类行为的总称。一个类可以有多个方法,表示该类所具有的功能和操作。通过对象调用类中的方法就可以改变对象域中变量的值。例如,计算机类具有创建文档和删除文档等方法。

3. 面向对象程序设计中的特点

早期的计算机程序设计语言经历了“面向机器”“面向过程”等阶段。随着计算机技术的发展,以及要解决的问题越来越复杂,早期的程序设计语言已经不能适应发展的需要。从 20 世纪 70 年代开始,陆续开发出了多个面向对象的程序设计语言,例如,VB.NET、C++、Java 等。面向对象程序设计语言的出现带动了面向对象的程序设计方法。

面向对象的程序设计是以要解决的问题中所涉及的各种对象为主体,力求程序设计符合人们日常的思维习惯,降低问题的难度和复杂性,提高编程的效率。使用面向对象的程序设计方法来解决问题就是从实际问题中抽象并封装数据和操作的对象,通过定义其状态和操作其行为来表述对象的特征和功能。此外,还可以通过定义接口来描述对象的地位以及与其他对象的关系,最终形成一个广泛联系的可理解、可扩充、可维护及更接近于问题本来面目的动态对象模型系统。最终通过使用 Java 语言来具体实现这个模型。

面向对象程序设计提高了软件的生产效率和程序模块的重复使用率,并且降低了维护成本。面向对象程序设计的主要特点如下:

(1)封装(encapsulation):封装就是将对象的数据和基于数据的方法封装在一起成为一个整体——类。所有的程序编写基本上都是通过创建类的对象,然后以对象为载体,进行数据交流和方法的执行。

封装是一种数据信息隐藏技术,使用者只需要知道对象中变量和方法的功能,而不必知道行为实现的细节,也就是说,类的使用者与设计者是分开的。此外,封装使得类的可重用性大为提高。

(2)多态(ploymorphism):多态是指程序的多种表现形式。在同一个类中,同名但参数不同的多个方法(方法重载)是多态的一种表现形式。另一种表现形式是子类对父类方法的覆盖或者子类对抽象父类中的抽象方法的具体定义。

（3）继承（inheritance）：继承是指一个类拥有另一个类的所有变量和方法。被继承的类称为父类，继承了父类的所有数据和操作的类称为子类。继承使得程序结构清晰，降低编程和维护的工作量。

（4）抽象（abstraction）：抽象是具体事物一般化的过程，即对具有特定属性的对象进行概括，从中归纳出这一类对象的共性，并从共同性的角度描述共有的状态和行为特征。

抽象包括数据抽象和方法抽象两个方面。数据抽象用来描述某类对象的共同状态；方法抽象用来描述某类对象的共同行为。

2.3.2 Java 库类

Java 语言中的类可以分为两种情况，一种是系统声明的类，即 Java 语言类库中的类，另一种是用户自定义的类。实际上，用户自定义的类是由 Java 类库中的类组合而成的，因此这里首先以 String 类为例介绍如何使用系统声明的类。

1. Java 库类

（1）声明类的对象：在 Java 语言中数据可以分为普通型数据和对象型数据两大类。与普通数据类型不同，在应用程序中，当需要使用某个对象型数据时，首先要使用该对象所在的类声明一个对象数据类型的变量，然后使用关键字 new 调用这个变量所属类的构造方法来完成对象的初始化，其格式为：

    类名 对象变量名=new 类名(参数列表);

（2）类的变量：前面介绍过域是类或者对象的状态和特征的总称。它可以是普通数据类型的变量，也可以是其他类的对象类型变量。常见的属性有实例变量和静态变量两种形式。

① 实例变量：用来存储某个类对象的属性值。实例变量是依据其对象存在的，当运行程序创建对象的同时，创建了其实例变量，当程序运行完成，对象消失，其实例变量也同时消失。在应用程序中，当需要调用某个类中的实例变量时，首先要声明该类的一个对象数据类型的变量，然后采用下面的格式调用该变量：

    对象变量名.实例变量名

② 静态变量：是类的变量，不属于任何一个类的具体对象实例。它不保存在某个对象实例的内存空间中，而是保存在类的内存空间的公共存储单元中。也就是说，不论一个类具有多少个对象，该静态变量只有一个，任何一个类的对象访问它，取得的都是相同的数值。同样地，任何一个类的对象去修改它，也都是在对同一个内存单元进行操作。

（3）类的方法：在类中有许多描述类行为的方法，这些方法中最常用的是实例方法和静态方法。

① 实例方法与实例变量一样属于每个对象，只能通过类的对象调用。实例方法用来声明某个类的行为，也就是说类的对象所能进行的操作。在应用程序中，当需要调用某个类中的实例方法时，首先要声明该类的一个对象数据类型的变量，然后采用下面的格式调用该方法：

    对象变量名.实例方法名(参数列表)

② 静态方法与静态变量类似，其本质是属于整个类的，而不属于某个实例对象。因为静态方法属于类本身，所以只要声明了类，它的静态方法就存在。需要调用某个静态方法时，可以使用其所属的类的名称直接调用，也可以用类的某个具体的对象名调用，其形式为：

    类名.静态方法名(参数列表)

或者

```
对象变量名.静态方法名(参数列表)
```

2．String 类

String 类是一种特殊的对象类型数据，其既可以采用普通变量的声明方法，也可以采用对象变量的声明方法。

采用声明普通变量的方法，其格式为：

```
String 对象名=字符串类型数据;
```

采用声明对象变量的方法，其格式为：

```
String 对象名=new String(字符串类型数据);
```

例如，"String s=new String("Welcome to Beijing");"语句表示声明一个 String 类的对象变量 s，其值为字符串"Welcome to Beijing"。

不论按照哪种方法，事实上都是创建 String 类的一个对象，用来保存和编辑字符串。

在 Java 语言中，只有 String 类的对象可以使用声明普通变量的方法，声明其他类的对象时，必须使用声明对象变量的方法。

在前面介绍过，Java 语言中有两种类型的方法：一种是静态方法；另一种是实例方法。静态方法是指那些只要声明了类，就可以通过类名调用的方法；实例方法是指那些要通过类的对象才能调用的方法。在 String 类的方法中，valueOf()方法是一个静态方法，它的作用是将数字类型的数据转换为字符串型数据。在使用这个方法时，不需要创建 String 类的对象，可以直接用类名调用。例如，下面的语句表示将浮点型数据 12345.6789 转换为字符串型数据 "12345.6789"，并保存在对象变量 str 中。

```
String str=String.valueOf(12345.6789);
```

在 String 类的方法中，有许多功能强大的实例方法，下面介绍一些常用的实例方法。

（1）toUpperCase()方法：读取字符串类型变量保存的字符串，再将字符串转换为大写形式。例如，下面的语句将变量 str1 的值转换为大写形式然后保存到变量 str2 中，变量 str2 的值为 "HELLO"。要注意的是，调用 toUpperCase()方法的对象 str1 中的值没有改变，依然是"hello"。

```
String str1="hello";
String str2=str1.toUpperCase();
```

（2）toLowerCase()方法：读取字符串类型变量保存的字符串，再将字符串转换为小写形式。例如，下面的语句将变量 str1 的值转换为小写形式然后保存到变量 str2 中，变量 str2 的值为 "hello"。要注意的是，调用 toLowCase()方法的对象 str1 中的值没有改变，依然是"HeLLo"。

```
String str1="HeLLo";
String str2=str1.toLowerCase();
```

（3）length()方法：计算字符串的长度，也就是一个字符串中所包含的字符个数，并且以 int 类型的数值来输出计算结果。例如，下面的语句用来计算变量 str 中字符串的长度，变量 num 的值为 20。

```
String str="This is my computer.";
int num=str.length();
```

（4）indexOf()方法：在字符串中定位某个特定字符或者子字符串，并输出其位置编号。如果小括号中为只有一个字符的字符串，则返回该字符在字符串中的编号位置。如果小括号中为多个字符组成的字符串，则输出第一个字符在字符串中的编号位置。如果没有找到特定的内容，则输出值为-1。注意：字符串中字符的位置编号从 0 开始依次增加 1。例如，下面的语句输出结果分别为 0、5 和-1。

```
String str="This is my computer.";
System.out.print(str.indexOf("T"));        //该语句的输出值为 0
System.out.print(str.indexOf("is"));        //该语句的输出值为 5
System.out.print(str.indexOf(" H"));        //该语句的输出值为-1
```

（5）substring()方法：截取字符串中的一部分，并作为一个新的字符串输出。

substring()方法有如下两种格式：

```
substring(int i)
```

表示输出一个从位置编号 i 开始一直到结尾的新字符串。

```
substring(int i, int j)
```

表示输出一个位置编号从 i 开始，到 j 结束的新字符串，其中包括位置编号 i 的字符，不包括位置编号 j 的字符。例如，下面语句的输出结果如图 2-3-1 所示。

```
public class Example3{
  public static void main(String args[]){
    String str="This is my computer.";
    System.out.println(str.substring(0));
    System.out.println(str.substring(0,11));
    System.out.println(str.substring(11,19));
  }
}
```

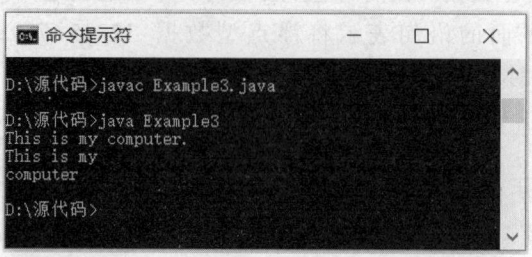

图 2-3-1　程序 Example3 的运行结果

（6）equals()方法：用来比较两个 String 类型数据是否完全相同，如果相同则返回 true，否则返回 false。判断两个 String 类型变量是否相等的方法和普通变量的不同，必须通过实例方法来比较，而不能使用关系符号==。例如，下面的语句用来判断变量 a 中的值与变量 b 中的值是否相等。

```
String a="This is my computer.";
String b="This's my computer.";
System.out.println(a.equals(b));        //该语句的输出值为 false
```

（7）equalsIgnoreCase()方法：在忽略大小写的情况下，比较两个 String 类型数据是否完全相同，如果相同则返回 true，否则返回 false。例如，下面的语句用来判断变量 a 中的值与变量 b 中的值是否相等。

```
String a="This is my computer.";
String b="This is My Computer.";
System.out.println(a.equals(b));        //该语句的输出值为 true
```

String 类中还有许多对字符串进行操作的实例方法，但是这里不可能一一讲解，更不可能一一背熟。因此，Java 语言提供了 Java API（Application Programmer's Interface）来查找所需的方法。Java API 可以在 Oracle 公司的网站上浏览或下载。

　　Java 语言本身声明了上千个类，每个类中又有许多方法。这些方法都可以在 Java API 中找到，可以说 Java API 就是 Java 语言的图书馆。借助 Java API 的帮助，编程员可以轻松地掌握任何方法的使用方式。

2.3.3　Math 类和 Integer 类

　　在数学计算中，经常需要进行一些比较复杂的运算，为此 Java 语言提供了 Math 类。Integer 类封装了 int 类型数据，并提供了一些方法用来进行数据类型间的转换和数制间的转换。

1．Math 类的静态方法

　　Math 类中的许多静态方法与 C 语言中的函数类似，可以进行求平方根、求幂等复杂数学计算。

　　（1）random() 方法：随机产生一个大于等于 0.0 而小于 1.0 的 double 类型数值。

　　例如，下面的语句随机产生一个 0.0～10.0 之间（包括 0.0，不包括 10.0）的 double 型数值。

```
double number=Math.random()*10;
```

　　又如，下面的语句随机产生一个 10.0～100.0 之间（包括 10.0，不包括 100.0）的 double 类型数值。

```
double number=Math.random()*90+10;
```

　　如果要随机产生一个 a～b（包括 a 和 b）之间的整数，可以使用下面的公式：

```
int 变量名=(int)(Math.random()*(b-a+1))+a;
```

　　例如，要随机产生一个 10～100 之间的整数，套用公式：

```
int i=(int)(Math.random()*(100-10+1))+10;
```

　　（2）max(double x, double y) 方法：返回参数 x 和 y 中较大数。参数的数值可以是 int、long、float 和 double 类型。例如，下面的语句将变量 a 和 b 中数值较大的数保存到变量 c 中。

```
double a=11.11;
double b=22.22;
double c=Math.max(a,b);      //变量c的值为22.22
```

　　（3）min(double x, double y) 方法：返回参数 x 和 y 中较小数。参数的数值可以是 int、long、float 和 double 类型。例如，下面的语句将变量 a 和 b 中数值较小的数保存到变量 c 中。

```
double a=11.11;
double b=22.22;
double c=Math.min(a,b);      //变量c的值为11.11
```

　　（4）abs(double x) 方法：返回参数 x 的绝对值。参数的数值可以是 int、long、float 和 double 类型。例如，下面的语句用来求绝对值。

```
int a=-100;
int b=Math.abs(a);      //变量b的值为100
double c=-11.11;
double d=Math.abs(c); //变量d的值为11.11
```

　　（5）pow(double x,double y) 方法：返回参数 x 的 y 次幂值。参数可以是 int、long、float 和 double 类型，但返回值为 double 型。例如，下面的语句用来计算变量 x 的平方值和立方值。

```
double x=2.5;
```

```
System.out.println(Math.pow(x,2));       //该语句的输出值为 6.25
System.out.println Math.pow(x,3));       //该语句的输出值为 15.625
```

（6）sqrt(double x)方法：返回参数 x 的平方根。参数可以是 int、long、float 和 double 类型，但返回值为 double 型。例如，下面的语句用来计算 100 和 625 的平方根。

```
System.out.println(Math.sqrt(100));      //该语句的输出值为 10.0
System.out.println(Math.sqrt(625));      //该语句的输出值为 25.0
```

（7）cbrt(double x)方法：返回参数 x 的立方根。参数可以是 int、long、float 和 double 类型，但返回值为 double 型。例如，下面的语句用来计算 1000 的平方根。

```
System.out.println(Math.cbrt(1000));  //该语句的输出值为 10.0
```

Math 类中还有一些静态方法，简单介绍如下：

round(double x)方法用来返回参数 x 四舍五入后的值，x 可以是 double 和 float 类型。

log(double x)方法用来返回参数 x 自然对数函数值。

exp(double x)方法用来返回 e 的 x 次幂值。

sin(double x)方法用来返回参数 x 的正弦函数值。

cos(double x)方法用来返回参数 x 的余弦函数值。

tan(double x)方法用来返回参数 x 的正切函数值。

asin(double x)方法用来返回参数 x 值的反正弦函数值。

acos(double x)方法用来返回参数 x 值的反余弦函数值。

floor(double x)方法用来返回不大于参数 x 的最大整数值。

ceil(double x)方法用来返回不小于参数 x 的最小整数值。

此外，Math 类还提供了两个静态常量：Math.PI 和 Math.E。MathPI 表示最近似于 π 的 double 型数值，Math.E 表示最近似于自然常数 e 的 double 型数值。

2. Integer 类

Integer 类提供了一些方法可以将字符串类型数据转换为整数类型数据，还可以进行数制间的转换。

（1）将 String 类型数据转换为 int 类型数据。

使用 Integer 类的 parseInt() 静态方法，将 String 类型的数据转换为 int 型的数据，其格式为：

```
Integer.parseInt(String s)
```

例如，下面的语句将字符串"100"转换成 int 类型的数字 100。

```
String str="100";
int i=Integer.parseInt(str);   //变量 i 的值为 100
```

（2）将 String 类型数据按二进制、十六进制和十进制转化为十进制的 int 类型数据。

使用 Integer 类的 valueOf() 静态方法，将内容为数字的 String 类型的数据按二进制、十六进制和十进制转化为十进制的 int 型数据，其格式为：

```
Integer.valueOf(String s,int radix)
```

其中，参数 s 为需要转换的数字字符串，参数 radix 为转换的数制基数。例如，下面的语句分别将字符串"111"作为二进制数和十六进制数转换为十进制的 int 类型数据。

```
String str="111";
System.out.println(Integer.valueOf(str,2));    //输出结果为 7
System.out.println(Integer.valueOf(str,16));   //输出结果为 273
```

（3）将 int 类型数据转换为 String 类型的二进制数和十六进制数。

使用 Integer 类的 toString()静态方法，将 int 类型的数据转换为二进制数和十六进制数的 String 类型的数据，其格式为：

```
Integer.toString(int i,int radix)
```

其中，参数 i 为需要转换的数字，参数 radix 为转换的数制基数。例如，下面的语句分别将数字 50 转换为 String 类型的二进制数和十六进制数。

```
int i=50;
System.out.println(Integer.toString(i,2));      //输出结果为 110010
System.out.println(Integer.toString(i,16));     //输出结果为 32
```

（4）将 String 类型数据转换为 Double 类型数据。

与 Integer 类类似，使用 Double 类的 parseDouble()静态方法，将 String 类型的数据转换为 double 型的数据，其格式为：

```
Double.parseDouble(String s)
```

例如，下面的语句将字符串"11.11"转换成 double 类型的数字 11.11。

```
String str="11.11";
double d=Double.parseDouble(str);      //变量 d 的值为 11.11
```

【案例 2.3】随机数

编写程序 Suiji，程序运行后随机产生三个 100 以内的正整数，显示在屏幕上，然后输出其中的最大数和最小数，操作步骤如下：

（1）在"记事本"中，输入如下程序代码。

```
public class Suiji{
  public static void main(String args[]){
    int number1=(int)(Math.random()*100)+1;
    int number2=(int)(Math.random()*100)+1;
    int number3=(int)(Math.random()*100)+1;
    System.out.print("随机产生的 3 个正整数为: " );
    System.out.println(number1+","+number2+","+number3);
    int biggest=Math.max(Math.max(number1,number2),number3);
    int smallest=Math.min(Math.min(number1,number2),number3);
    System.out.println("最大数为: "+biggest);
    System.out.println("最小数为: "+smallest);
  }
}
```

（2）在上面的代码中，表达式(int)(Math.random()*100)+1 用来产生一个 100 以内的正整数。其中，首先调用 Math 类的静态方法 random()产生 0（包括 0）～1（不包括 1）之间的 double 型随机数。再乘以 100 表示产生一个 0（包括 0）～100（不包括 100）之间的 double 型随机数。再强制转换为 int 型，则产生一个 0（包括 0）～100（不包括 100）之间的 int 型随机整数。再加 1 最终产生一个 1（包括 1）～101（不包括 101）之间的 int 型随机整数，也即是 1（包括 0）～100（包括 100）之间的 int 型随机整数。

（3）在执行 int biggest=Math.max(Math.max(number1,number2), number3);语句时，先比较变量 number1 和 number2 之间的值，返回其中较大的数值，然后再和变量 number3 进行比较，并将较大的值赋给变量 biggest。

（4）在执行 int smallest=Math.min(Math.min(number1,number2), number3);语句时，先比较变量 number1 和 number2 之间的值，返回其中较小的数值，然后再和变量 number3 进行比较，并将较小的值赋给变量 smallest。

（5）将文件保存在"源代码"文件夹中，文件名为 Suiji.java，两次运行程序的结果如图 2-3-2 所示。从图中可以看出每次运行都是随机产生三个 100 以内的正整数的。

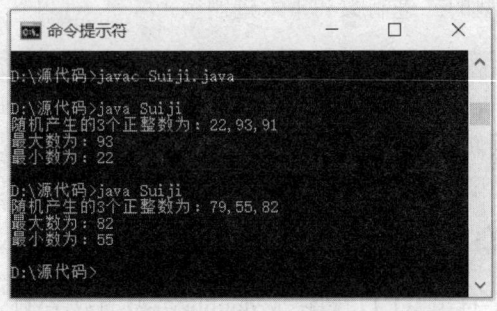

图 2-3-2　程序 Suiji 的两次运行结果

思考与练习 2-3

1．填空题

（1）在面向对象程序设计中，通过对象的＿＿＿＿和＿＿＿＿两个方面来描述对象。

（2）面向对象程序设计的特点是＿＿＿＿、＿＿＿＿、＿＿＿＿和＿＿＿＿。

（3）Java 语言本身声明了上千个类，每个类中又有许多方法，而这些方法都可以在 Java＿＿＿＿中查找到。

（4）toLowerCase()是 String 类的一个＿＿＿＿方法，它需要通过＿＿＿＿才能调用。

（5）Math 类的 random()方法可以产生一个＿＿＿＿之间的＿＿＿＿型随机数。

（6）System.out.println(Math.sqrt(100));的输出值为＿＿＿＿。

（7）使用 Math 类中的静态方法，写出下面数学公式的 Java 表达式为＿＿＿＿。

$$i = \left| -10 \right| + \sqrt[2]{3.57^{-23}}$$

2．操作题

（1）使用 Math 类中的静态方法编写程序，随机产生三个 55～375 之间的整数（包括 55 和 375），并输出其中最大数和最小数。

（2）编写程序将字符串"This is a String."分别以全部大写形式和全部小写形式输出。

（3）描述下面程序的运行效果，并上机验证。

```java
public class Random{
  public static void main(String[] args){
    int num1=(int)(Math.random()*30)+1;
    int num2=(int)(Math.random()*30)+1;
    double d=Math.pow(Math.min(num1,num2),Math.max(num1,num2));
    System.out.println(d);
  }
}
```

第 3 章 运算符和表达式

在编程过程中，经常需要对数据进行处理，本章主要介绍通过运算符和表达式来操作数据和对象。

3.1 常用的运算符和表达式

运算符是 Java 语句的基础结构之一，它和变量、常量、方法等一起组成了表达式。表达式是用运算符和圆括号将常量、变量和方法按一定的语法规则连接而成的有一定意义的式子。每个表达式都有一个值，这个值是一个具有类型的数据。最常用的运算符和表达式有以下 6 种。

3.1.1 算术运算符和算术表达式

算术表达式是用来计算整数和浮点类型的数据，其表达式结果也为整数类型或者浮点类型。算术运算符除了常用的加号 "+"、减号 "-"、乘号 "*" 和除号 "/" 外，还有以下 4 种，如表 3-1-1 所示。

表 3-1-1 4 种特殊算术运算符

运算符名称	运 算 符	功　　能	举 例 说 明
求相反数	-	求某个数的相反数。它与减号运算符一样，但具体语法存在差别	a=-100; b=-a;　　　　　//b=100
求余数	%	求被除数除以除数后所得的余数。如果除数和被除数都为整数类型，则余数为整数；如果除数和被除数为浮点类型，则余数为浮点类型	n=21%3;　　　//n=0 n=22.64%10;　//n=2.64
自加	++	用来给变量值增加 1。当该符号位于变量的右边时，则在使用变量之后，其值增加 1；当该符号位于变量的左边时，则在其值增加 1 之后，使用变量	a=10; b=a++;　//b 值为 10，a 值为 11 c=++b;　//c 值为 11，b 值为 11
自减	--	用来给变量值减少 1。当该符号位于变量的右边时，则在使用变量之后，其值减少 1；当该符号位于变量的左边时，则在其值减少 1 之后，使用变量	a=10; b=a--;　//b 值为 10，a 值为 9 c=--b;　//c 值为 9，b 值为 9

++（自加）和--（自减）运算符的目的是使程序变得更加简单明了，但是如果自加或自减运算符在一个表达式中出现过多反而会使程序变得复杂，难于理解。

例如，下面的源代码中使用自加运算符和自减运算符进行计算。

```java
public class Example{
  public static void main(String args[]){
```

```
    int a=10,b=20;
    int c=10,d=20;
    System.out.println((++a)*(b--));
    System.out.println("a= "+a);
    System.out.println("b= "+b);
    System.out.println((c++)*(--d));
    System.out.println("c= "+c);
    System.out.println("d= "+d);
    }
}
```

程序的运行结果为：

```
220
a= 11
b= 19
190
c= 11
d= 19
```

从运行结果可以看出，自加和自减运算符与变量的位置关系将直接影响运算结果，必须谨慎使用。

【案例 3.1】计算矩形的周长和面积

编写程序 Rect，给出两边边长，然后计算矩形的周长和面积，操作步骤如下：

（1）在"记事本"中，输入如下程序代码。

```java
public class Rect{
  public static void main(String args[]){
    int a=20, b=10;       //两边边长
    int p,area;           //周长、面积
    p=a*2+b*2;            //计算周长
    area=a*b;             //计算面积
    System.out.println("长方形两边边长是: "+a+"和"+b);
    System.out.println("周长是: "+p);
    System.out.println("面积是: "+area);
  }
}
```

（2）将文件保存在"源代码"文件夹中，文件名为 Rect.java。运行程序，运行结果如图 3-1-1 所示。

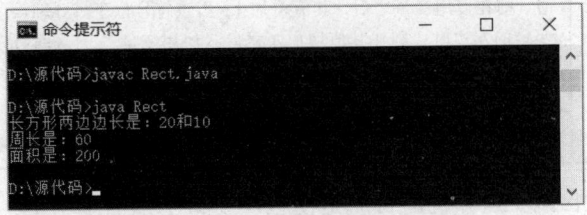

图 3-1-1　程序 Rect 的运行结果

3.1.2　关系运算符和关系表达式

关系表达式（也称比较表达式）是比较关系运算符左右两边数据的大小关系，其表达式结

果为逻辑型数据 true 或者 false。

1．关系运算符

关系运算符有 6 种，如表 3-1-2 所示。

表 3-1-2　关系运算符

运 算 符	名 称	作 用	举 例
==	等于	如果运算符两边的数值相等，则表达式值为 true。如果两个数值不相等，则表达式值为 false	10==10 表达式值为 true 10==15 表达式值为 false
!=	不等于	如果运算符两边的数值不相等，则表达式值为 true。如果两个数值相等，则表达式值为 false	10!=10 表达式值为 false 10!=15 表达式值为 true
>	大于	如果大于号前面的数值大于其后面的数值，则表达式值为 true。如果大于号前面的数值小于或者等于其后面的数值，则表达式值为 false	10>10 表达式值为 false 15>10 表达式值为 true
<	小于	如果小于号前面的数值小于其后面的数值，则表达式值为 true。如果小于号前面的数值大于或者等于其后面的数值，则表达式值为 false	10<10 表达式值为 false 10<15 表达式值为 true
>=	大于等于	如果大于等于号前面的数值大于或者等于其后面的数值，则表达式值为 true。如果大于号前面的数值小于其后面的数值，则表达式值为 false	10>=10 表达式值为 true 10>=15 表达式值为 false
<=	小于等于	如果小于等于号前面的数值小于或者等于其后面的数值，则表达式值为 true。如果小于等于号前面的数值大于其后面的数值，则表达式值为 false	10<=10 表达式值为 true 15<=10 表达式值为 false

注意：Java 语言中的等于号运算符是两个等号，不能写成一个等号。

2．ASCII 码

如果是两个 char 型数据比较大小，则按照它们的 ASCII 码值的大小进行比较。

ASCII 码是用 7 位二进制数表示一个字符，共能表示 128 个不同的字符，包括计算机处理信息常用的 26 个英文大写字母 A～Z、26 个英文小写字母 a～z，数字符号 0～9、算术与逻辑运算符号、标点符号等。常用字符的 ASCII 码值如表 3-1-3 所示。

表 3-1-3　常用字符的 ASCII 码

ASCII 值	字 符	ASCII 值	字 符	ASCII 值	字 符
032	（空格）	041	)	050	2
033	!	042	*	051	3
034	"	043	+	052	4
035	#	044	,	053	5
036	$	045	-	054	6
037	%	046	.	055	7
038	&	047	/	056	8
039	'	048	0	057	9
040	(	049	1	058	:

续表

ASCII 值	字　符	ASCII 值	字　符	ASCII 值	字　符
059	;	082	R	105	i
060	<	083	S	106	j
061	=	084	T	107	k
062	>	085	U	108	l
063	?	086	V	109	m
064	@	087	W	110	n
065	A	088	X	111	o
066	B	089	Y	112	p
067	C	090	Z	113	q
068	D	091	[	114	r
069	E	092	\	115	s
070	F	093	]	116	t
071	G	094	^	117	u
072	H	095	—	118	v
073	I	096	`	119	w
074	J	097	a	120	x
075	K	098	b	121	y
076	L	099	c	122	z
077	M	100	d	123	{
078	N	101	e	124	|
079	O	102	f	125	}
080	P	103	g	126	~
081	Q	104	h	127	DEL

例如，符号?的 ASCII 码是 63，字母 Z 的 ASCII 码是 90，字母 z 的 ASCII 码是 122。

根据上面的表格，可以判断两个 char 型数据的大小。例如，表达式'H'<'h'的值为 true，因为字母 H 的 ASCII 码是 72，而字母 h 的 ASCII 码是 104。显而易见，表达式 72<104 的值为 true。

3.1.3 逻辑（布尔）运算符和逻辑（布尔）表达式

逻辑运算符用来连接关系表达式或逻辑型数据，其表达式的值只会是 true 或者 false。逻辑运算符有以下 4 种：

1. "非" 运算符!

"非"运算符!表示"相反"的意思。例如，!(10 < 5)的值为 true。

2. "与" 运算符&&

只有当"与"运算符&&前后的数值都为 true 时，表达式的值才为 true，其他情况下，表达式的值都为 false。例如，表达式 150>=100 && 50<100 的值为 true。

3．"或"运算符||

只有当"或"运算符||前后的数值都为 false 时，表达式的值才为 false，其他情况下，表达式的值都为 true。例如，表达式 100>=150 || 50<100 的值为 true。

4．"异或"运算符^

当"异或"运算符^前后数值同为 true 或者同为 false 时，表达式的值为 false。当运算符^前后数值一个为 true 另一个为 false 时，表达式的值为 true。例如，表达式 150>=100 ^ 100>50 的值为 false。

表 3-1-4 列出了逻辑表达式在各种情况下的值。

表 3-1-4　逻辑表达式

条件表达式的值 A	逻辑运算符	条件表达式的值 B	逻辑表达式	逻辑表达式的值
	!	true	!B	false
	!	false	!B	true
true	&&	true	A && B	true
true	&&	false	A && B	false
false	&&	true	A && B	false
false	&&	false	A && B	false
true	||	true	A || B	true
true	||	false	A || B	true
false	||	true	A || B	true
false	||	false	A || B	false
true	^	true	A ^ B	false
true	^	false	A ^ B	true
false	^	true	A ^ B	true
false	^	false	A ^ B	false

Java 语言中的逻辑运算符&&和||采用了"短路"方式进行计算。也就是说，先执行运算符号左边的表达式，如果该值为 true 则对于||运算符来说整个逻辑表达式的值必为 true，也就不再执行运算符右边的表达式；同理，如果运算符号左边的表达式值为 false 则对于&&运算符来说整个逻辑表达式的值必为 false，也就不再执行运算符右边的表达式。

例如，下面的语句执行后，最后输出的 x 的值仍然是 10，因为++x 和 x++都没有被执行。

```
int x=10;
System.out.println(false&& (++x==10)); //输出 false
System.out.println(true|| (x++==10)); //输出 true
System.out.println("x="+x); //输出 x=10
```

3.1.4　位运算符和位运算表达式

使用任何一种整数类型时，可以直接使用位运算符对其二进制位进行按位操作。这意味着可以利用屏蔽和置位技术来设置或者获得一个数字中的某位或某几位。还可以将一个位模式向左或者向右移动。这些位运算符的功能介绍如下。

1．按位求反运算符~

按位求反运算符~对数据的每个二进制位取反，即把 1 变成 0，把 0 变成 1。

例如，~11010100 的结果为 00101011。

2．按位与运算符&

按位与运算符&对两个数据的二进制位进行操作，如果运算符左右两个二进制数相应位置都为 1，则运算结果对应的该位为 1，否则为 0。

例如，00101010 & 00010111 的结果为 00000010。

在实际操作中按位与运算符&主要有以下两个用途。

（1）按位与可以用来屏蔽特定的位，即对特定的位清零。例如，下面的语句对整型变量 number 的二进制形式进行了按位与操作，使其除了从右边数第 4 位没变化外，其他位都被清零。

```
int Fourth = number & 8;  //8 的二进制为 1000
```

（2）按位与可以用来提取特定的位。例如，下面的语句对整型变量 number 的二进制形式进行了按位与操作，可以提取出其从右边数第 5 位的数值。

```
/*16 的二进制为 10000，如果 Fifth 值为 16，则变量 number 的第 5 位为 1；如果 Fifth 值为
0 则变量 number 的第 5 位为 0*/
int Fifth = number & 16;
```

3．按位或运算符|

按位或运算符|对两个数据的二进制位进行操作，如果运算符左右两个二进制数相应位置有一个为 1，则运算结果对应的该位为 1，否则为 0。

例如，00101010 | 00010111 的结果为 00111111。

按位或可以用来设置某些特定位为 1。例如，下面的语句将整型变量 number 的第 4 位和第 5 位设置为 1，其他位的值都保持不变。

```
int FourthFifth = number & 24;    //24 的二进制为 11000
```

4．按位异或运算符^

按位异或运算符^：对两个数据的二进制位进行操作，如果运算符左右两个二进制数相应位置数值相同，则运算结果对应的该位为 0，否则为 1。也就是说，两数据相应位中有一个为 1，另一个为 0 时，则异或的结果为 1；两个相应位都为 1 或者 0 时，则异或的结果为 0。

例如，00101010 ^ 00010111 的结果为 00111101。

如果需要一个数据某个特定二进制数位的数值求反，则可以使用另一个相对应位数值为 1 的数据，然后与原数据进行按位异或操作。例如，下面的句子对整型变量 number 的第 4 位二进制位进行了求反，其他位没有变化。

```
int RFourth = number ^ 8;    //8 的二进制为 1000
```

通过按位异或运算，可以实现两个整型变量值的交换，且不用像【案例 2.2】那样使用临时变量。例如，下面的语句可以交换两个整型变量 n1 和 n2 的值。

```
int n1 = 10;  //n1 二进制数最右边 8 为 00001010
int n2 = 15;  //n2 二进制数最右边 8 为 00001111
```

```
n1 = n1^n2;     //n1 二进制数最右边 8 为 00000101, n1=5
n2 = n2^n1;     //n2 二进制数最右边 8 为 00001010, n2=10
n1 = n1^n2;     //n1 二进制数最右边 8 为 00001111, n1=15
```

注意：在进行位逻辑运算时，如果符号两边数值的数据长度不同，则系统会以长度长的为标准，将长度短的数据左侧填满，正数填满 0，负数填满 1。这样，位逻辑运算表达式返回两个数值中数据长度较长的数据类型。例如，a|b，a 为 long 型，b 为 int 型，则系统会把 b 的左侧 32 位填满。

5．移位运算符

移位运算符用来将一个数的二进制位序列左移或者右移指定数位。在介绍移位运算符之前，先介绍一下补码的概念。Java 使用补码来表示二进制数，最高位为符号位。对正数来说，最高位为 0，其余各位代表数值本身。例如，+35 的补码为 00100011。对负数来说，把该数绝对值的补码按位取反，然后对整个数加 1，即为该数的补码。例如，−1 的绝对值的补码为 0000001，按位取反再加 1 为 11111110+1=11111111，所以−1 的补码为 11111111。

移位运算符有三种形式，介绍如下。

（1）算术向右移运算符>>：用来将一个数的二进制序列右移指定数位。例如，a=a>>2;语句使用变量 a 的各二进制位向右移 2 位，移到最右端的低位被舍弃，最高位则移入原来最高位的值。如果变量 a 的二进制数值为 00101101，则 a>>2=00001011，如果变量 a 的二进制数值为 11011101，则 a>>2=11110111。右移一位相对于除 2 取商，而且在计算机系统的计算中，用移位运算符右移实现除法比用除法运算符速度要快。

（2）算术左移运算符<<：用来将一个数的二进制序列左移指定数位。例如，a=a<<2;语句使用变量 a 的各二进制位向左移 2 位，右边补 0。如果变量 a 的二进制数值为 00101101，则 a<<2=10110100。左移时要注意高位左移后不要超出变量的数据范围否则会产生溢出错误。

在不产生溢出的情况下，左移一位相当于乘 2，而且在计算机系统的计算中，用移位运算符左移实现乘法法比用乘法运算符速度要快。

（3）逻辑（无符号）右移运算符>>>：用来将一个数的二进制序列右移指定数位，左边添零。与运算符>>的不相同之处是无论原来最高位的值是什么，右移后的高位都补 0，所以逻辑右移也称无符号右移。例如，如果变量 a 的二进制数值为 00101101，则 a>>>2=00001011；如果变量 a 的二进制数值为 11011101，则 a>>>2=00110111。

3.1.5　赋值运算符和赋值表达式

前面介绍的赋值语句就是由赋值运算符构成的，其作用是将数据赋给变量。在赋值运算符的左边是变量，右边数据可以是具体数值也可以是表达式，但是数据类型必须与左边的变量类型一致或可以转换为左边的变量类型。赋值运算符除了前面介绍的运算符“=”外，还有扩展赋值运算符。在赋值运算符“=”前面加上其他运算符，即构成扩展赋值运算符。例如，a+=10;语句等价于 a=a+10;语句。扩展赋值运算符的特点是可以使程序表达简练，并且能提高程序的编译速度。表 3-1-5 列出了 Java 语言中的扩展赋值运算符及其作用。

表 3-1-5　扩展赋值运算符

运 算 符	举 例 说 明	运 算 符	举 例 说 明
+=	a+=b 相当于 a=a+b	-=	a-=b 相当于 a=a-b
*=	a*=b 相当于 a=a*b	/=	a/=b 相当于 a=a/b
%=	a%=b 相当于 a=a%b	&=	a&=b 相当于 a=a&b
|=	a|=b 相当于 a=a|b	^=	a^=b 相当于 a=a^b
>>=	a>>=b 相当于 a=a>>b	<<=	a<<=b 相当于 a=a<<b
>>>=	a>>>=b 相当于 a=a>>>b		

3.1.6　条件运算符和条件表达式

条件表达式具有判断功能，可以根据表达式的值来决定执行哪条语句，其格式为：

表达式?执行语句 1:执行语句 2

其中，表达式可以是逻辑表达式，也可以是逻辑型数据，也就是说表达式的值只可以是 true 或 false。如果表达式的值是 true，则执行语句 1。如果表达式的值是 false，则执行语句 2。例如，"int i = 20<10 ? 100:10;"语句的运行过程是先计算 20<10 的值，值为 false 则整个条件表达式的值为 10，也就是说变量 i 的值为 10。

【案例 3.2】判断一个整数是否为回文数

如果把一个数的各位数字逆序后，得到的数与该数本身相等，则该数是一个回文数。例如，整数 525 逆序后还是 525，故它是回文数；整数 123 逆序后是 321，故 123 不是回文数。编写程序 HW，对程序中给定的一个 3 位整数判断它是否是回文数，操作步骤如下：

（1）在"记事本"中，输入如下程序代码。

```
public class HW{
  public static void main(String args[]){
    int x=191;     //声明一个三位整数 x
    int a,c;       //分别表示整数 x 的个、百位上的数字
    c=x/100;       //求 x 的百位数字
    a=x%10;        //求 x 的个位数字
    String s=(a==c)?(x+"是回文数。"):(x+"不是回文数。");
    System.out.println(s);
  }
}
```

（2）在上面代码的第 7 行中，因为表达式 a==c 的结果为 true，所以把问号?后面的第一个表达式的值赋给字符串变量 s。如果把程序中第 3 行的 x 值改为 123，则程序运行后输出"123 不是回文数"。将文件保存在"源代码"文件夹中，文件名为 HW.java。运行程序，输出结果如图 3-1-2 所示。

【案例 3.3】判断奇偶数

编写程序 Jiou，判断数字 779 是奇数还是偶数。如果是奇数，则输出"奇数"；如果是偶数，则输出"偶数"，操作步骤如下：

图 3-1-2　程序 HW 的运行结果

（1）在"记事本"中，输入如下程序代码。

```java
public class Jiou{
  public static void main(String args[]){
    int number=779;                    //需要判断的数字
    String str;                        //保存判断结果
    str=number%2==0?"偶数":"奇数";       //进行判断
    System.out.println("请判断 "+number+" 是奇数还是偶数");
    System.out.println("答: "+str);     //输出判断结果
  }
}
```

（2）在上面的代码中，判断一个数字是奇数还是偶数的方法是：该数字被 2 除，如果余数为 0 则该数字为偶数，如果不为 0 则该数字为奇数。当需要判断某个数字是否可以被另一个数字整除时，可以通过计算其余数是否为 0 来得到结果。

（3）修改程序中变量 number 的值，可以判断其他数字是奇数还是偶数。

（4）将文件保存在"源代码"文件夹中，文件名为 Jiou.java。运行程序，输出结果如图 3-1-3 所示。

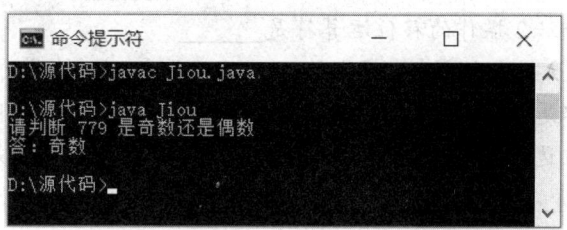

图 3-1-3　程序 Jiou 的运行结果

3.1.7　优先级

和数学上"先乘除，再加减"的运算法则相似，在 Java 语言中，对一个表达式进行计算时，是按照运算符的优先级来决定执行的先后次序的。首先执行小括号中的表达式，然后按照运算符优先级的高低依次执行相对应的表达式。同一级别的运算符，基本上都是从表达式的左边向右边依次执行。表 3-1-6 列出了 Java 语言中部分运算符的优先级。

表 3-1-6　Java 语言运算符的优先级顺序

优先次序从高到低	运　算　符
1	( )
2	++ -- ! ~

续表

优先次序从高到低	运 算 符
3	* / %
4	+ -
5	>> >>> <<
6	> < >= <=
7	== !=
8	&
9	^
10	|
11	&&
12	||
13	?:
14	= += -= *= /= %= ^=
15	&= |= <<= >>= >>>=

思考与练习 3-1

1．填空题

（1）逻辑表达式：(20<=25) && (90 !=90) || (50*2<100)的值为_____。

（2）逻辑表达式：(8*2>10) && (70>=12) || ('A'<'a')的值为_____。

（3）可以对数字进行除以 2 操作的移位运算符是_____。

（4）在对一个复杂表达式进行计算时，要按照运算符的优先级从高到低依次执行。同一级别的
运算符，基本上都是_____依次执行。

（5）在赋值运算符的左边是_____，右边数据可以是具体数值也可以是_____，但是数据类
型必须与左边的_____类型_____或可以转换为左边的变量类型。

2．操作题

（1）已知半径为 5，编写程序求圆的周长、面积以及对应球体的体积。

（2）写出下面程序的运行结果，然后上机运行检验。

```java
public class Ex2{
  public static void main(String args[]){
    float number1 = 24.0f;
    int number2 = 10;
    System.out.println((number1++)*(--number2));
    System.out.println("number1="+number1);
    System.out.println("number2="+number2);
  }
}
```

3.2　数据类型的转换

Java 程序中的每一个数据都必须有且只有一个数据类型。程序中的数据既包括那些可以看到的变量和数值，也包括看不到的在程序运行中产生的中间计算结果。当两个数据的类型不相同时，必须先进行数据类型的转换，然后才能运算或者赋值。

3.2.1　自动转换

自动转换是指系统把所占内存空间字节数少的类型，自动转换为所占内存空间字节数多的类型，把整数类型转换为浮点类型。也就是说可以把 byte 转换为 short，byte 和 short 转换为 int，byte、short 和 int 转换为 long，byte、short、int 和 long 转换为 float，byte、short、int、long 和 float 转换为 double，等等。例如，下面的语句，虽然变量与数据的类型不同，但是 Java 语言可以自动转换，程序编译时不会显示错误信息。

```
byte b=10;
short s=b;
int i=s;
long l=i;
float f=l;
```

3.2.2　强制转换

强制类型转换是指通过语句把所占内存空间字节数多的类型，强制转换为所占内存空间字节数少的类型，把浮点类型转换为整数类型，其格式为：

(转化后数据类型的声明关键字)原类型数据

例如：

```
int i=10
byte b=(byte)i;
```

如果将浮点类型转换为整数类型，则整数部分保留，小数部分丢失。例如：

```
double p=123.456;
int i=(int)p;          //变量 i 的值为 123
```

在强制转换中，一定要注意变量类型的范围，数据不可以超出转换后类型的范围。例如：

```
int i=500;
byte b=(byte)i;
//变量 i 的值超出 byte 型变量的范围(-128～127)，系统会显示错误
```

3.2.3　数据类型转换在计算中的应用

在进行计算的时候，Java 语言根据被计算的两个数据的类型来决定计算结果的类型。

如果被计算的两个数据的类型一样，则计算结果的类型必须和它们保持一致。因此，整型变量在做除法运算时，如果不能整除会导致运算结果的小数部分丢失，最终造成整个表达式的计算结果不精确。为了避免这种情况的出现，在进行复杂计算的时候，变量最好不使用 int 型，建议使用 double 型。

如果被计算的两个数据的类型不一样，则先按照自动转换原则将数据类型转换为同样的，

　　然后再计算，也就是说计算结果的类型和所占内存空间字节数多的类型一致。

　　例如，在下面的程序中，4 个算术表达式看似一样，但是因为数据类型不同，所以运算结果有很大的差别，运行结果如图 3-2-1 所示。

```
public class Example2{
  public static void main(String args[]){
    double s1=11/9*3-3/2+7/5;
    double s2=11.0/9*3-3/2+7/5;
    double s3=11.0/9*3-3.0/2+7/5;
    double s4=11.0/9*3-3.0/2+7.0/5;
    System.out.println("s1="+s1);
    System.out.println("s2="+s2);
    System.out.println("s3="+s3);
    System.out.println("s4="+s4);
  }
}
```

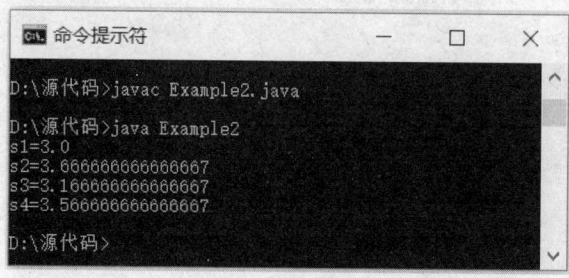

图 3-2-1　程序 Example2 的运行结果

　　如果一个是 char 型数据，另一个是整数或者浮点型数据，则 char 型数据按照 ASCII 码转换成整数或者浮点型数字。例如，System.out.println('A' +50.9);语句的运行结果是 115.9，即字母 A 的 ASCII 码值 65 加上 50.9。

思考与练习 3-2

1．填空题

（1）Java 程序中的每一个数据都必须＿＿＿＿＿数据类型。

（2）当两个数据的类型不相同时，必须先进行＿＿＿＿＿，然后才能运算或者赋值。

（3）自动转换是指＿＿＿＿＿。

（4）强制类型转换是指＿＿＿＿＿。

2．操作题

（1）写出下面程序的运行结果，然后上机运行检验。

```
public class Ex3{
  public static void main(String args[]){
    int number1=3, number2=9, number3=11;
    String s = "ABC"
    System.out.println(number1+number2+s+number3);
    System.out.println(s+number1+number2+number3);
```

```
    }
}
```

（2）改正下面程序中的错误后，写出运行结果，然后上机运行检验。

```
public class Operations{
  public static void main(String[] args){
    double d=25;
    int i=(int)d;
    float f=1234.567
    byte b=(byte)f;
    int j='A'+20;
    System.out.println("d="+d);
    System.out.println("i="+i);
    System.out.println("f="+f);
    System.out.println("b="+b);
    System.out.println("j="+j);
  }
}
```

第4章 算法与分支语句

本章主要介绍算法的基本知识，Java 语言的分支（选择）语句：if 语句和 switch 语句，以及如何读取键盘输入的数据。

4.1 算 法 概 述

对计算机编程语言来说，算法是用于求解某个特定问题的一些指令的集合。具体地说，用计算机所能实现的操作或指令，来描述问题的求解过程，就得到了这一特定问题的计算机算法。

一般来说，所谓算法是指解决一个特定问题采用的特定的、有限的方法和步骤。利用计算机来解决问题需要编写程序，在编写程序前要对问题进行充分的分析，设计解题的步骤与方法，也就是设计算法。没有算法，编程员对要解决的问题就无从下手。有了算法，才有可能设计程序，最终让计算机执行程序，完成所要求的任务。算法的好坏决定了程序的优劣，因此，算法的设计是程序设计的核心任务之一。

4.1.1 算法的基本结构

一个算法的功能不仅与选用的操作命令有关，而且与这些操作命令之间的执行顺序有关。算法的控制结构给出了算法的执行框架，它决定了算法中各种操作命令的执行次序。博姆（Bohm）和雅可比维（Jacopini）两位学者于 1966 年提出算法有三种控制结构：顺序结构、选择结构和循环结构。这三种基本结构都具有只有一个入口和一个出口的特点，不会出现死循环。对于 Java 语言来说，一个程序通常可以相应地分为输入、处理和输出三个部分。

1. 顺序结构

顺序结构是一种线性结构，也是程序设计中最简单、最常用的基本结构。顺序结构程序是把计算机要执行的各种操作命令依次排列起来。程序运行后，从左至右、从上向下地顺序执行这些命令语句（一个语句行中，从左至右顺序执行各条语句），直至执行完所有语句行的语句或者执行到终止程序的语句。

2. 选择结构

选择结构（也称分支结构）是一种常用的控制结构，是计算机科学用来描述自然界和社会生活中分支现象的重要手段。在实际工作中，常常需要根据某个条件是否成立，来决定下一步应做什么工作。编写程序让计算机工作，同样存在这种情况。在选择结构中，程序不再按照行号的顺序来执行各语句行的语句，而是根据给定的条件来决定选取哪条路径，执行哪些语句。

选择结构的特点是在各种可能的操作分支中，根据所给定的选择条件是否成立，来决定选择执行某一分支的相应操作。并且，任何情况下均有"无论分支多少，仅选其一"的特性。在 Java 语言中，可以采用 if 语句和 switch 语句来实现程序的选择结构。

3．循环结构

循环结构是一种反复地执行某组操作命令的结构。循环控制就是指由特定的条件决定某些语句重复执行次数的控制方式。它具有封闭型的单入单出性质，也就是说进入循环结构后，只要循环条件未达到结束状态，就始终执行循环体内的操作。在 Java 语言中，可以采用 for 语句、do...while 语句和 while...loop 语句来实现程序的选择结构。本书将在第 5 章详细介绍循环语句的使用方法。

4.1.2　算法的特征

一个算法具有下列 5 个重要特性。只有具有这 5 个特性才能够被称为算法。

1．有穷性

对任何合法的输入数值来说，一个算法必须总是在执行有穷（即有限）的操作步骤之后结束，且每一个操作步骤都可在有穷的时间内完成。

2．确定性

算法中每一步操作都必须有准确的含义，不允许有二义性。算法的正确性要求，对于相同的输入，算法只有唯一的一条执行路径，即对于相同的输入只能得出相同的输出。

3．可行性

算法中描述的所有操作，都可以通过执行有限次的基本运算来实现。

4．输入性

一个算法有零个或多个输入，这些输入取自于特定的对象的集合。如果没有输入，则算法的内部应确定其初始条件。

5．输出性

一个算法有一个或多个输出，没有输出的算法毫无意义。算法的输出与算法的输入之间存在着特定的关系，算法完成从输入到输出之间的数据加工。

算法的 5 个特性中最重要的是有穷性，如果不具有有穷性，只可以称之为计算方法。

4.1.3　算法的描述方法

算法有许多描述方法。例如，使用日常语言描述解决问题的步骤与方法的自然语言法。这种描述方法通俗易懂，但比较烦琐，且对条件转向等的描述欠直观。针对自然语言法描述的缺点，又产生了流程图、N–S 图和 PAD 图等方法。下面介绍三种在计算机算法中常用的描述方法。

1．流程图

流程图也称框图，它是用各种几何图形、流程线及文字说明来描述计算过程的框图。用流程图表示算法的优点是：用图形来表示流程，直观形象，各种操作一目了然，不会产生"歧义性"，流程清晰。其缺点是：流程图所占面积大，而且由于允许使用流程线，使流程任意转移，容易使人弄不清流程的思路。表 4-1-1 所示为用传统流程图描述算法时常用的符号。

表 4-1-1　流程图常用符号

流程图符号	名　　称	含　　义
⬭	起始框	用于表示程序的起始和终止
▱	数据输入/输出框	用于表示数据的输入和输出
▭	处理框	描述基本的操作功能，如赋值、数学运算等
◇	判断框	根据框中给定的条件是否满足，选择执行两条路径中的某一条路径
↓→	流程线	表示流程的路径和方向
○	连接点	表示两段流程图流程的连接点

用流程图描述程序的三种基本结构如图 4-1-1 所示。其中循环结构有两种形式：当型循环和直到型循环。当型循环是先进行判断，再执行循环体内的操作；直到型循环是先执行循环体内的操作，再进行判断。如果采用直到型循环结构，则不论条件是否成立，循环体内的操作至少会被执行一次。

2. N-S 图

N-S 图的主要特点是取消了流程线，即不允许流程任意转移，而只能从上到下顺序进行，从而使程序结构化。它规定了三种基本结构作为构造算法的基本单元，如图 4-1-2 所示。

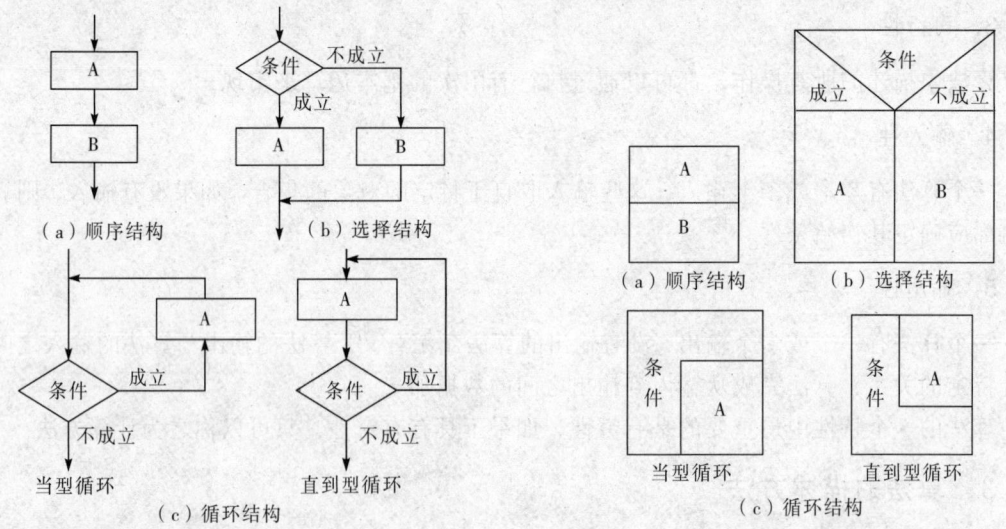

图 4-1-1　流程图描述程序的 3 种基本结构　　　图 4-1-2　N-S 图描述程序的三种基本结构

图中的 A 和 B 分别代表某些操作，例如，数据赋值、数据的输入或输出等，也可以是三种基本控制结构中的某一种。顺序结构是最简单的一种结构，先执行 A 然后再执行 B。选择结构则根据条件是否满足决定执行 A 或 B。循环结构中的"直到型循环"，是先执行一次 A，然后检查条件是否满足，如不满足则再执行一次 A，直到某一次在执行完 A 后条件满足为止。循环结构中的"当型循环",是先检查给定的循环条件是否满足,若满足则执行 A,然后再检查一次条件满足否,直到某一次条件不满足为止。

N-S 图的不足之处是:当算法存在着较多层嵌套的选择结构时,图中的每个选择结构框会越分越窄,可能难以写下所需要的操作内容。

3．PAD 图

PAD 是英文 Problem Analysis Diagram 的缩写,其原意是问题分析图。它是近年来在软件开发中被推广使用的一种描述算法的图形方法。它是一种二维图形,从上到下各框功能顺序执行,从左到右表示层次关系。这种描述算法的方法,层次清楚,逻辑关系明了,在有多次嵌套时,不易出错。用 PAD 图描述程序的三种基本结构如图 4-1-3 所示。

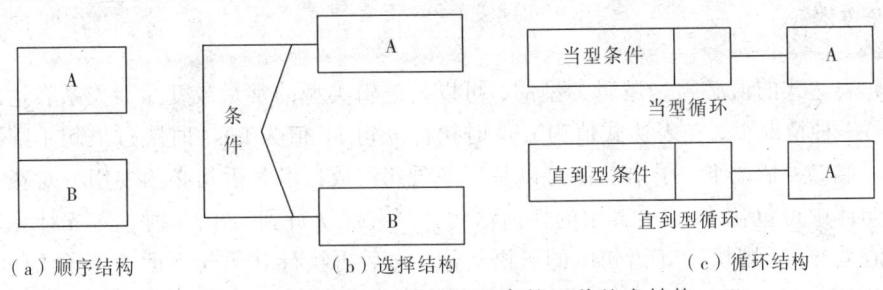

（a）顺序结构　　　（b）选择结构　　　（c）循环结构

图 4-1-3　用 PAD 图描述程序的三种基本结构

在为具体问题设计算法时,选用何种算法描述工具并不重要,重要的是一定要把算法描述得简洁、正确,不会产生理解上的"歧义性"。

思考与练习 4-1

1．填空题

（1）算法是指_____,其具有_____、_____和_____三种控制结构。

（2）算法具有_____、_____、_____、_____和_____等 5 个重要特性。

（3）常见的算法描述方法有_____、_____和_____。

2．问答题

（1）流程图、N-S 图和 PAD 图方三种算法描述法的优点和缺点是什么?

（2）循环结构有两种形式:当型循环和直到型循环,请问它们的区别在哪里?

4.2　分　支　语　句

在 Java 程序中,语句的执行顺序并不一定都是由上到下一条一条依次执行的。使用流程控制语句可以控制程序中各语句执行的顺序,从而把多个语句组合成有意义的、能完成某个特定功能的语句块。在各种可能的操作分支中,根据所给定的条件是否成立,来决定选择执行某一分支的相应操作被称为分支结构。在 Java 语言中,可以采用 if 语句和 switch 语句来实现程序的分支结构。

4.2.1　if 语句

if 语句一共有三种形式：if、if...else 和 if...else if...else，下面将通过流程图和实例来具体介绍这三种形式。

1．if 形式

if 形式是 if 语句中最简单的形式，其可以根据表达式的值来判断是否应该执行某一条或某些条语句，其格式为：

```
if(表达式) 语句 1;
```
或者
```
if(表达式){
    子语句体
}
```

其中，表达式的值必须是逻辑类型的，可以是逻辑类型的常量或变量、关系表达式或逻辑表达式。第一种情况下，在表达式值为 true 时执行语句 1，值为 false 时跳过语句 1 继续执行下面的语句。第二种情况下，子语句体可以是多条语句组成，多条语句必须要用一对花括号括起来。子语句体中可包含 Java 语言中的任何语句。当程序执行到 if 语句时，首先计算表达式的值，如果值是 true，则执行 if 语句中的子语句体，然后再执行 if 语句下面的一条语句；如果值是 false，则不执行 if 语句中的子语句体，直接执行 if 语句下面的一条语句。

图 4-2-1 所示为 if 形式的流程图。图中判断框内的条件是 if 语句中的表达式，处理框 A 是 if 语句中的子语句体，处理框 B 是 if 语句下面所有的语句。

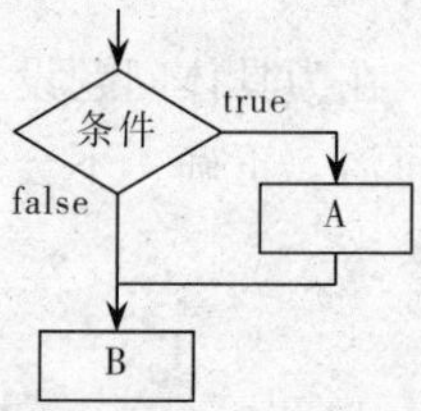

图 4-2-1　if 形式流程图

【案例 4.1】判断一个数字是奇数还是偶数

编写程序 Jiou2，判断一个数字是奇数还是偶数，并输出判断结果。判断一个数字是奇数还是偶数的方法是：该数字被 2 除，如果余数为 0 则该数字为偶数，如果为 1 则该数字为奇数。该算法的流程图如图 4-2-2 所示。

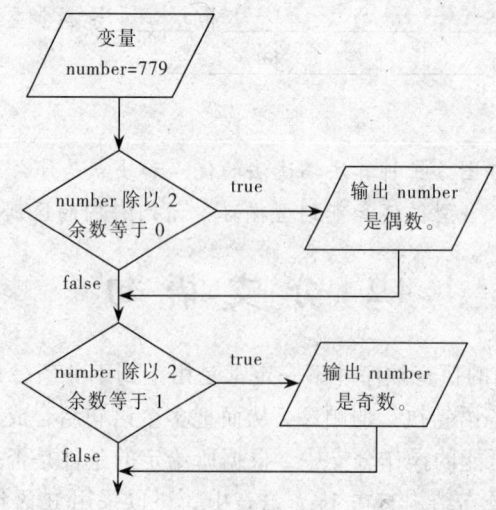

图 4-2-2　判断一个数字是奇数还是偶数的算法流程图

操作步骤如下：

（1）在"记事本"中，输入如下程序代码。

```
public class Jiou2{
  public static void main(String args[]){
    int number=779;    //需要判断的数字
    if(number%2==0) System.out.println(number+"是偶数。");
    if(number%2==1) System.out.println(number+"是奇数。");
  }
}
```

（2）在上面的程序中，变量 number 用来保存需要判断的数字。首先，执行第一条 if 语句，判断 number 值除以 2 的余数是否等于 0，因为 779%2 余数为 1 不等于 0 所以不执行其后的打印语句。然后继续向下执行第二条 if 语句，判断 number 值除以 2 的余数是否等于 1，因为779%2 余数为 1 等于 1，所以执行其后的打印语句，输出"779 是奇数。"的运行结果，如图 4-2-3 所示。

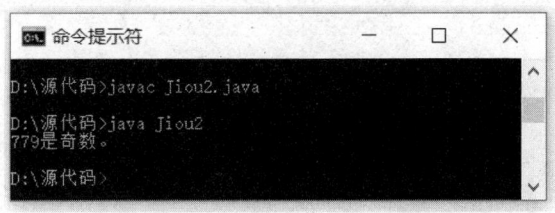

图 4-2-3 程序 Jiou2 的运行结果

2．if...else 形式

if...else 形式可以根据表达式的值来判断是执行某一条或者某些条语句，还是执行另一条语句或者另一些语句，其格式为：

```
if(表达式){
  子语句体 A
}
else{
  子语句体 B
}
```

其中，表达式的值必须是逻辑类型的，可以是逻辑类型的常量或变量、关系表达式或者逻辑表达式。语句体可以是一条语句或者多条语句，但是多条语句要用一对花括号括起来。语句体中可包含 Java 语言中的任何语句。

当程序执行到 if...else 语句时，首先计算表达式的值，如果值是 true，则执行 if 语句中的子语句体 A，然后跳过 else 语句中的子语句体 B，继续执行下面的语句。如果表达式的值是 false，则不执行 if 语句中的子语句体 A，而执行 else 语句中的子语句体 B，然后继续执行下面的语句。

图 4-2-4 所示为 if...else 形式的流程图。图中判断框内的条件是 if 语句中的表达式，处理框 A 是 if 语句中的子语句体 A，处理框 B 是 else 语句中的子语句体 B，处理框 C 是 if...else 语句

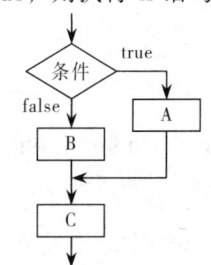

图 4-2-4 if...else 形式流程图

下面的语句。

注意：else语句不能单独作为一个独立的语句使用，它必须和if语句配对使用。else总是与其上方离它最近且未配对的if配对，且else语句和if语句是一一对应的关系。也可以通过使用花括号来改变配对关系。

【案例4.2】判断是否能构成三角形

编写程序San，随机产生的三个100以内的正整数，然后判断这三个正整数是否可以作为三角形的三条边长（条件是三角形的任意两边之和大于第三边）。操作步骤如下：

（1）在"记事本"中，输入如下程序代码。

```java
public class San{
  public static void main(String args[]){
    int r1=(int)(Math.random()*100)+1;
    int r2=(int)(Math.random()*100)+1;
    int r3=(int)(Math.random()*100)+1;
    System.out.println("r1 = "+r1);
    System.out.println("r2 = "+r2);
    System.out.println("r3 = "+r3);
    if(r1+r2 > r3 && r2+r3 > r1 && r3+r1 > r2)
      System.out.println("此三边可以构成三角形");
    else
      System.out.println("此三边无法构成三角形");
  }
}
```

（2）在上面的程序中，变量r1、r2和r3分别用来保存随机产生的三个正整数。if...else语句中的表达式用来依次判断两条边之和是否大于第三边，只有三个关系表达式的结果都为true，即三角形的任意两边之和大于第三边时，整个表达式的值才为true，才会执行其下面的打印语句。如果任何一个关系表达式的值为false，则整个表达式的值为false，将跳过其下面的打印语句去执行else下面的打印语句。两次运行程序的结果如图4-2-5所示。

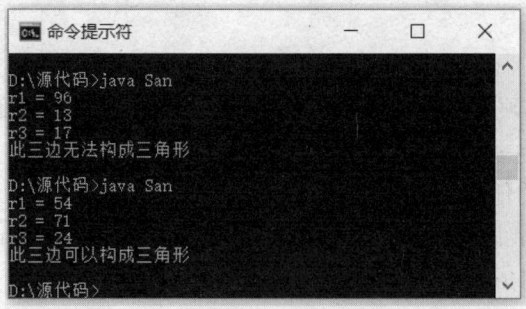

图4-2-5　两次运行程序San的结果

3. if...else if...else形式

if...else if...else形式可以根据多个表达式的值来判断执行哪一条或者哪些条语句，而不执行其他语句体，其格式为：

```java
if(表达式1){
  子语句体1
```

```
}
else if(表达式2){
   子语句体2
}
…
}
else if(表达式n){
   子语句体n
}
else{
   子语句体n+1
}
```

其中，表达式的值必须是逻辑类型的，可以是逻辑类型的常量或变量、关系表达式或者逻辑表达式。语句体可以是一条语句或者多条语句，但是多条语句要用一对花括号括起来。语句体中可包含 Java 语言中的任何语句。一个 if 语句可以跟随任意多个 else if 语句，但只能有一个 else 语句。

当程序执行到 if...else if...else 语句时，首先计算表达式 1 的值。如果值是 true，则执行 if 语句中的子语句体 1，然后跳过其他 else if 语句和 else 语句中的子语句体，继续执行下面的语句。如果表达式 1 的值为 false，则执行 else if 语句，计算表达式 2 的值。如果表达式 2 的值为 true，则执行 else if 语句中的子语句体 2，然后跳过其他子语句体，继续执行下面的语句，依此类推。如果所有表达式的值均为 false，则执行 else 语句的子语句体 n+1。

图 4-2-6 所示为 if...else if...else 形式的流程图。图中判断框内的条件 1 是 if 语句中的表达式 1，条件 2 是 else if 语句中的表达式 2。处理框 A 是 if 语句中的子语句体 1，处理框 B 是 else if 语句中的子语句体 2，处理框 C 是 else 语句中的子语句体 n+1，处理框 D 是 if...else if...else 语句下面的语句。

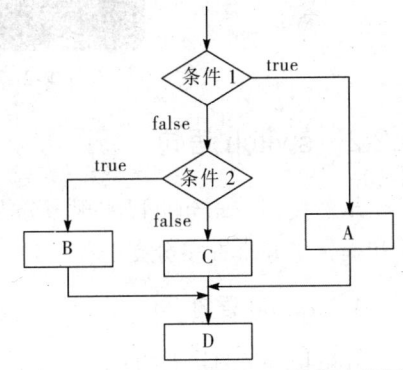

图 4-2-6　if...else if...else 形式流程图

【案例 4.3】判断年龄层次

编写程序 Nianling，随机产生的一个 100 以内的正整数作为人的年龄，然后判断此人的年龄层次（1～19 岁为儿童和少年，20～39 岁为青年人，40～59 岁为中年人，60 岁及以上为老年人）。操作步骤如下：

（1）在"记事本"中，输入如下程序代码。

```
public class Nianling{
  public static void main(String args[]){
    int age=(int)(Math.random()*100)+1;
    System.out.println("年龄: "+age);
    System.out.print("年龄层次为: ");
    if(age>=60)
      System.out.println("老年人");
    else if(age>=40)
      System.out.println("中年人");
    else if(age>=20)
```

```
    System.out.println("青年人");
  else
    System.out.println("儿童和少年");
 }
}
```

（2）在上面的程序中，变量 age 用来保存随机产生的一个正整数。if...else if...else 语句用来依次进行判断，哪个表达式的值为 true，就执行其下面的打印语句，然后结束程序。如果表达式的值都为false则执行else下面的打印语句，然后结束程序。三次运行程序的结果如图4-2-7所示。

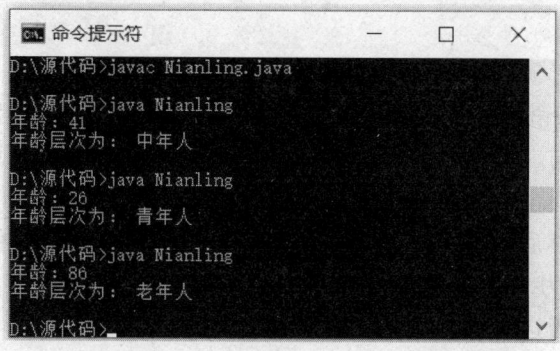

图 4-2-7　三次运行程序 Nianling 的结果

4.2.2　switch 语句

虽然使用 if 语句可以实现多分支处理，但是嵌套层数太多时，显得混乱而且容易出错。Java语句提供了 switch 多分支开关语句，可以简化程序，使其直观、易于理解。

1. switch 语句

switch 语句的格式为：

```
switch(表达式)
{
  case 常量1:语句体1;break;
  case 常量2:语句体2;break;
  …
  case 常量n:语句体n;break;
  default:语句体n+1;
}
```

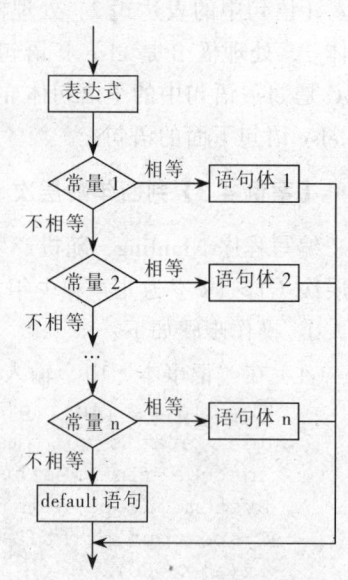

图 4-2-8　switch 语句的程序流程

其中，表达式是需要被测试的内容，其值必须是整型或者字符型数据，并且要与各个语句中 case 之后的常量值类型相同。一个 switch 语句中，可以有任意多个 case 语句，但是每个 case 之后的常量值不能相同。case 语句中的子语句体可以是一条或者多条任意 Java 语句。当所有 case 语句中的常量值都与表达式的值不同时，则执行 default 语句中的子语句体，如果没有 default 语句，则不执行任何内容。switch 语句的执行流程如图 4-2-8 所示。

一般情况下，每个 case 语句的最后是 break 语句，用来从整个 switch 语句中跳出，继续执行 switch 语句下面的语句。如果没有使用 break 语句，则继续执行下面的 case 语句中的字语句体，直到遇到 break 语句，或者整个 switch 语句结束。

2. switch 语句执行顺序

当执行到 switch 语句时，首先计算表达式的值，然后依次与下面花括号中 case 语句中的常量进行比较。当找到和表达式值相同的常量值后，则不再继续查找，并以此处作为进入花括号中 case 语句的子语句体的插入点。插入点之前的子语句体不会再被执行，而插入点之后到第一个 break 语句之前的所有子语句体都会被执行。遇到 break 语句时，结束整个 switch 语句的执行，跳到其下面的语句，继续运行程序。

switch 语句执行顺序可以这样比喻：switch 语句中的表达式值是一把钥匙，每个 case 语句的常量值代表一个房间的门锁。只有当钥匙和门锁吻合时，才能打开门，进入房间。如果没有吻合的门锁，将直接进入 default 房间。进入某个房间后，执行房间中的命令，然后一直向下走，依次进入其后的每个房间并执行其中的命令。直到遇到出口，也就是 break 语句，走出房间，完成整个 switch 语句的执行。

从上面的描述中可以看出 break 语句的重要性，break 语句的位置会影响到输出结果。例如，下面是某个程序的 switch 语句部分，如果变量 i 的值为 1，则会输出"输入的数字是 1"的文字，然后继续执行 switch 语句后边的语句。但是如果 case 1 中没有 break 语句，则当变量 i 的值为 1 时，会执行 case 1 和 case 2 中的打印语句，而不是只执行 case 1 中的打印语句，输出结果为"输入的数字是 1"和"输入的数字是 2"两行文本。

```
switch(i)
{
  case 1: System.out.println("输入的数字是1");
        break;
  case 2: System.out.println("输入的数字是2");
        break;
  case 3: System.out.println("输入的数字是3");
        break;
  default: System.out.println("输入的数字无效");
}
```

一般情况下，在编写 switch 语句时，每个 case 语句的最后都会使用 break 语句。如果有 default 语句，则放置在所有 case 语句的最后，不需要使用 break 语句。

3. 合并 case 语句

如果不同 case 语句中常量之后的语句体相同，则可以合并多个 case 语句，合并的形式为：
```
case 常量1:case 常量2:…:case 常量n:语句体;
```

【案例 4.4】显示 2016 年某个月份的天数

编写程序 Yuefen，随机产生的 1～12 之间的一个正整数作为月份，然后判断此月份有多少天，并输出结果。操作步骤如下：

（1）在"记事本"中，输入如下程序代码。

```
public class Yuefen{
  public static void main(String args[]){
    int month=(int)(Math.random()*12)+1;
```

```
        System.out.print("2016年 "+month+" 月一共有");
        switch(month)
        {
          case 1:case 3:case 5:case 7:case 8:case 10:case 12:
            System.out.println("31天");
            break;
          case 4:case 6:case 9:case 11:
            System.out.println("30天");
            break;
          case 2:System.out.println("29天");
        }
      }
    }
```

（2）在上面的程序中，变量 month 用来保存随机产生的一个正整数。switch 语句合并了某些 case 语句，因为 1、3、5、7、8、10 和 12 月的天数都是 31 天，4、6、9 和 11 月的天数都是 30 天，而 2 月份为 29 天。四次运行程序的结果如图 4-2-9 所示。

图 4-2-9　四次运行程序 Yuefen 的结果

4.2.3　读取键盘输入的数据

Java 语言读取外部数据的方法有多种，最常见的是键盘输入数据。

1. 读取键盘输入的字符

与打印语句 System.out.print()对应的读取键盘输入数据的语句是 System.in.read()，它们同属于 java.io 包，所以要先导入 java.io 包才可以使用 System.in.read()语句。System.in.read()的作用是读取通过键盘输入的一个字符，然后以 int 类型数据的形式保存其 ASCII 码值。

当程序运行到 System.in.read()语句时，会暂停等待用户通过键盘输入数据。用户可以输入一个或者多个字符，然后按【Enter】键。System.in.read()语句只会读取第一个字符，然后继续运行下面的语句。

【案例 4.5】读取用户键盘输入的字符

编写程序 Shuru，运行后用户通过键盘输入一个字符，然后按【Enter】键，屏幕上会显示用户输入的字符及其 ASCII 码值。操作步骤如下：

（1）在"记事本"中，输入如下程序代码。

```
import java.io.*;
```

```
public class Shuru{
  public static void main(String args[]){
    int letter=0;
    System.out.print("请输入一个字符: ");
    try    {
      letter=System.in.read();
    }
    catch(IOException e){}
    System.out.println("字符 "+(char)letter+" 的 ASCII 码值为: "+letter);
  }
}
```

（2）在上面的代码中，try 和 catch 语句是用来捕获输入数据时可能出现的异常错误。try 语句体中是有可能出现异常错误的语句，而 catch 语句体则是处理的办法。使用 try 和 catch 语句可在一定程度上避免系统出现死机、死循环或者其他损害。程序 Shuru 两次运行的效果如图 4-2-10 所示。

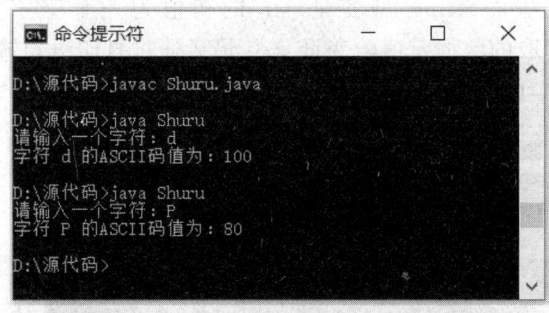

图 4-2-10　两次运行程序 Shuru 的效果

2．读取键盘输入字符串

如果需要读取键盘输入的一个字符串，则可以通过创建 BufferedReader 类的对象来实现，使用的语句如下：

```
BufferedReader input=new BufferedReader(new InputStreamReader(System.in));
String s=input.readLine();
```

第一条语句的作用是创建一个名称为 input 的 BufferedReader 类对象，将用户输入的字符串保存在暂存区中。第二条语句的作用是通过对象 input 调用 BufferedReader 类中的一个名称为 readLine() 的方法，来读取保存在暂存区 input 中的字符串，并保存到 String 类的变量 s 中。

现阶段，对于初学 Java 的读者来说，要完全理解这两条语句的含义是十分困难的，但是可以简单地把 input 看作一个变量，该变量可以保存用户输入的字符串。

因为 BufferedReader 类是 java.io 包中的一个数据输入类，所以要先导入 java.io 包才可以使用 BufferedReader 类及其方法。当程序运行到 input.readLine() 语句时，会暂停等待用户通过键盘输入数据。用户可以输入一个或者多个字符，然后按【Enter】键。readLine() 语句会读取暂存区 input 中的字符串，然后继续运行下面的语句。

【案例 4.6】读取用户键盘输入的字符串

编写程序 Shuru2，运行后用户通过键盘输入一串字符，然后按【Enter】键，屏幕上会显示用户输入的一串字符。操作步骤如下：

（1）在"记事本"中，输入如下程序代码。

```java
import java.io.*;
public class Shuru2{
  public static void main(String args[]){
    String str="";
    System.out.print("请输入一个字符串: ");
    try{
      BufferedReader input=new BufferedReader(new InputStreamReader(System.in));
      str=input.readLine();
    }
    catch(IOException e){}
    System.out.println("所输入的字符串是: "+str);
  }
}
```

（2）在上面的代码中，String 型变量 str 的初值为一个空字符串，然后通过 str=input.readLine();语句将读取的数据赋值给变量 str，最后通过打印语句输出变量 str 的值。程序两次运行的结果如图 4-2-11 所示。

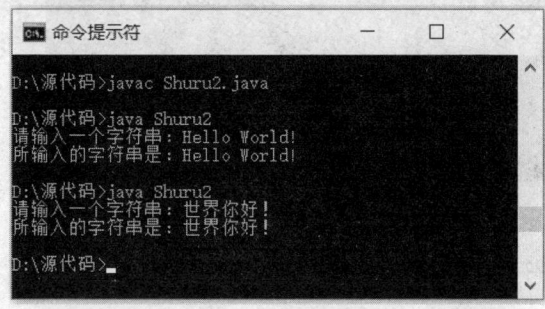

图 4-2-11　两次运行程序 Shuru2 的结果

【案例 4.7】判断是否为闰年

编写程序 Runnian，判断通过键盘输入的年份是否为闰年。判断某年是否为闰年的方法是：如果某年能被 4 整除但不能被 100 整除或者能被 400 整除，则该年为闰年。该算法的流程图如图 4-2-12 所示。

操作步骤如下：

（1）在"记事本"中，输入如下程序代码。

```java
import java.io.*;
public class Runnian{
  public static void main(String args[]){
    String str="";
    System.out.print("请输入要判断的年份: ");
    try{
      BufferedReader input=new BufferedReader(new InputStreamReader(System.in));
      str=input.readLine();
    }
    catch(IOException e){}
```

```
    int Y=Integer.parseInt(str);    //将键盘输入的年份转换类型保存到变量Y中
    boolean isRun=false;
    if(Y%400==0)                    //能被400整除
      isRun=true;                   //该年为闰年
    else if((Y%4==0)&&(Y%100!=0))   //能被4整除但不能被100整除
      isRun=true;                   //该年为闰年
    else
      isRun=false;
    if(isRun)
      System.out.println(Y+" 年是闰年");
    else
      System.out.println(Y+" 年不是闰年");
  }
}
```

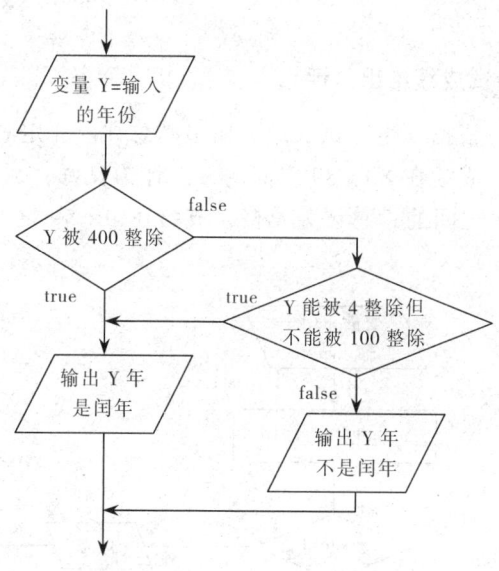

图 4-2-12　判断某年是否为闰年的算法流程图

（2）在上面的程序中，变量 Y 用来保存需要判断的年份，变量 isRun 用来保存判断的结果（true 表示是闰年，false 表示不是闰年）。第一个 if 语句采用了 if...else if...else 形式来判断变量 Y 中的年份是否为闰年，并将判断结果保存到变量 isRun 中。第二个 if 语句采用了 if...else 形式根据变量 isRun 的值来输出判断结果。两次运行程序的结果如图 4-2-13 所示。

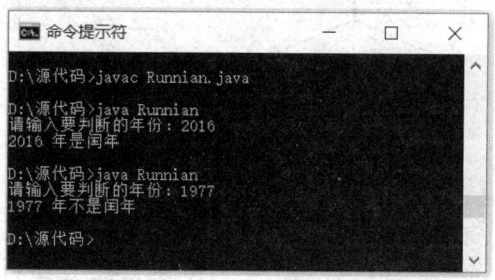

图 4-2-13　两次运行程序 Runnian 的结果

3. Scanner 类

Java.util.Scanner 是 JDK 1.5 推出的类，可以用来读取键盘输入的字符、字符串和基本数据类型的数据。使用的语句如下：

```
Scanner input=new Scanner(System.in);
String s = input.nextLine();   //读取字符串
int i = input.nextInt();       //读取 int 类型数据
float f = input.nextFloat();   //读取 float 类型的数据
double d = input.nextDouble(); //读取 double 类型的数据
```

第一条语句的作用是创建一个名称为 input 的 Scanner 类对象，将用户输入的内容保存在暂存区中。后面语句的作用是通过对象 input 调用 Scanner 类中的方法，不同的方法读取的数据类型不同。

因为 Scanner 类是 java.util 包中的一个数据输入类，所以要先导入 java.util 包才可以使用 Scanner 类及其方法。

【案例 4.8】依据考试成绩给出总评

编写程序 Zongping，根据学生考试成绩，输出其总评。评定总评的标准是：成绩在 90～100 之间，总评为优秀；成绩在 80～89 之间的，总评为良好；成绩在 70～79 之间的，总评为中等；成绩在 60～69 之间的，总评为及格；成绩在 0～59 之间的，总评为不及格。程序算法如图 4-2-14 所示。

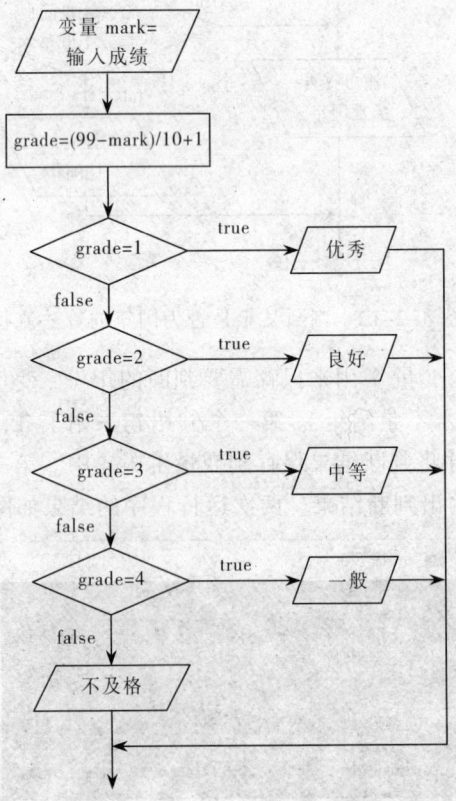

图 4-2-14　程序 Zongping 的流程图

操作步骤如下：

（1）在"记事本"中，输入如下程序代码。

```java
import java.util.*;
public class Zongping{
  public static void main(String args[]){
    System.out.print("请输入考试成绩: ");
    Scanner input=new Scanner(System.in);
    int mark = input.nextInt();      //读取 int 类型数据
    int grade=(99-mark)/10+1;        //计算学生的级别
    System.out.println("该学生的考试成绩为: "+mark);
    System.out.print("该学生的总评级别为: ");
    switch(grade){
      case 1: System.out.println("优秀");
          break;
      case 2: System.out.println("良好");
          break;
      case 3: System.out.println("中等");
          break;
      case 4: System.out.println("及格");
          break;
      default: System.out.println("不及格");
    }
  }
}
```

（2）在上面的代码中，由于输入的学生成绩是 0～100 之间的任意一个数，所以不可能为这 101 个数字，每个都写一条 case 语句。因此，使用 grade=(99-mark)/10+1;语句来进行处理。这 101 个数经过处理后，变量 grade 的值只可能是 1～10 之间的某个整数。其中，1 代表 90～100 之间的数；2 代表 80～89 之间的数；3 代表 70～79 之间的数；4 代表 60～69 之间的数；5 和 5 以上代表 0～59 之间的数。这样就将问题简化为 5 种情况了。然后采用 switch 语句根据变量 grade 的值来输出对应的总评级别。三次运行程序的效果如图 4-2-15 所示。

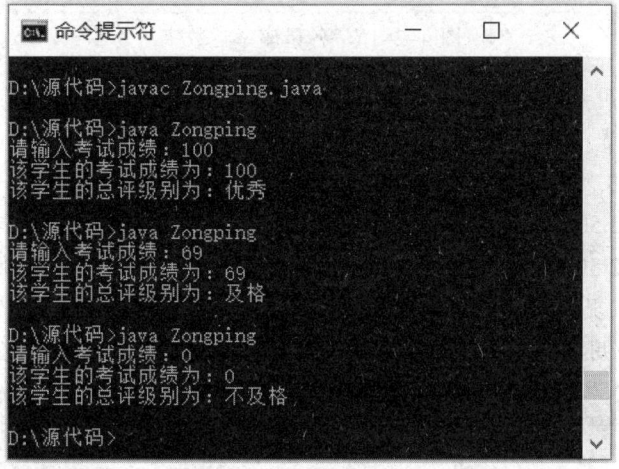

图 4-2-15 三次运行程序 Zongping 的效果

思考与练习 4-2

1. 填空题

（1）在 if 语句中，表达式的值必须是_____类型的。

（2）else 语句不能单独作为一个独立的语句使用，它必须和 if 语句配对使用。else 总是与其上方离它_____ if 配对，且 else 语句和 if 语句是_____对应的关系。

（3）在 switch 语句中，表达式的值必须是_____并且要与各个语句中_____之后的常量值类型相同。

（4）在 switch 语句中，当遇到_____语句时，退出 switch 语句。

（5）在 switch 语句中，如果不同的 case 常量之后的_____相同，则可以合并多个 case 语句。

（6）如果要在程序中使用键盘输入语句，则需要预先导入_____包。

2. 操作题

（1）编写一个程序，用户键盘输入一个正整数，判断该正整数是否为 3 和 5 的倍数，也就是说是否能同时被 3 和 5 整除。

（2）编写一个程序，用户键盘输入自己星座的编号，按【Enter】键，即可输出其对应的幸运数字，图 4-2-16 所示为程序的一个运行效果。如果输入错误的编码，则提示用户"输入编号不存在"。

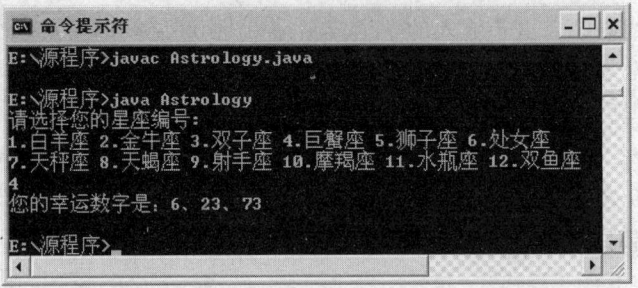

图 4-2-16　各星座幸运数字

（3）编写一个程序，用户键盘输入工资金额，然后计算并输出应上交的工资税款。工资的扣税标准是：如果工资小于或等于 3500 元，则不交税；如果工资大于 3500 元而小于等于 8000元时，超出 3500 元而小于等于 8000 元的部分需要交纳 10%的税款；如果工资大于 8000元而小于等于 12 500 元时，超出 8000 元而小于等于 12 500 元的部分需要交纳 20%的税款；如果工资大于 12 500 元时，超出 12 500 元的部分需要交纳 25%的税款。提示：使用 if...else if...else 语句来实现。

（4）将下面的 if 语句用 if...else if...else 的形式重新编写，要求作用与原有 if 语句相同。

```
if(grade>=85) System.out.println("A");
if(grade<85&&grade>=75) System.out.println("B");
if(grade<75&&grade>=65) System.out.println("C");
if(grade<65&&grade>=60) System.out.println("P");
if(grade<60) System.out.println("F");
```

（5）编写一个程序，根据用户输入的体重，判断其是否需要减肥。依据的标准是：体重小于

50 kg（包括 50 kg），显示"您的体重偏低，需要加强营养"信息；体重大于 50 kg 小于 65 kg（包括 65 kg），显示"您的体重标准，请继续保持"信息；体重大于 65 kg 小于 90 kg（包括 90 kg），显示"您的体重偏高，需要加强锻炼"信息；体重大于 90 kg，显示"您的体重严重超标，请立刻减肥"信息。

（6）描述下面程序的运行效果，并上机验证。

```java
import java.io.*;
public class Exp{
  public static void main(String[] args){
    char c=' ';
    System.out.println("请输入: ");
    try{
      c=(char)System.in.read();
    }
    catch(IOException e){}
    switch(c){
      case 'A':case 'a':System.out.println("优秀(85-100)");
          break;
      case 'B':case 'b':System.out.println("良好(75-84)");
          break;
      case 'C':case 'c':System.out.println("及格(60-74)");
          break;
      default:System.out.println("不及格(<60)");
    }
  }
}
```

第5章 循环语句和跳转语句

流程控制语句分为分支语句和循环语句两类，它们都是用来控制程序执行的流程顺序的。本章主要介绍循环语句，包括 for 语句、do...while 语句和 while...loop 语句。此外，还会介绍经常与分支和循环语句配合使用的跳转语句，包括 break 语句、continue 语句和 return 语句。

5.1 循环结构语句

循环结构是在一定条件下反复执行某段程序的流程结构，它是由循环语句来实现的。被反复执行的语句称为循环体。Java 语言的循环语句共有两种：while 语句和 for 语句。

5.1.1 while 语句

while 语句有两种形式：while 和 do...while。下面将通过流程图和实例来具体介绍。

1. while 形式

while 形式可以反复执行某些特定的子语句体，并根据表达式的值来判断什么时候结束循环，继续执行 while 语句下面的语句，其格式为：

```
while(表达式){
    循环体
}
```

其中，表达式的值必须是逻辑类型的，可以是逻辑类型的常量或者变量、关系表达式或者逻辑表达式。循环体可以是一条或者多条语句。多条语句时，要用花括号括起。

当程序执行到 while 语句时，首先计算其表达式的值，如果值是 true，则执行 while 语句中的循环体，然后再次计算 while 语句中表达式的值，如果值是 true，则再次执行 while 语句中的循环体，如此反复循环下去。当表达式的值为 false 时，则不再执行 while 语句中的循环体，而是直接执行 while 语句下面的语句。如果在第一次执行 while 语句时，表示式的值为 false，则不执行循环体，直接执行 while 语句下面的语句。

图 5-1-1 所示为 while 形式流程图。图中判断框内的条件是 while 语句中的表达式，处理框 A 是 while 语句中的循环体。处理框 B 是 while 语句下面的语句。

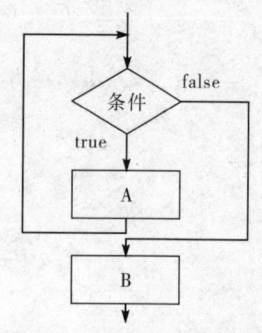

图 5-1-1 while 形式流程图

如果在程序执行过程中，while 语句中表达式的值始终为 true，则循环体会被无数次执行，进入到无休止的"死循环"状态中。这种情况在编写程序时一定要避免。例如，表示式尽量不要使用逻辑类型的常量。

【案例 5.1】使用 while 语句求 1+2+…+100 的总和

编写程序 Sum，使用 while 语句求 1+2+…+100 的总和。操作步骤如下：

（1）在"记事本"中，输入如下程序代码。

```java
public class Sum{
  public static void main(String args[]){
    int sum=0;          //变量 sum 用来保存累加变量 n 中值的结果
    int n=1;
    while(n<=100){   //当变量 n 的值小于等于 100 时执行循环体中的语句
      sum=sum+n;      //累加器
      n=n+1;          //变量 n 中的值从 1 开始每次加 1
    }
    System.out.println("1+2+…+100 = "+sum);
  }
}
```

（2）在上面的代码中，变量 sum 的初始值为 0，变量 n 的初始值为 1。当执行到 while(n <= 100);语句时，首先判断变量 n 的值是否小于等于 100。因为 1 小于 100，所以执行循环体中的 sum =sum+n;语句，将变量 n 中的值进行累加并保存在变量 sum 中，此时，sum 的值为 1。继续执行 n=n+1;语句，变量 n 的值为 2。再次执行 while(n<=100)语句进行判断，因为 2 小于 100，所以再次执行循环体中的 sum = sum + n;语句，将变量 n 中的值进行累加并保存到变量 sum 中，此时，sum 的值为 3。依此类推，执行循环体 100 次后，变量 n 的值为 101，大于 100，不再执行循环体，继而执行其下面的打印语句输出计算结果。程序的运行结果如图 5-1-2 所示。

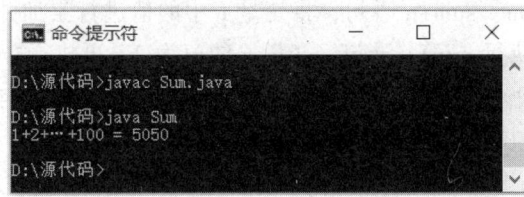

图 5-1-2　程序 Sum 的运行结果

2．do…while 形式

do…while 形式与 while 形式相似，它是先执行循环体，然后再判断的循环语句，其格式为：

```
do{
  循环体
}while(表达式);
```

其中，表达式的值必须是逻辑类型的，可以是逻辑类型的常量或者变量、关系表达式或者逻辑表达式。循环体可以是一条或者多条语句。多条语句时，要用花括号括起。不论表达式的值是 true 还是 false，循环体中的语句至少被执行一次。

当执行到 do…while 语句时，先执行 do…while 语句的循环体，然后判断 do…while 语句中表达式的值。如果值是 true，则再次执行循环体，然后再次计算表达式的值，如果值是 true，则继续执行循环体，如此反复循环下去。当表达式的值为 false 时，则不再执行循环体，循环结束，直接执行下面的语句。

图 5-1-3 所示为 do...while 形式流程图。图中判断框内的
条件是 do...while 语句中的表达式，处理框 A 是 do...while 语
句中的循环体。处理框 B 是 do...while 语句下面的语句。

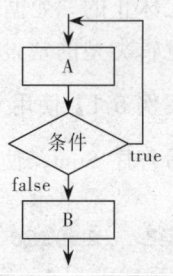

注意：在 do...while 形式中，while (表达式)后边要有分
号，而在 while 形式中，则不需要分号。

while 形式和 do...while 形式没有本质的区别，在大多数
情况下可以互相代替。

图 5-1-3　do...while 形式流程图

【案例 5.2】使用 do...while 语句求 1+2+…+100 的总和

编写程序 Sum2，使用 do...while 形式求 1+2+…+100 的总和。操作步骤如下：

（1）在"记事本"中，输入如下程序代码。

```java
public class Sum2{
  public static void main(String args[]){
    int sum=0,n=1;
    do{
      sum=sum+n;
      n=n+1;
    }while(n<=100);
    System.out.println("1+2+…+100="+sum);
  }
}
```

（2）在上面的代码中，变量 sum 的初始值为 0，变量 n 的初始值为 1。当执行到循环语句
时，先执行循环体中的 sum =sum+n;语句，将变量 n 中的值进行累加并保存在变量 sum 中，此
时，sum 的值为 1。继续执行 n=n+1;语句，变量 n 的值为 2。再执行 while(n<=100);语句判断变
量 n 的值是否小于等于 100。因为 2 小于 100，所以再次执行循环体中的 sum = sum + n;语句，
将变量 n 中的值进行累加并保存到变量 sum 中，此时，sum 的值为 3。依此类推，执行循环体
100 次后，变量 n 的值为 101，大于 100，不再执行循环体，继而执行其下面的打印语句输出
计算结果。程序的运行结果如图 5-1-4 所示。

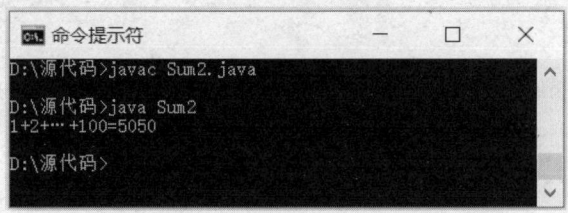

图 5-1-4　程序 Sum2 的运行结果

【案例 5.3】猜数字

编写程序 Shuzi，程序运行后随机产生一个 1～100 之间的整数，用户通过键盘输入所猜想
的数字。如果猜对，则输出信息并结束程序；如果猜错，则给出提示继续猜，直到猜对为止，
并且在整个过程中显示当前猜测的次数。操作步骤如下：

（1）在"记事本"中，输入如下程序代码。

```java
import java.io.*;
public class Shuzi{
  public static void main(String args[]){
    String str="";
    int i;              //保存输入的数字
    int times=0;        //变量 times 保存用户猜测的次数
    int num=(int)(Math.random()*100)+1;//随机产生一个100以内的正整数
    do{
      System.out.print("请输入所猜的数字(1-100): ");
      try{
        BufferedReader  input=new  BufferedReader(new  InputStreamReader
(System.in));
        str=input.readLine();
      }
      catch(IOException e){}
      i=Integer.parseInt(str); //将键盘输入的数字转换类型保存到变量 i 中
      times++;
      if(i>num)
        System.out.println("猜大了，已经猜了"+times+"次");
      if(i<num)
        System.out.println("猜小了，已经猜了"+times+"次");
    } while(i!=num);
    System.out.println("猜对了! 你共用了"+times+"次");
  }
}
```

（2）在上面的代码中，先随机产生一个 1～100 之间的整数，然后开始 do...while 循环，用户输入数字，将其与随机产生的整数进行比较，如果相同，则结束循环；如果不同，则给出提示让用户重新输入新的数字，直到猜中为止。程序运行效果如图 5-1-5 所示。

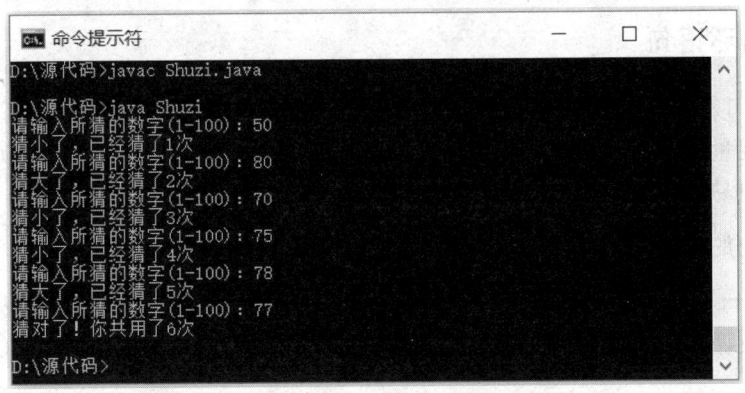

图 5-1-5　程序 Shuzi 的运行效果

【案例 5.4】求自然常数 e 的值

编写程序 Ziran，程序运行后显示自然常数 e 的值，并精确到 10^{-10}。自然常数 e 是数学上一个很重要的常数，它的值可以由下面的公式求出（n 的取值越大，计算结果越精确）：

$$1+\frac{1}{1!}+\frac{1}{2!}+\frac{1}{3!}+\cdots+\frac{1}{(n-1)!}+\frac{1}{n!}$$

操作步骤如下：

（1）在"记事本"中，输入如下程序代码。

```
public class Ziran{
  public static void main(String args[]){
    double result=1.0;        //保存自然常熟e的值
    double temp=1.0;          //保存1/n!的值
    int index=1;              //控制循环次数，并参与计算每项分母的值
    while(temp>1.0e-10){      //当temp大于1.0e-10时，执行循环体
      temp=temp/index;        //求当前项的值
      result=result+temp;     //累加
      index=index+1;
    }
    System.out.println("自然常数e的值是: "+result);
  }
}
```

（2）在上面的代码中，当表达式 temp>1.0e-10 的值为 true 时，程序会一直执行循环体，每执行一次，判断一次表达式的值。当表达式的值为 false 时，结束循环，继续执行下面的语句并输出计算结果。程序运行结果如图 5-1-6 所示。

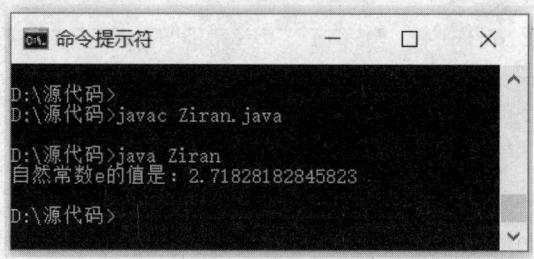

图 5-1-6　程序 Ziran 的运行结果

5.1.2　for 循环语句

for 循环语句是 Java 语言中最常用、功能最强、使用最灵活的循环语句。它将循环语句的初始化、循环变量的增量和结束循环条件三个最重要的内容合并到一条 for 语句中，简化程序的同时使程序更易于理解。

1. for 语句的格式

与 while 语句类似，for 语句也可以反复执行某些特定的子语句体，并根据表达式的值来判断什么时候结束循环，继续执行 for 语句下面的语句。所不同的是，for 语句的形式更加简单明了，其格式为：

```
for(表达式1;表达式2;表达式3){
  循环体
}
```

其中，表达式 1 是循环变量赋初值的表达式，循环体内使用的变量也可以在此声明或者赋初值。表达式 1 中可以并列多个表达式，但它们之间要用逗号隔开。表达式 2 必须为逻辑类型的常量或者变量、关系表达式或者逻辑表达式。因为表达式 2 是循环结束的条件，所以编写表达式时要避免程序陷入"死循环"。表达式 3 是增量表达式，每次执行完循环体后，都要执行

该表达式改变其中变量的值。循环体可以是一条或者多条语句。多条语句时，要用花括号括起。

　　当程序执行到 for 语句时，先给循环变量赋初值。如果在 for 语句之前没有声明循环变量，则该表达式可以声明循环变量并赋初值。循环变量与其他变量在使用上没有区别，只是该变量主要是用来控制 for 语句的循环次数，并且在某些情况下参与循环体中的计算。完成初始化后，根据条件来进行判断，如果其值为 true，则执行循环体；如果其值为 false，则跳出整个 for 语句，执行其下面的语句。执行完循环体后，根据增量的要求修改循环变量的值，然后重新根据条件来进行判断，开始第 2 轮循环。

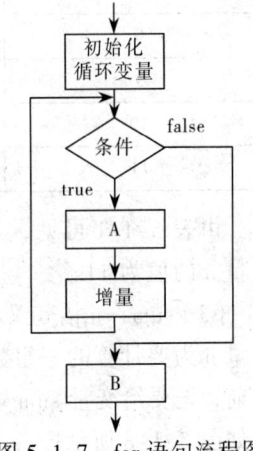

　　图 5-1-7 所示为 for 语句流程图。图中处理框初始化循环变量是 for 语句中的表达式 1，判断框内的条件是 for 语句中的表达式 2，处理框增量是 for 语句中的表达式 3，处理框 A 是 for 语句中的循环体。处理框 B 是 for 语句下面的语句。

图 5-1-7　for 语句流程图

2．举例说明

　　下面通过三个实例来具体讲解 for 语句的执行过程，帮助读者理解循环语句的作用。

【案例 5.5】使用 for 语句计算 1+2+…+10 的值

　　编写程序 Sum3，使用 for 语句计算 1+2+…+10 的值。操作步骤如下：

（1）在"记事本"中，输入如下程序代码。

```
public class Sum3{
  public static void main(String args[]){
    int sum=0;    //给变量 sum 赋初值 0
    /*for 语句一共循环 10 次，每一次循环使变量 n 加 1，n 依次取值 1、2…10*/
    for(int n=1;n<=10;n++){
      sum+=n;      //累加语句，进行变量 n 的累加
    }
    System.out.println("1+2+...+10 = "+sum);
  }
}
```

（2）在上面的代码中，当程序执行到 for 语句时，循环变量 n 的初值为 1。每循环一次，循环变量 n 的值加 1。当 n 的值为 11 时，表达式 n<=10 的值为 false，循环结束。循环过程如表 5-1-1 所示。

表 5-1-1　计算 1+2+…+10 的循环过程

循环次数	循环变量 n	变量 n<=10	变量 sum(sum+=n)
1	1	true	sum=0+1=1
2	2	true	sum=1+2=3
3	3	true	sum=3+3=6
4	4	true	sum=6+4=10
5	5	true	sum=10+5=15

续表

循环次数	循环变量 n	变量 n<=10	变量 sum(sum+=n)
6	6	true	sum=15+6=21
7	7	true	sum=21+7=28
8	8	true	sum=28+8=36
9	9	true	sum=36+9=45
10	10	true	sum=45+10=55
11	11	false	循环结束

由表 5-1-1 可见，当循环结束时，变量 sum 的值为 55，也就是 1+2+…+10 的值，而循环变量 n 的值为 11。

（3）sum+=n;语句又称累加器，它是用来计算一组数字的和。变量 sum 用来存储计算结果，变量 n 为要计算的一组数字。通过循环语句改变变量 n 中的值来进行计算。通常在使用累加器之前，先要给变量 sum 赋初值 0，以确保变量 sum 的初值不会影响到计算结果。程序的运行结果如图 5-1-8 所示。

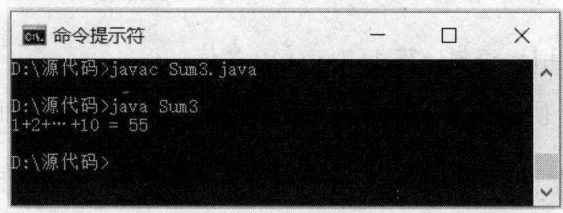

图 5-1-8　程序 Sum3 的运行结果

【案例 5.6】使用 for 语句计算 1×3×…×9 的值

编写程序 Sum4，使用 for 语句计算 1×3×…×9 的值。操作步骤如下：

（1）在"记事本"中，输入如下程序代码。

```java
public class Sum4{
  public static void main(String args[]){
    int sum=1;          //给变量 sum 赋初值 1
    /*for 语句一共循环 5 次，每一次循环使变量 n 加 2，n 依次取值 1、3、…、9*/
    for(int n=1;n<=9;n+=2)    {
      sum*=n;           //累乘语句，进行变量 n 的累乘
    }
    System.out.println("1×3×…×9="+sum);
  }
}
```

（2）在上面的代码中，当程序执行到 for 语句时，循环变量 n 的初值为 1，每循环一次，循环变量 n 的值加 2。当 n 的值为 11 时，表达式 n<=9 的值为 false，循环结束。循环过程如表 5-1-2 所示。

（3）sum *= n;语句又称累乘器，它是用来计算一组数字的乘积。变量 sum 用来存储计算结果，变量 n 为要计算的一组数字。通过循环语句改变变量 n 中的值来进行计算。通常在使用累乘器之前，先要给变量 sum 赋初值 1，以确保变量 sum 的初值不会影响到计算结果。程序的运

行结果如图 5-1-9 所示。

表 5-1-2　计算 1×3×…×9 的循环过程

循环次数	循环变量 n	变量 n<=9	变量 sum(sum*=n)
1	1	true	sum=1*1=1
2	3	true	sum=1*3=3
3	5	true	sum=3*5=15
4	7	true	sum=15*7=105
5	9	true	sum=105*9=945
6	11	false	循环结束

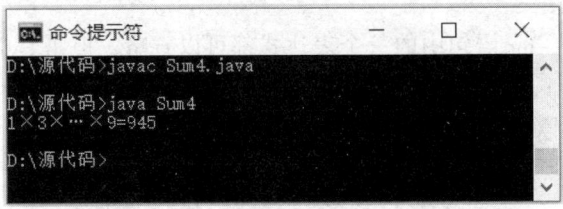

图 5-1-9　程序 Sum4 的运行结果

【案例 5.7】使用 for 语句计算 2+(2+4)+…+(2+4+6+…+100)的值

编写程序 Sum5，使用 for 语句计算计算 2+(2+4)+…+(2+4+6+…+100)的值。操作步骤如下：

（1）在"记事本"中，输入如下程序代码。

```java
public class Sum5{
  public static void main(String args[]){
    int sum=0,sumAll=0;        //给变量 sum 和 sumAll 赋初值 0
    /*for 语句一共循环 50 次，每一次循环使变量 n 加 2，n 依次取值 2、4、…、100*/
    for(int n=2;n<=100;n+=2){
      sum+=n;                  //累加语句，进行变量 n 的累加运算
      sumAll+=sum;             //累加语句，进行变量 sum 的累加运算
    }
    System.out.println("2+(2+4)+…+(2+4+6+…+100) = "+sumAll);
  }
}
```

（2）在上面的代码中，第 1 次循环时，sum 的值为 2；第 2 次循环时，sum 的值为 2+4=6；……；第 50 次循环时，sum 的值为 2+4+6+…+100=2550。可见，每次循环中 sum 的值正好是求 2+(2+4)+…+(2+4+…+100)式子中的各项值，因此只要在每循环时将 sum 进行累加即可。程序的运行结果如图 5-1-10 所示。

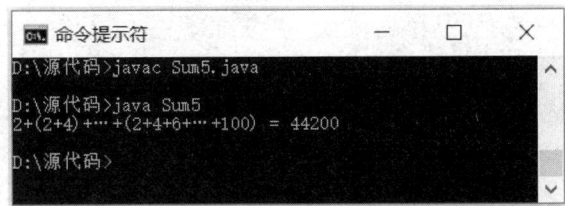

图 5-1-10　程序 Sum5 的运行结果

3. for 语句的特殊形式

除了上面介绍的 for 语句的标准形式外，for 语句还具有一些特殊的形式。

（1）减量表达式：for 语句中的表达式 3 不仅可以是增量表达式，还可以是减量表达式，也就是说循环变量的值不仅可以由小到大，还可以由大到小。例如，下面的程序是用来输出从 99～1 的所有奇数。

```java
public class Exp{
  public static void main(String args[]){
    for(int n=99;n>=1;n=n-2){
      System.out.print(n+" ");
    }
  }
}
```

（2）省略表达式：for 语句中的三个表达式都可以省略，但是其中的分号不可以省略。

如果省略表达式 1，则不对循环变量赋初值，使用其默认值，或者在 for 语句之前赋初值。例如，输出 100 个符号"*"的程序可以写成如下形式：

```java
public class Stars{
  public static void main(String args[]){
    int n=1;        //相当于表达式 1
    for(;n<=100;n++){
      System.out.print(" * ");
    }
  }
}
```

如果省略表达式 2，则不再进行判断从而形成"死循环"。但是可以在循环体中添加与表达式 2 功能相同的语句，控制循环结束的条件。例如，输出 100 个符号"*"的程序可以写成如下形式：

```java
public class Stars{
  public static void main(String args[]){
    for(int n=1;;n++){
      if(n>100) break;      //相当于表达式 2，break;语句的作用是跳出当前循环体
      System.out.print(" * ");
    }
  }
}
```

如果省略表达式 3，则不对循环变量的值进行改变。但是可以在循环体中添加与表达式 3 相同功能的语句，改变循环变量的值。例如，输出 100 个符号"*"的程序可以写成如下形式：

```java
public class Stars{
  public static void main(String args[]){
    for(int n=1;n<=100;){
      System.out.print(" * ");
      n=n+1;      //相当于表达式 3
    }
  }
}
```

如果三个表达式都省略，则 for 语句不对循环进行控制。但是，可以在循环体中添加语句

来控制循环。例如，输出 100 个符号*的程序可以写成如下形式：

```
public class Stars{
  public static void main(String args []){
    int n=1 ;              //相当于表达式1
    for(;;){
      if(n>100)break;      //相当于表达式2
      System.out.print(" * ");
      n=n+1;               //相当于表达式3
    }
  }
}
```

（3）简化循环体：如果循环体中的语句只有一两条，可以放在表达式 3 之前，两者用逗号隔开，for 语句的最后要添加一个分号。例如，输出 100 个符号"*"的程序可以写成如下形式：

```
public class Stars{
  public static void main(String args[]){
    for(int n=1;n<=100;System.out.print(" * "),n++);
  }
}
```

【案例 5.8】定位输出 26 个英文字母及其 ASCII 码

编写程序 Zimu，定位输出 26 个英文字母（包括大小写两种形式）及其对应 ASCII 码。每行输出 8 个字母，每个字母之前的距离相等，操作步骤如下：

（1）在"记事本"中，输入如下程序代码。

```
public class Zimu{
  public static void main(String args[]){
    int i=0;
    /*以大写形式定位输出26个英文字母及其对应的ASCII码*/
    for(char c='A';c<='Z';c++,i++){
      if(i%8==0)                     //每行输出8个字母
        System.out.println("");      //换行
      System.out.print(c+": "+(int)c+"\t");
    }
    /*以小写形式定位输出26个英文字母及其对应的ASCII码*/
    for(char c='a';c<='z';c++,i++){
      if(i%8==0)                     //每行输出8个字母
        System.out.println("");      //换行
      System.out.print(c+": "+(int)c+"\t");
    }
  }
}
```

（2）在第一个 for 循环语句中，循环变量 c 是 char 类型的，其初值为'A'，共循环 26 次，每一次循环使变量 c 的值加 1，n 依次取值'A'、'B'、'C'、…、'Z'。if 语句用来判断是否换行，当变量 i 对 8 取余数结果为 0 时换行（即输出 8 个英文大写字母和对应的 ASCII 值后换行）。在第二个 for 循环语句中，循环变量 c 的初值为'a'，共循环 26 次，每一次循环使变量 c 的值加 1，n 依次取值'a'、'b'、'c'、…、'z'。程序运行结果如图 5-1-11 所示。

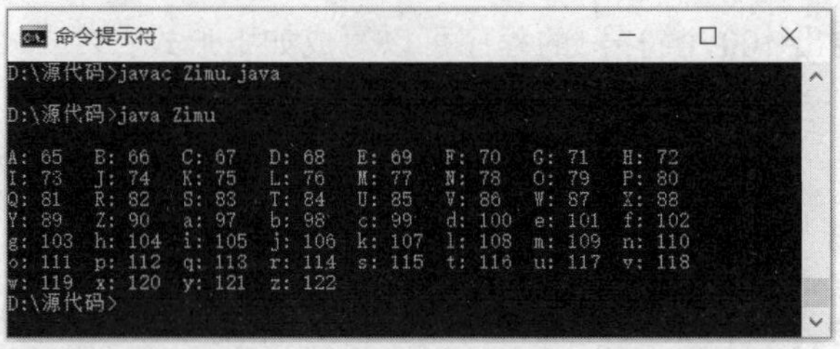

图 5-1-11　程序 Zimu 的运行结果

5.1.3　多重循环语句

循环语句允许嵌套循环语句，构成多重循环语句，也就是说循环体中又包含一个新的循环语句。

1. 多重循环语句

多重循环语句的执行方式与普通单一循环语句的执行方式相同，先执行循环体中的所有内容，包括循环语句，然后判断是否再次执行循环体。使用多重循环语句可以进行一些复杂的运算或者是打印有规律的图案。

【案例 5.9】双循环语句输出矩形图案

编写程序 Juxing，使用双重循环语句输出一个由符号"*"组成的矩形。操作步骤如下：

（1）在"记事本"中，输入如下程序代码。

```
public class Juxing{
  public static void main(String args[]){
    for(int i=0;i<6;i++){          //控制矩形的行数
      for(int j=0;j<20;j++){       //控制矩形的列数
        System.out.print("*");
      }
      System.out.println();        //起换行作用
    }
  }
}
```

（2）在上边的代码中，外层 for 语句循环 6 次，变量 i 用来控制矩形的行数。内层 for 语句循环 20 次用来控制矩形的列数，也就是每行显示的个数。当内层循环完成后，执行 System.out.println();语句进行换行，在新的一行中再次执行内层循环语句输出 20 个符号"*"，如此反复 6 次。程序的运行结果如图 5-1-12 所示。

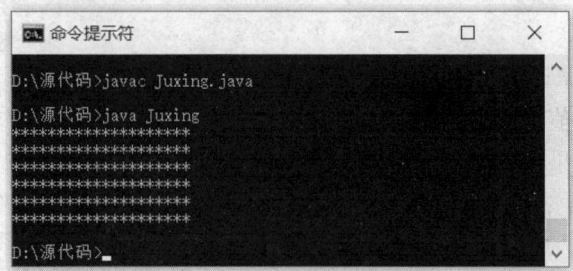

图 5-1-12　程序 Juxing 的运行结果

2．循环语句的设计

在编写循环语句之前，需要先设计好循环语句的内容，以确保运行程序后达到预期的效果。设计循环语句主要有以下 4 个步骤：

（1）设计循环体。首先要确保循环体中的语句可以被执行，然后要有规律地改变与表达式有关的变量的值，从而使表达式的值在特定的循环次数完成后，可以变成 false，结束循环。

（2）设计表达式。使用表达式来控制什么时候结束循环。在使用关系表达式时，要注意大于和大于等于、小于和小于等于关系符号的使用，以确保循环次数不会少一次或者多一次。例如，在上面的 Juxing 程序中，如果外层 for 语句中的表达式写为 for(int i=0;i<=6;i++)，则矩形变为 7 行而不是 6 行。

（3）循环的初始化。一般要在循环语句之前声明在循环体中所要使用的变量，并且给变量赋初值。初值的不同，会影响到最终的运行结果。例如，在上面的 Juxing 程序中，如果将变量 i 的初值从 0 改为 1，则矩形变为 5 行而不是 6 行。

（4）结束循环。确保表达式的值最终会变为 false，避免出现"死循环"。

【案例 5.10】显示九九乘法表

编写程序 Jiujiu，在屏幕上显示九九乘法表，操作步骤如下：

（1）在"记事本"中，输入如下程序代码。

```java
public class Jiujiu{
  public static void main(String args[]){
    int sum=0;                //变量sum用来保存乘法算式的积
    for(int i=1;i<=9;i++){
      for(int j=1;j<=9;j++){
        sum=i*j;              //计算两数的乘积
        /*if语句用来调整每一项的输出位置*/
        if(sum>=10)
          System.out.print(i+"*"+j+"="+sum+"  ");
        else
          System.out.print(i+"*"+j+"="+sum+"   ");
      }
      System.out.println();  //换行
    }
  }
}
```

（2）在上面的代码中，外层的 for 语句用来控制九九乘法表算式中的被乘数，以及显示的行数。内层的 for 语句用来控制九九乘法表算式中的乘数，以及显示的列数。if...else 语句用来控制乘法算式的显示位置。如果算式的积为两位数，则在打印时减少与下一个算式之间的空格，使每列左端对齐。System.out.println();语句为换行语句，在内层的 for 语句循环完成后，将打印位置移动到下一行的开始处，继续打印。程序运行结果如图 5-1-13 所示。

【案例 5.11】求特殊的三位数

一个三位数与该数本身相乘，乘积的后三位还是该数本身。编写程序 Teshu 求所有符合条件的三位数，操作步骤如下：

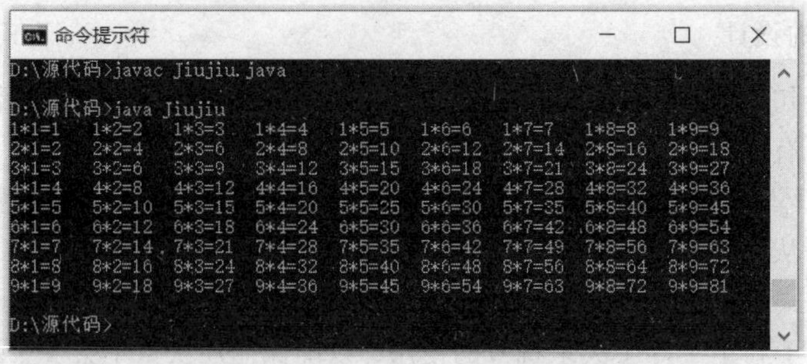

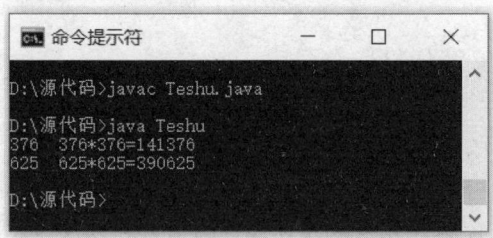

图 5-1-13　程序 Jiujiu 的运行结果

（1）在"记事本"中，输入如下程序代码。

```java
public class Teshu{
  public static void main(String args[]){
    for(int a=1;a<=9;a++){        //a 为百位上的数字
      for(int b=0;b<=9;b++){      //b 为十位上的数字
        for(int c=0;c<=9;c++){    //c 为个位上的数字
          int num=100*a+10*b+c;   //变量 num 用来保存当前判断的三位数
          int n=num*num;          //计算乘积
          if(n%10==c&&n/10%10==b&&n/100%10==a)    //判断后三位是否相等
            System.out.println(num+" "+num+"*"+num+"="+n);  //输出结果
        }
      }
    }
  }
}
```

（2）在上面的代码中，使用变量 a、b 和 c 分别代表三位数百位、十位和个位上的数字。因此，变量 a 的取值范围为 1～9，变量 b 和 c 的取值范围均为 0～9。变量 num 用来保存当前判断的三位数，变量 n 用来保存该三位数与其本身相乘的积。然后使用 if 语句判断 n 的百位、十位和个位上的数字是否分别与变量 a、b 和 c 相等。如果相等则输出该三位数。程序运行结果如图 5-1-14 所示。

图 5-1-14　程序 Teshu 的运行结果

【案例 5.12】使用穷举法解古代数学题

穷举法也叫穷举搜索法或枚举法，它是最基础的算法设计方法，具有很广泛的通用性。穷举法的基本思想是：根据问题所要求的条件，对可能是解的众多候选解，按某种顺序逐一判断，并从中找出那些符合要求的候选解作为问题的正确解。这种方法的特点是最大限度地考虑了各种情况，从而为求解创造了条件。这种列举所有可能性的方式，对于人工求解过程是不适当的；但对于计算机来说，因为其运算速度快，所以是可行的。在穷举过程中，通常需要使用循环和判断的操作。

　　我国古代有一道经典数学题："一只公鸡值 5 文钱，一只母鸡值 3 文钱，三只小鸡值 1 文钱，有钱 100 文，买鸡 100 只（要求每种鸡都有），问所买公鸡几只，母鸡几只，小鸡几只？"

　　这是一道不定方程的典型题目。所谓不定方程是指未知数的个数多于方程个数的整系数方程，它不但要求方程的解是整数或正整数，而且往往解的范围被限制在有限的范围内。许多不定方程的应用题，其内容丰富、有趣，而且还与实际生活密切相关。编写一个程序 Qiongju，求出它的所有解，操作步骤如下：

　　（1）在"记事本"中，输入如下程序代码。

```java
public class Qiongju{
  public static void main(String args[]){
    int i,j,k;        //分别表示公鸡、母鸡和小鸡的数量
    int time=0;       //用来保存共有几组解
    for(i=1;i<=19;i++)
      for(j=1;j<=32;j++){
        k=100-i-j;
        if((5*i+3*j+k/3)==100&&k%3==0){
          time++;
          System.out.println("第"+time+"组解: 公鸡 "+i+" 只, 母鸡 "+j+ " 只, 小鸡 "+k+" 只。");
        }
      }
  }
}
```

　　（2）在上面的代码中，变量 i 用来保存公鸡的数量，变量 j 用来保存母鸡的数量，变量 k 用来保存小鸡的数量，变量 time 用来保存解法的数量。由题目可以得出下面的方程式：

$$\begin{cases} 5*i+3*j+k/3=100 \\ i+j+k=100 \end{cases}$$

　　上边的不定方程式中有三个未知数，但只有两个方程。按照穷举法的思想，从方程解的定义出发，可以任取一组变量 i、j、k 的值带入不定方程式的两个式子中进行检验，如果可以使两个式子成立，则为一组解，否则不是方程的解。

　　如果使用三重循环，则变量 i 的取值为 1～19 之间的正整数，变量 j 的取值为 1～32 之间的正整数，变量 k 的取值为 1～99 之间的正整数。但是，根据 i+j+k=100 方程式，变量 k 的取值可以不使用循环语句，而是通过 k=100-i-j;语句来获得。这样可以减少一层循环，使程序的运行效率提高。程序运行结果如图 5-1-15 所示。

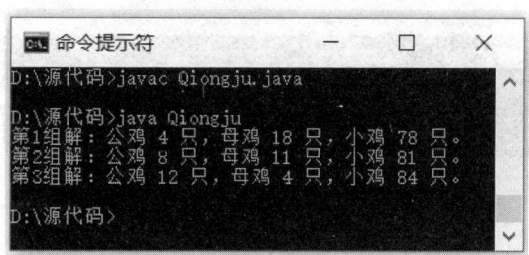

图 5-1-15　程序 Qiongju 的运行结果

思考与练习 5-1

1. 填空题

（1）循环结构语句包括_____、_____和_____。

（2）如果在程序执行过程中，while 语句中表达式的值始终为 true，则循环体会被无数次执行，进入到无休止的_____状态中。

（3）一般来说，累乘器 a=a*b;中，变量 a 的初值应为_____；累加器 a=a+b;中，变量 a 的初值应为_____。

（4）do...while 形式与 while 形式执行过程的不同之处在于_____。

（5）for 语句中的三个表达式都可以省略，但是其中的_____不可以省略。

（6）穷举法的基本思想是：_____。

2. 操作题

（1）编写程序，使用 while 语句求 2!+4!+...+10!的值。

（2）编写程序，分别用 while 语句和 for 语句计算 1!+ (1! + 3!)+...+ (1! +3! +...+9!)的值。

（3）编写程序随机产生两个 100 以内的正整数，然后用户键盘输入这两个数的和。判断输入的结果是否正确，如果不正确，则要求用户重新输入，直到结果正确为止。

（4）若一个自然数是质数，且它的数字位置任意对换后形成的数仍为质数，则这种数叫绝对质数，（如 37）。编写一个程序，显示 100 以内的所有绝对质数。（所谓质数，是指一个数的因子只有 1 和该数本身。）

（5）编写程序，如果用户键盘输入的是大写英文字母则输出其小写形式，如果输入的是小写英文字母则输出其大写形式。如果输入其他数字或符号则要求用户重新输入。

（6）求下面几何问题的解：

在平面坐标系中，半径大于 r_1 且小于 r_2 的一个圆环里面包含许多坐标值为正整数的点，求当 $r_1=4$，$r_2=6$ 时，这些点的坐标值。

设满足要求的点的坐标为 x、y。题目要求 x 为正整数，所以最小可能为 1。x 要求在圆环里面，因此最大必须小于 r_2，可能的取值在 $1 \sim r_2$ 之间。同理 y 可能的取值在 $1 \sim r_2$ 之间。因此，求解这个问题可以运用双层循环穷举所有可能的情况，即求如下不等式的解。

$$r_1^2 < x^2+y^2 < r_2^2，其中 r_1=4，r_2=6$$

程序运行结果如图 5-1-16 所示。

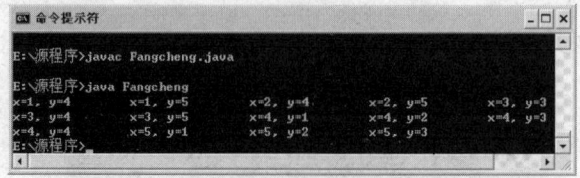

图 5-1-16　程序的运行结果

（7）编写程序，求 500 以内的完全数。所谓完全数是指一个数等于其因子（不包括其本身）之和。例如，6 的因子为 1、2、3，而且 6 又等于 1+2+3 的和，因此数字 6 是完全数。

（8）写出下面程序的运行结果，并上机验证。

```java
public class Exp{
  public static void main(String[] args){
    int sum=0,n=0;
    do{
      n=n+1;
      sum=sum+n;
    }
    while(n<100);
    System.out.println(sum/n);
  }
```

（9）改正下面程序中的错误，并写出修改后的运行结果，然后上机验证。

```java
public class Exp{
  public static void main(String[] args){
    int sum=0,n=2,m=0;
    while(n<8){
      m=m*n;
      sum=sum+m;
    }
    System.out.println(sum);
  }
}
```

（10）改正下面程序中的错误，并写出运行结果，然后上机验证。

```java
public class Exp{
  public static void main(String[] args){
    for(int n=0;n<=10;System.out.print("*");n++)
  }
}
```

5.2 跳 转 语 句

在循环语句中使用跳转语句可以改变程序的执行顺序。例如，跳出循环体或者结束某次循环，开始下一次循环。

5.2.1 break 语句

break 语句通常用在循环语句和 switch 语句中。它的作用是使程序从一个语句体的内部跳出去，继续执行该语句体下面的语句。例如，从 switch 语句的 case 语句中跳出，或者从循环体内跳出。在循环语句中，break 语句一般与 if 语句一起使用，即满足一定条件时跳出循环。例如，在下面程序的 while 循环语句中，当变量 sum 的值大于 100 时，跳出循环语句，输出结果。

```java
public class Lizi{
  public static void main(String args[]){
    int n=0,sum=0;
    while(n<100){
      n++;
      sum+=n;
      if(sum>100)break;
    }
```

```
      System.out.println(" n="+n+" sum="+sum);
    }
  }
```

5.2.2　continue 语句

continue 语句通常只用在循环语句中。它的作用是终止当前一轮的循环，不再执行其下面的语句，直接进入下一轮的循环。在 while 和 do...while 语句中，执行 continue 语句后，程序直接对表达式进行判断，来确定是否继续循环下去。在 for 语句中，执行 continue 语句后，程序直接执行表达式 3，然后对表达式 2 进行判断，来确定是否继续循环下去。continue 语句一般与 if 语句一起使用，即满足一定条件时，终止本次循环，开始下一次循环。

例如，在下面的 for 循环语句中，输出 1～99 之间的奇数，当变量 n 的值能被 2 整除时，跳过打印语句，直接进入下一轮的循环。

```java
public class Lizi{
  public static void main(String args[]){
    for(int n=1;n<=99;n++){
      if(n%2==0) continue;
      System.out.println(n);
    }
  }
}
```

5.2.3　带标号的跳转语句

在多重循环语句中，如果需要从内部循环语句一次跳出多个外部循环，则必须使用带标号的跳转语句。

1. 带标号的 break 语句

如果要从多重循环语句的内部，跳出整个多重循环，则必须使用带标号的 break 语句。标号一般声明在程序中外层循环语句的前面，用来标志该循环结构。标号的格式为：

标号名:

其中，标号名的命令要符合 Java 标识符的命名规则。break 语句后面添加该标号名即可跳出该循环结构，继续执行其下面的语句。

例如，下面的程序中外层循环语句的前面添加了标识 H。当阶乘的积大于 10000 时，则执行 break H;语句，跳出 H 标识的循环语句，也就是外层循环语句，程序结束。如果没有标识，则 break;语句只跳出内层循环语句，继续执行外层的循环体。

```java
public class Lizi{
  public static void main(String args[]){
    long sum=0,num=1;
    H:
    for(int i=1;i<=20;i++){
      for(int j=1;j<=i;j++){
        num=1;
        num=num*j;
        if(num>10000) break H;
      }
      sum=sum+num;
```

```
    }
  }
}
```

2．带标号的 continue 语句

如果要从多重循环语句的内部，转移到外部循环语句，则必须使用带标号的 continue 语句。标号一般声明在程序中外层循环语句的前面，用来标志该循环结构。标号的格式为：

标号名：

其中，标号名的命令要符合 Java 标识符的命名规则。continue 语句后面添加该标号名即可转移到该循环结构，开始该循环的下一轮循环。

【案例 5.13】求 200 以内的质数

编写程序 Zhishu，输出 200 以内的所有质数。操作步骤如下：

（1）在"记事本"中，输入如下程序代码。

```java
public class Zhishu{
  public static void main(String args[]){
    int a,b;                        //变量 a 为要判断的数字
    System.out.println("200 以内的质数是：");
    A:
    for(a=2;a<=200;a++){
      for(b=2;b<a;b++){
        if(a%b==0) continue A;      //如果能被整除则变量 a 肯定不是质数，跳出循环
      }
      System.out.print(a+" "+"\t"); //输出质数
    }
  }
}
```

（2）在上面的代码中，外层 for 语句的循环变量 a 代表要判断的数字，因为质数不包括数字 1，所以变量 a 的取值为 2～200 之间的数字。内层 for 语句用来判断变量 a 中的数值是否为质数。内层循环变量 b 由 2 开始，每次增加 1，直到 a-1 为止，当变量 a 除以变量 b 的余数为 0 时，表示 a 可以被一个大于 1 小于它本身的数字整除，因此，该数字一定不是质数，不需要再继续进行判断，执行 continue A;语句转移到 A 标识的外层循环语句，执行外层循环的下一轮循环，变量 a 的值增加 1，继续判断下一个数字。如果执行完内层循环，变量 a 没有被变量 b 整除，也就是说变量 a 中的数值是质数，则继续执行外层循环中的打印语句输出变量 a 的值。程序运行结果如图 5-2-1 所示。

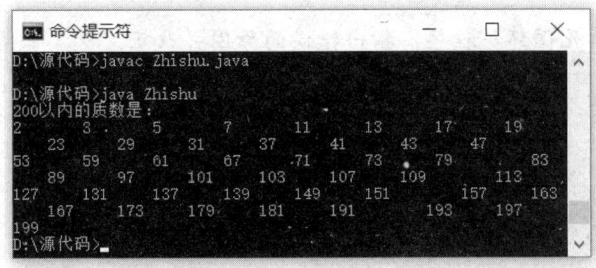

图 5-2-1　程序 Zhishu 的运行结果

思考与练习 5-2

1. 填空题

（1）_____语句通常只用在循环语句中，其作用是终止当前一轮的循环，不再执行其下面的语句，直接进入下一轮的循环。

（2）_____语句的作用是使程序从一个语句体的内部跳出去，继续执行该语句体下面的语句。

2. 操作题

（1）有这样 4 个自然数，它们是一位或两位不为 0 的自然数，而且各自然数的和小于 50，各自然数之间都互不相等，各自然数中任意两个自然数的和为偶数，任意三个自然数之和可以被 3 整除，任意四个自然数之和可以被 4 整除。要求编写程序显示出符合上述要求的，其和为最小的一组四个自然数，以及它们的和。

（2）写出下面程序的运行结果，并上机验证。

```java
public class Exp{
  public static void main(String[] args){
    int n=0;
    for(;;){
      n=n+3;
      if(n>100) break;
      System.out.print(n*n+" ");
    }
  }
}
```

（3）描述下面程序的运行效果，并上机验证。

```java
public class Exp{
  public static void main(String[] args){
    int i=0;
    while(i<=100){
      i=i+1;
      if(i>90)break;
      if((i%7!=0)||(i%3!=0)) continue;
        System.out.println(i+" ");
    }
  }
}
```

（4）下面程序是一个"死循环"程序，指出错误的原因并改正。

```java
public class Exp{
  public static void main(String[] args){
    int sum=0,n=1;
    while(n<200){
      sum=sum+n;
      if(n%5==0) continue;
        n=n+2;
    }
    System.out.println(sum);
```

```
    }
}
```

（5）写出下面程序的运行结果，并上机验证。

```
public class Exp{
  public static void main(String args[]){
    int sum=0;
    for(int i=1;i<=5;i++){
      S1:
      for(int j=1;j<=5;j++){
        for(int h=1;h<=10;h++){
          sum++;
          if(h>5) continue S1;
        }
      }
    }
    System.out.println(sum);
  }
}
```

第6章 数组和方法

本章主要介绍一维数组和多维数组的创建与使用、数字排序和递归思想，以及方法的意义和应用。

6.1 数 组

数组是一批按一定顺序排列的、相互有联系的数据的集合。数组在 Java 语言程序设计中相当重要，它可以使程序设计更有条理和更简便。

6.1.1 一维数组

在实际应用中，经常需要处理一批相互有联系、有一定顺序、同一类型和具有相同性质的数据。例如，1000 个职工的工资、一个矩阵中的所有数据等。Java 语句提供了数组来保存和处理这类数据。一维数组是数组中最简单也最常用的数组形式。

1. 数组的主要特点

数组是指一组类型相同的数据，每个数据称为一个数组元素。例如，如果上述 1000 个职工的工资构成一个数组，则每位职工的工资叫数组元素；如果某个矩阵中的数据构成一个数组，则其中的每个数字叫数组元素。

有了数组，就可以用同一个变量名来表示一系列的数据，并用下标来表示同一数组中的不同数组元素。每个元素都具有一个下标值，也就是该元素在数组中的位置。在 Java 语言中数组元素可以是简单数据类型，也可以是对象数据类型。数组的主要特点有 5 点：

（1）数组是相同数据类型元素的集合。

（2）数组中的各个元素在内存中按照先后顺序连续存放在一起。

（3）每个数组元素用其所在数组的名字和其在数组中的顺序位置表示。例如，major[0]代表变量名为 major 的数组中的第 1 个元素，major[1]代表数组 salary 的第 2 个元素，依此类推，major[n]代表数组 major 的第 n+1 个元素。

（4）数组的下标值是从 0 开始的，其可以是 int 类型的数据、变量和算术表达式。例如，major[i]、numbers[2*5]都是合法的下标值。

（5）每个数组都有长度，也就是其所能含有元素的个数。

2. 创建一维数组

创建一维数组的方法如下：

（1）在使用数组之前必须先声明数组。声明数组主要是声明数组的名称和数组中元素的数据类型，其格式有两种：

```
数组元素类型[] 数组名称;
数组元素类型 数组名称[];
```

其中，数组名称必须符合 Java 语言标识符规则。例如，下面的声明语句都是合法的。

```
String major[];
int[] numbers;
```

声明数组的目的只是告诉系统一个新的数组的名称和类型，现阶段的数组还没有保存任何数组元素，数组值为 null。

（2）使用关键字 new 来指定数组的长度，并分配相应的内存空间，其格式为：

```
数组名称=new 数组元素类型[元素个数];
```

例如，下面的语句表示给数组 num 分配内存空间，用来保存 100 个 double 类型的数字。

```
num=new double[100];
```

此时，数组的默认值由数组的类型决定，例如，整型数组的默认值为 0，实型数组的默认值为 0.0，逻辑型数组的默认值为 false。

（3）按照顺序依次给每个元素赋值。例如，下面的语句可以给数组 num 赋值：

```
num[0]=12.3;
num[1]=45.6;
...
num[98]=78.9;
num[99]=90.12;
```

（4）还可以在声明数组的同时直接给数组赋初值，初值的个数是数组的长度。初值必须用花括号括起来，用逗号分隔开，例如：

```
double[] num={12.3,23.4,45.6,67.8,89.0};
String words[]={"cat","dog","rat","bird","tiger","lion",};
```

在使用这种方法时，声明和初始化一定要在一条语句中完成，也就是说不可以声明数组后，在另一条语句中再给数组赋初值。例如，下列语句是错误的：

```
double[] num;
num={32.3,6342.69,134.37,6753.11};
```

【案例 6.1】统计候选人的票数

编写程序 Piaoshu，模拟网上投票统计程序，假设一共有三位候选人，共有 20 个人参与投票，然后统计并显示每位候选人最终获得的票数，操作步骤如下：

（1）在"记事本"中，输入如下程序代码。

```
import java.io.*;
public class Piaoshu{
  public static void main(String args[]){
    int[] people=new int[3];
    int index;
    String s="";
    for(int i=1;i<=20;i++){
      System.out.print("请输入您支持的候选人的编号(1-3)");
      try{
        BufferedReader in=new BufferedReader(new InputStreamReader(System.in));
```

```
    s=in.readLine();
    }
    catch(IOException e){}
    index=Integer.parseInt(s);
    people[index-1]=people[index-1]+1;
  }
  System.out.println();
  System.out.println("    下面公布票数");
  for(int i=1;i<=3;i++){
    System.out.println(i+"号候选人的票数是: "+people[i-1]);
  }
  }
}
```

（2）在上面的代码中，使用了数组 people 来保存各位候选人的票数，一共有三位候选人，所以使用 int[] people=new int[3];语句来声明数组 people。people[0]用来保存 1 号候选人所获得的票数，people[1]用来保存 2 号候选人所获得的票数，people[2]用来保存 3 号候选人所获得的票数。使用 for 循环语句来控制参与投票的人次，循环 20 次，表示有 20 人次参与投票。用来统计选票的语句是：people[index-1]= people[index-1] + 1。

（3）最后输出各位候选人票数时，使用循环语句来控制显示的次数，使用循环变量来控制每次输出的内容。运行程序 Piaoshu，如图 6-1-1 所示为一个运行效果。

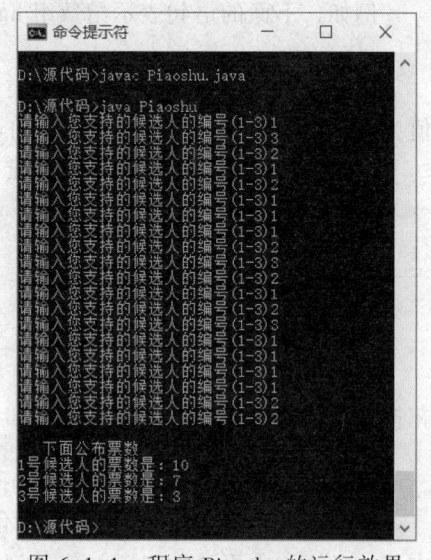

图 6-1-1　程序 Piaoshu 的运行效果

【案例 6.2】在一维数组中插入和删除数字

编写程序 Shuzu，该程序运行后，会随机产生 10 个互不相同的两位正整数并保存在数组中。用户输入一个数字，如果该数字与数组中的数字相同，则删除数组中的数字。如果不同，则将该数字插入数组最后一位。操作步骤如下：

（1）在"记事本"中，输入如下程序代码。

```
import java.io.*;
public class Shuzu{
  public static void main(String args[]){
    int numbers[]=new int[11]; //用来保存10个互不相同的两位正整数
    int number=0;               //保存用户输入的数字
    boolean isDiff=true;        //保存用户输入的数字是否与数组中的数字不同
    /*下面的双重循环语句用来产生10个互不相同的两位正整数*/
    for(int i=0;i<10;i++){
    numbers[i]=(int)(Math.random()*90)+10;
    for(int j=0;j<i;j++)
      /*如果相等，则跳出内层循环重新产生numbers(i)*/
      if(numbers[i]==numbers[j]){
        i=i-1;
```

```
        break;
      }
    }
/*输出产生的 10 个随机数*/
System.out.print("随机产生的 10 个数是: ");
for(int i=0;i<10;i++)
  System.out.print(numbers[i]+" ");
System.out.println();  //换行
System.out.print("请输入一个两位正整数: ");
try{
  BufferedReader input=new BufferedReader(new InputStreamReader(System.
in));
  number=Integer.parseInt(input.readLine());
}
catch(IOException e){}
/*下面的双重循环语句用来判断用户输入的数字是否与数组中的数字相同*/
for(int i=0;i<10;i++){
  if(numbers[i]==number){
    /*如果相同,则将该数字后边的数组元素依次向前移一位*/
    for(int j=i;j<10;j++)
      numbers[j]=numbers[j+1];
    isDiff=false;   //isDiff 的值更改为 false
  }
}
/*如果不相同,将用户输入的数字插入到数组的最后一位*/
if(isDiff==true) numbers[10]=number;
/*输出插入或删除后的数组元素*/
System.out.print("插入或删除后的效果: ");
if(isDiff==true)
  for(int i=0;i<11;i++)
    System.out.print(numbers[i]+" ");
else
  for(int i=0;i<9;i++)
    System.out.print(numbers[i]+" ");
  }
}
```

（2）在上面的代码中,数组 numbers 用来保存所有的数字。产生互不相同的数字的方法是:产生一个新的随机数后,将此数字与前面产生过的数字逐一比较,如果有相同的,则重新产生新的随机数。变量 number 用来保存用户输入的数字,然后与数组中的元素依次进行比较。如果 number 等于数组 numbers 中某一元素的数值时,则删除数组中与输入数据 number 相同的元素,数组中其后的元素向前移一位,变量 isDiff 的值设置为 false。如果 number 不等于数组 numbers 中任何元素的数值,则将数字 number 插入到数组的最后一位。两次运行程序的效果如图 6-1-2 所示。

3. 复制一维数组

复制一维数组的方法与复制普通变量的方法不同,分为两种情况:

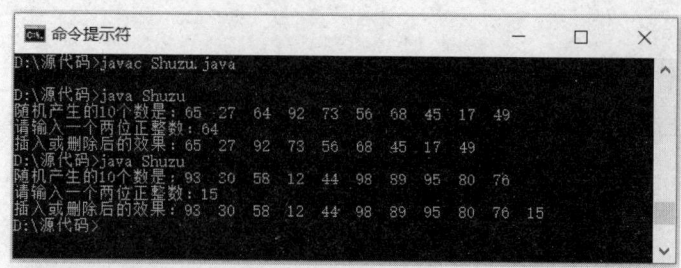

图 6-1-2　两次运行程序 Shuzu 的效果

（1）两个数组指向同一个元素空间，也就是说声明并创建了一个数组，其在内存中具有一定的空间，然后又声明了一个数组，让其同样表示该内存空间中的数组元素。例如：

```
int[] a={1,2,3,4,5,6};
int[] b;
b=a;
```

其中，b=a;语句表示数组 b 与数组 a 具有同样的元素，指向同一个内存空间，其关系如图 6-1-3 所示。

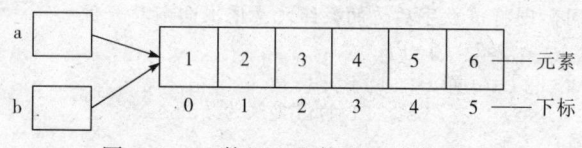

图 6-1-3　数组 a 和数组 b 的关系 1

如果改变一个数组中某个元素的值，则另一个数组中相应位置的元素值也随之改变。例如，下面的语句用来给上面声明的数组变量 b[0]赋值为 10，执行完该语句后数组变量 a[0]中的值也随之变为 10。这是因为数组 a 和 b 代表的是同一个数组，a[0]和 b[0]保存的是内存中的同一个数值。

```
b[0]=10;
```

（2）两个数组指向内容完全相同的两个元素空间。如果要真正复制一个数组，使得在修改复制数组的值时，不会影响到原数组的值，则需要声明一个和原数组长度相同的数组，然后再把原数组中的元素一一复制给新的数组。例如，下面的语句创建两个数组 a 和 b。

```
int[] a={1,2,3,4,5,6};
int[] b;
b=new int[a.length];
for(int i=0; i<b.length; i++)
  b[i]=a[i];
```

其中，a.length 表示数组 a 的长度，b.length 表示数组 b 的长度。求数组长度的语句格式为：

```
数组名.length
```

数组 a 和 b 的关系如图 6-1-4 所示。

图 6-1-4　数组 a 和 b 的关系

此外，还可以使用 Java 提供的 System.arraycopy()方法进行有选择的复制，其格式为：

```
System.arraycopy(源数组, int srcPos, 目的数组, int destPos, int length);
```

其中，参数 srcPos 是源数组要复制的起始位置，参数 destPos 是目的数组放置源数组数据的起始位置，参数 length 是复制的长度。例如，下面的程序将数组 a 后 5 项数据复制到数组 b 的后 5 项。

```
public class ArrayCopy{
  public static void main(String args[]){
    int[] a={1,2,3,4,5,6,7,8};
    int[] b={10,20,30,40,50,60,70,80,90,100};
    System.arraycopy(a, 3, b, 5, 5);
    for(int i=0; i<b.length; i++)
      System.out.print(b[i]+"  ");
  }
}
```

程序运行结果如下：

```
10  20  30  40  50  4  5  6  7  8
```

6.1.2　二维数组

除了前面介绍的一维数组，在 Java 语言中还有二维、三维等多维数组。多维数组的声明、创建和应用与一维数组非常相似。下面将以二维数组为例来介绍多维数组。

1．创建二维数组

创建二维数组的方法如下：

（1）在使用二维数组之前必须先声明二维数组。声明二维数组主要是声明二维数组的名称和数组中元素的数据类型，其格式有两种：

```
数组元素类型[][] 数组名称;
数组元素类型 数组名称[][];
```

其中，二维数组名称必须符合 Java 语言标识符规则。例如，下面的声明语句都是合法的。

```
double num[][];
int[][] numbers;
String[][] str;
```

声明二维数组的目的只是告诉系统一个新的数组的名称和类型，现阶段的数组还没有保存任何数组元素，数组值为 null。

（2）使用关键字 new 来指定数组的长度，并分配相应的内存空间，其格式有两种：

```
数组名称=new 数组元素类型[元素个数1][元素个数2];
```

该种格式用来创建每行之间、每列之间长度相同的数组，例如，下面的语句表示创建一个 2 行 3 列的二维数组 num[][]，其结构如图 6-1-5（a）所示。

```
num=new double[2][3];
```

数组 num 共有 num[0][0]、num[0][1]、num[0][2]、num[1][0]、num[1][1]和 num[1][2] 6 个数组元素。

```
数组名称=new 数组元素类型[元素个数1][];
```

该种格式用来创建每行之间、每列之间长度不相同的数组。先声明数组的行数，然后依次声明每行的列数。例如，下面的语句表示创建一个第 1 行 3 个元素，第 2 行 4 个元素的数组 numbers，其结构如图 6-1-5（b）所示。

```
numbers=new int[2][];
numbers[0]=new int[3];
numbers[1]=new int[4];
```

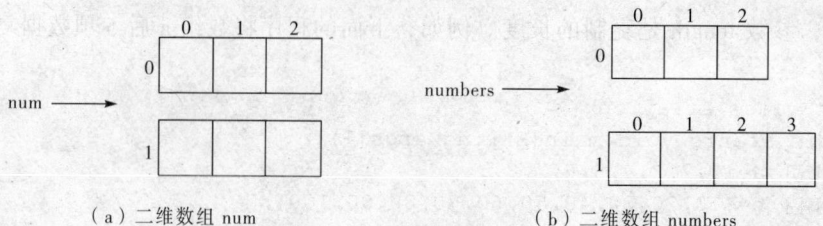

（a）二维数组 num   （b）二维数组 numbers

图 6-1-5　创建二维数组

2. 给二维数组赋值

（1）按照顺序依次给每个元素赋值。例如，下面的语句可以给数组 num 赋值：

```
num[0][0]=12.23;
num[0][1]=34.45;
num[0][2]=56.67;
num[1][0]=78.89;
num[1][1]=90.01
num[1][2]=12.23;
```

如果数组的元素值具有一定的规律，则可以使用双重循环语句来给数组赋值。例如，下面的循环语句给数组 num 的所有元素赋值 11.11。

```
for(int a=0;a<=1;a++)
  for(int b=0;b<=2;b++)
    num[a][b]=11.11;
```

（2）还可以在声明数组的同时直接给数组赋初值，初值的个数是数组的长度。整个初值数据用花括号括起来，其中的每一行初值也必须用花括号括起来，用逗号分隔开。内层花括号内的数值也要用逗号分隔开。例如，下面的语句给数组 numbers 赋值。

```
int[][] numbers={{100,200,300},{10,20,30,40}};
```

二维数组的长度是指行数的个数，二维数组每行的长度是指每行的元素个数。例如，numbers.length 表示二维数组 numbers 的长度，也就是行数；numbers[i].length 表示二维数组 numbers 第 i 行的长度，也就是元素个数。

【案例 6.3】求两个矩阵的和

编写程序 Juzhen，计算下面两个 3×3 矩阵的和。

$$\begin{bmatrix} 11 & 12 & 13 \\ 21 & 22 & 23 \\ 31 & 32 & 33 \end{bmatrix} + \begin{bmatrix} 67 & 30 & -20 \\ -38 & 36 & 42 \\ 94 & 81 & 18 \end{bmatrix} = ?$$

操作步骤如下：

（1）在"记事本"中，输入如下程序代码。

```
public class Juzhen{
  public static void main(String args[]){
    int[][] m1=new int[3][3];
    int[][] m2={{67,30,-20},{-38,36,42},{94,81,18}};  //初始化数组 m2
```

```
int[][] sum=new int[3][3];
/*初始化数组 m1*/
for(int i=0;i<=2;i++){
  for(int j=0;j<=2;j++){
    m1[i][j]=(i+1)*10+(j+1);
  }
}
/*计算两个矩阵的和*/
for(int i=0;i<= 2;i++){
  for(int j=0;j<=2;j++){
    sum[i][j]=m1[i][j]+m2[i][j];
  }
}
/*输出求和后的新矩阵*/
for(int i=0;i<=2;i++){
  for(int j=0;j<=2;j++){
    System.out.print(sum[i][j]+"\t");
  }
  System.out.println();
}
}
}
```

（2）在上面的代码中，使用了两种方法初始化二维数组。当二维数组中的数据与数组下标存在一定的规律时，可以使用双重循环语句通过算式来给数组赋值。当二维数组中的数据与数组下标没有特定联系时，可以使用赋值语句通过依次输入具体数据来给数组赋值。

（3）程序中的第二个双重 for 语句循环用来计算两个矩阵的和。将代表两个矩阵的二维数组 m1 和 m2 的下标相同的元素相加，然后将和赋给二维数组 sum 中下标相同的元素保存。最后一个双重 for 语句循环用来输出二维数组 sum，也就是计算结果。程序运行后的结果如图 6-1-6 所示。

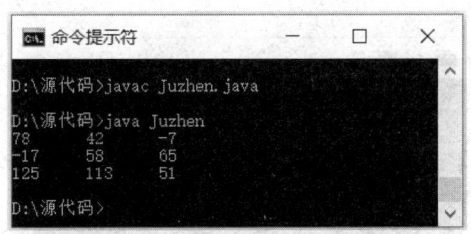

图 6-1-6　程序 Juzhen 的运行结果

【案例 6.4】矩阵的行列互换

编写程序 Huhuan，将下面 4×4 矩阵的行列互换。矩阵的行列互换，相当于二维数组元素下标的互换，也就是原本 m[i][j] 的位置，现在显示 m[j][i]。

$$\begin{bmatrix} 11 & 12 & 13 & 14 \\ 21 & 22 & 23 & 24 \\ 31 & 32 & 33 & 34 \\ 41 & 42 & 43 & 44 \end{bmatrix}$$

操作步骤如下：

（1）在"记事本"中，输入如下程序代码。

```java
public class Huhuan{
  public static void main(String args[]){
    int[][] m=new int[4][4];      //声明数组m用来保存原矩阵
    int[][] n=new int[4][4];      //声明数组n用来保存行列互换后的矩阵
    /*给数组m赋值，并输出原数组*/
    System.out.println("原矩阵: ");
    for(int i=0;i<=3;i++){
      for(int j=0;j<=3;j++){
        m[i][j]=(i+1)*10+(j+1);
        System.out.print(m[i][j]+"\t");
      }
      System.out.println();
    }
    /*交换矩阵的行和列，保存到数组n中，并输出互换后的矩阵*/
    System.out.println("互换后的矩阵: ");
    for(int i=0;i<=3;i++){
      for(int j=0;j<=3;j++){
        n[i][j]=m[j][i];
        System.out.print(n[i][j]+"\t");
      }
      System.out.println();
    }
  }
}
```

（2）在上面的代码中，通过双重 for 循环语句来对保存矩阵数据的二维数组进行操作。外层 for 语句的循环变量对应的是矩阵的行数，内层 for 语句的循环变量对应的是矩阵的列数。例如，当 i = 3，j = 2 时，m[i][j]中保存的是矩阵第 3 行第 2 列的数据。程序运行结果如图 6-1-7 所示。

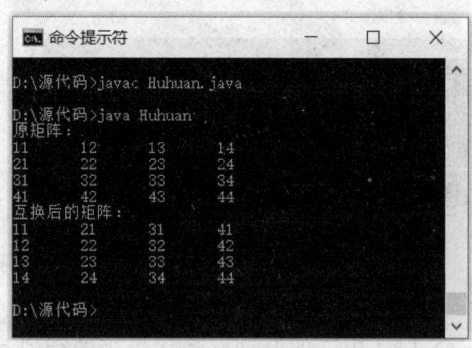

图 6-1-7　程序 Huhuan 的运行结果

3．ArrayList 类的使用

Java 中数组的大小（数组元素的个数）在声明数组时给出，一旦给出数组的大小，它的大小就不可能再改变。有时程序中需要用到大小并不确定的数组，这时有两种处理方法：一是声明尽可能大的数组，但这样会占用和浪费存储空间；另一种方法是使用 java.util 包中的 ArrayList

类动态调整数组大小。ArrayList 类实现了与数组类似的数据结构，而且可以根据程序的需要自动调整大小。但它的使用与数组有些区别，介绍如下。

（1）首先要创建一个 ArrayList 类的对象，其格式为：

```
ArrayList 对象名 = new ArrayList();
```

ArrayList 对象中可以存放基本数据类型、类对象等。

（2）使用 add()方法向创建好的 ArrayList 类对象中增加数据元素，其格式为：

```
对象名.add(int i, 数据);
```

add()方法有多个重载的版本，其参数可以是基本数据类型和类对象，参数 i 表示数据插入的位置，如果省略参数 i 则数据添加到最后一位。

（3）使用 get()方法得到 ArrayList 类对象的各个元素。其格式为：

```
对象名.get(int i)
```

参数 i 为索引值，相当于数组中的下标。例如，对象名.get(0)得到对象的第一个元素。

（4）使用 size()方法获得 ArrayList 类对象的大小，其格式为：

```
对象名.size()
```

例如，下面的程序创建了一个 ArrayList 类对象 list，并赋值然后输出其元素。

```java
import java.util.*;
public class ArrayListExp{
    public static void main(String args[]){
        ArrayList list = new ArrayList();      //创建一个 ArrayList 类对象 list
        System.out.println("list 的原始大小: " + list.size());
        /*给 list 添加数据*/
        list.add("B");
        list.add("C");
        list.add("E");
        list.add(0, "A");
        list.add(3, "D");
        list.add(100);
        System.out.println("添加后的大小: " + list.size());
        System.out.println(list);               //输出 list 的数据
    }
}
```

程序运行结果如下：

```
list 的原始大小: 0
添加后的大小: 6
[A, B, C, D, E, 100]
```

6.1.3　排序

所谓排序是指将一组无序的数据元素调整为一个从小到大或者从大到小排列的有序序列。排序是计算机程序设计中的一类重要运算。

在实际工作中，经常要将数据进行比较、排序，以便对已排序的数据进行检索。例如，学生的高考成绩需要排序后，才能进行录取工作。

数字排序是计算机语言编程的一个经典问题，到目前为止最常用的排序方法有插入排序法、选择排序法、冒泡排序法、合并排序法和快速排序法等。不论使用哪种排序方法编写 Java 程序，其最根本的操作都是变量的数值交换。下面将重点介绍前三种排序方法。

1. 插入排序法

插入排序法的排序原则：将一组无序的数字排列成一排，左端第一个数字为已经完成排序的数字，其他数字为未排序的数字。然后从左到右依次将未排序的数字插入已排序的数字中。例如，将一组数字5、3、6、9、4、7和2从小到大排序的示意图，如图6-1-8所示。其中，步骤（1）是该组数字的初始无序状态，步骤（8）是该组数字最终的有序状态，中间是使用插入排序法排序的步骤。底色为白色的是未排序的数字，底色为灰色的是已排序的数字。插入排序法也可以由一组数字的右端开始，进行排序。

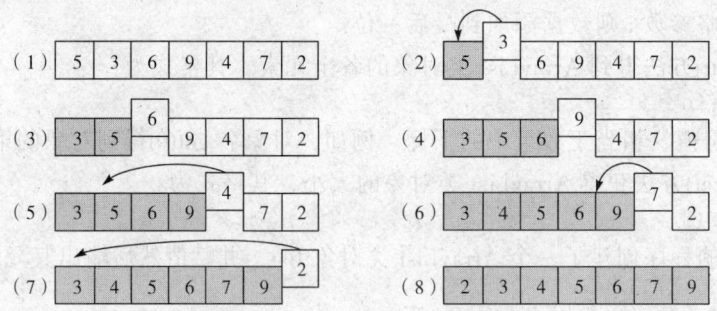

图 6-1-8　插入排序法示意图

程序代码如下：

```java
public class Charu{
  public static void main(String args[]){
    int[] numbers={5,3,6,9,4,7,2};
    for(int i=1;i<numbers.length; i++){
      for(int j=i;j>0;j--){
        if(numbers[j] < numbers[j-1]){
          int temp;
          /*进行数字交换*/
          temp=numbers[j-1];
          numbers[j-1]=numbers[j];
          numbers[j]=temp;
        }
      }
    }
    System.out.println("插入排序的结果是: ");
    for(int i=0;i<numbers.length;i++)
      System.out.print(numbers[i]+" ");
  }
}
```

在上面的程序中，先用数组 numbers 保存需要排序的一组数字，然后用双重循环语句实现数字排序，最后使用循环语句从小到大打印出来。在双重循环语句中，外层 for 循环代表未排序的数据，从数组的第2个元素开始排序，到最后一个元素结束。内层 for 循环是把未排序的数字插入已排序的数字中。

下面以循环变量 i 的值等于4时为例，详细讲解该双层 for 循环语句的执行方法：

当外层循环变量 i 的值等于4时，数组 numbers 中的元素排列为3、5、6、9、4、7和2。

其中，3、5、6 和 9 为已排序的元素，4、7 和 2 为未排序的元素。

（1）内层 for 语句第一次循环。变量 j=4，numbers[4]=4，numbers[3]=9。因为 4<9，所以交换两个元素的位置，也就是 numbers[4]=9，numbers[3]=4。

（2）内层 for 语句第二次循环。变量 j=3，numbers[3]=4，numbers[2]=6。因为 4<6，所以交换两个元素的位置，也就是 numbers[3]=6，numbers[2]=4。

（3）内层 for 语句第三次循环。变量 j=2，numbers[2]=4，numbers[1]=5。因为 4<5，所以交换两个元素的位置，也就是 numbers[2]=5，numbers[1]=4。

（4）内层 for 语句第四次循环。变量 j=1，numbers[1]=4，numbers[0]=3。因为 4>3，所以不交换两个元素的位置。

（5）当变量 j=0 时，内层 for 循环结束，此时数组 numbers 中的元素排列为 3、4、5、6、9、7 和 2。其中，3、4、5、6 和 9 为已排序的元素，7 和 2 为未排序的元素。

2. 选择排序法

选择排序法的排序原则：首先将一组无序的数字排列成一排，再将其最大的数字与最后一个数字交换位置，最大数字成为已排序数字。然后将剩下的未排序数字中最大的数字与最后一个未排序数字交换位置，成为已排序数字。重复上面的步骤，直到所有数字都成为已排序数字。例如，将一组数字 5、3、6、9、4、7 和 2 从小到大排序的示意图，如图 6-1-9 所示。其中，步骤（1）是该组数字的初始无序状态，步骤（8）是该组数字最终的有序状态，中间是使用选择排序法排序的步骤。底色为白色的是未排序的数字，底色为灰色的是已排序的数字。选择排序法也可以由一组数字的右端开始，进行排序。

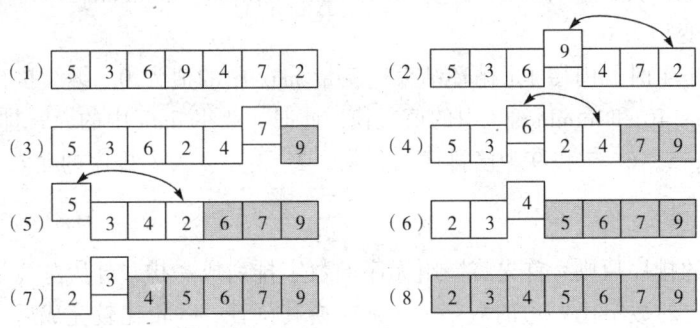

图 6-1-9　选择排序法示意图

程序代码如下：

```java
public class Xuanze{
  public static void main(String args[]){
    int[] numbers={5,3,6,9,4,7,2};
    int max,temp;
    for(int i=numbers.length-1;i>0;i--){
      max=0;
      for(int j=1;j<=i;j++){
        if(numbers[max]<numbers[j])
        max=j;
      }
      /*进行数字交换*/
```

```
      temp=numbers[max];
      numbers[max]=numbers[i];
      numbers[i]=temp;
    }
    System.out.println("选择排序的结果是: ");
    for(int i=0;i<numbers.length;i++)
      System.out.print(numbers[i] + " ");
  }
}
```

在上面的程序中，先用数组 numbers 保存需要排序的一组数字，然后用双重循环语句实现数字排序，最后使用循环语句从小到大打印出来。内层 for 循环是找出在未排序数字中，数值最大的元素的下标。外层 for 循环代表未排序的数据，从数组的最后一个元素开始，每次与内层 for 循环找到的数值最大的元素交换位置，一直到数组的第 2 个元素为止。变量 max 保存未排序数字中数值最大元素的下标值，变量 temp 用于数字交换。

下面以循环变量 i 的值等于 3 时为例，详细讲解该双层 for 循环语句的执行方法。

当外层循环变量 i 的值等于 3 时，数组 numbers 中的元素排列为 5、3、4、2、6、7 和 9。其中，6、7 和 9 已排序的元素，5、3、4 和 2 为未排序的元素。

（1）内层 for 语句第一次循环。变量 j=1，numbers[0]=5，numbers[1]=3。因为 5>3，所以变量 max 中的值不变，也就是 max=0。

（2）内层 for 语句第二次循环。变量 j=2，numbers[0]=5，numbers[2]=4。因为 5>4，所以变量 max 中的值不变仍为 0。

（3）内层 for 语句第三次循环。变量 j=3，numbers[0]=5，numbers[3]=2。因为 5>2，所以变量 max 中的值不变仍为 0。

（4）当变量 j=4 时，内层 for 循环结束，变量 max 中的值为 0。继续执行外层循环的语句体，将元素 numbers[0]和 numbers[3]中的值交换。此时，数组 data 中的元素排列为 2、3、4、5、6、7 和 9。其中，5、6、7 和 9 为已排序的元素，2、3 和 4 为未排序的元素。

3. 冒泡排序法

冒泡排序法的排序原则：首先将一组无序的数字排列成一排。再从左端开始相邻两个数字做比较，如果左边的数字比右边的数字大，则交换其位置。一轮比较完成后，最大的数字会在数列最后的位置上"冒出"。重复比较和交换剩下未排序的数字，直到全部数字"冒出"。例如，将一组数字 5、3、6、9、4、7 和 2 从小到大排序的示意图，如图 6-1-10 所示。其中，步骤（1）是该组数字的初始无序状态，步骤（8）是该组数字最终的有序状态，中间是使用冒泡排序法排序的步骤。底色为白色的是未排序的数字，底色为灰色的是已排序的数字。冒泡排序法也可以由一组数字的右端开始，进行排序。

程序代码如下：

```
public class Maopao{
  public static void main(String args[]){
    int[] numbers={5,3,6,9,4,7,2};
    int temp;
    for(int i=numbers.length-1;i>0;i--){
      for(int j=0;j<i;j++){
```

```
        if(numbers[j]>numbers[j+1]){
          /*进行数字交换*/
          temp=numbers[j];
          numbers[j]=numbers[j+1];
          numbers[j+1]=temp;
        }
      }
    }
    System.out.println("冒泡排序的结果是: ");
    for(int i=0;i<numbers.length;i++)
      System.out.print(numbers[i] + " ");
  }
}
```

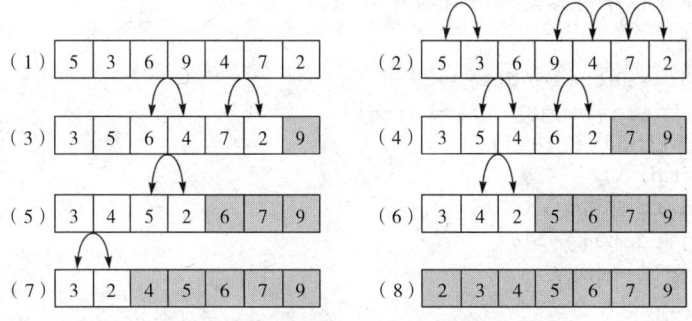

图 6-1-10　冒泡排序法示意图

在上面的程序中，先用数组 numbers 保存需要排序的一组数字，然后用双重循环语句实现数字排序，最后再从小到大打印出来。在双重 for 循环语句中，内层 for 循环进行数字的比较和交换。外层 for 循环代表未排序的数据，从数组的最后一个元素开始，一直到数组的第 2 个元素为止。

下面以循环变量 i 的值等于 4 时为例，详细讲解该双层 for 循环语句的执行方法：

当外层循环变量 i 的值等于 4 时，数组 numbers 中的元素排列为 3、5、4、2、7 和 9。其中，7 和 9 为已排序的元素，3、5、4、6 和 2 为未排序的元素。

（1）内层 for 语句第一次循环。变量 j=0，numbers[0]=3，numbers[1]=5。因为 3<5，所以不交换两个元素的位置。

（2）内层 for 语句第二次循环。变量 j=1，numbers[1]=5，numbers[2]=4。因为 5>4，所以交换两个元素的位置，即 numbers[1]=4，numbers[2]=5。

（3）内层 for 语句第三次循环。变量 j=2，numbers[2]=5，numbers[3]=6。因为 5<6，所以不交换两个元素的位置。

（4）内层 for 语句第四次循环。变量 j=3，numbers[3]=6，numbers[4]=2。因为 6>2，所以交换两个元素的位置，即 numbers[3]=2，numbers[4]=6。

（5）当变量 j=4 时，内层 for 循环结束。此时，数组 data 中的元素排列 3、4、5、2、6、7 和 9。其中，6、7 和 9 为已排序的元素，3、4、5 和 2 为未排序的元素。

思考与练习 6-1

1. 填空题

（1）数组是_____的集合。每个数组都有长度，也就是其_____。求数组长度的语句格式为_____。

（2）如果声明了一个长度为 50 的数组 index，则其第一个元素为_____，最后一个元素为_____。

（3）所谓排序是指将_____。到目前为止最常用的排序方法有_____、_____和_____。不论使用哪种排序法编写 Java 程序，其最根本的操作就是_____。

（4）指出下面的部分程序内容是哪一种排序方法。

_____排序法。

```
for(int i=0;i<data.length-1;i++){
  for(int j=data.length-1;j>i;j--){
    if(data[j]>data[j-1]){
      int temp;
      temp=data [j];
      data[j]=data[j-1];
      data[j-1]=temp;
    }
  }
}
```

_____排序法。

```
for(int i=data.length-2;i>=0;i--){
  for(int j=i;j<data.length-1;j++){
    if(data[j]>data[j+1]){
      int temp;
      temp=data [j+1];
      data[j+1]=data[j];
      data[j]=temp;
    }
  }
}
```

2. 操作题

（1）按照下面的要求创建数组。

① 声明一个 8 行 10 列的二维数组 index。

② 声明一个四维数组 time。

③ 使用 for 语句创建一个 11 行、每行长度为该行的行数加 10 的二维数组 nums。

（2）使用数组编写程序，用户输入 20 名运动员成绩，计算他们的平均成绩，并按顺序从小到大或者从大到小输出成绩。

（3）产生 20 个两位的随机数，将它们显示出来，然后将它们按从大到小的顺序排列，显示排序后的结果。

（4）计算下面的矩阵，采用恰当的方法给数组赋初值。

$$\begin{bmatrix} 11 & 12 & 13 & 14 & 15 \\ 21 & 22 & 23 & 24 & 25 \\ 31 & 32 & 33 & 34 & 35 \\ 41 & 42 & 43 & 44 & 45 \\ 51 & 52 & 53 & 54 & 55 \end{bmatrix} + \begin{bmatrix} 10 & 10 & 10 & 10 & 10 \\ 10 & 10 & 10 & 10 & 10 \\ 10 & 10 & 10 & 10 & 10 \\ 10 & 10 & 10 & 10 & 10 \\ 10 & 10 & 10 & 10 & 10 \end{bmatrix} - \begin{bmatrix} 35 & 79 & 90 & -37 & 46 \\ 10 & 39 & 19 & 72 & 86 \\ 62 & 82 & 53 & -36 & 23 \\ 66 & 29 & 17 & 59 & 89 \\ 8 & 37 & 31 & 79 & -44 \end{bmatrix} = ?$$

（5）创建一个 10×10 矩阵，使该矩阵的对角线元素为 1，其元素为 0。

（6）写出下面程序的运行结果，并上机验证。

```
public class Exp{
  public static void main(String args[]){
    int s=0;
    int[]numbers={23,10,5,-90,2,26,89,75,-89,20};
    for(int i=0;i<numbers.length;i++)
      s=s+numbers[i];
    System.out.print(s);
  }
}
```

（7）改写上面的程序，用 while 循环语句代替 for 循环语句。

6.2　方法和递归

本节介绍如何声明和调用方法，以及递归的概念及其应用。

6.2.1　方法

在一个较大、较复杂的 Java 程序中，常常需要完成许多功能。这些功能相互之间是彼此独立的，可以用不同的语句体来实现不同的功能。Java 语言的程序设计，就如同搭积木一般，是由若干语句体按照一定的方式有机组合而成的，这就是程序分块设计的方法。这其中的每一个语句体都称为一个方法，每个方法都有一个名字，每个方法既可以调用其他方法，也可以被其他方法调用。将一个复杂的程序分解为若干相对独立、简单的方法，使得程序简练、便于调试和维护。方法可以被多次调用，反复执行，这大大地提高了程序的可重复利用性，节省了编程时间。

1. 声明方法

声明方法的形式有多种，这里介绍最基本的形式。

```
方法类型 方法名称(参数列表){
  语句体
}
```

声明方法时要注意以下几点：

（1）方法类型也就是方法返回值的类型，它可以是任何数据类型，但是必须与方法中的 return 语句内的返回值类型保持一致。如果方法没有返回值，则方法的类型为 void。例如，Java 应用程序中的 main()方法的类型就是 void，表示该方法没有返回值。

（2）方法名称要符合 Java 标识符的规则。

（3）方法名称后面的小括号中，可以有参数，也可以没有参数。当参数为多个时，要用逗号隔开。每个参数都必须声明类型和名称，类型可以是任何数据类型。

（4）方法中的语句体用来处理方法参数、类的全局变量和方法本身的局部变量。最后将结果通过 return 语句返回，或者不返回任何值，只是完成指定的操作。

2．调用方法

声明方法后，必须调用方法才能执行其中的语句，实现其功能。根据方法类型的不同，有两种调用形式。

（1）void 类型方法的调用格式为：

`方法名称(参数列表);`

例如，repaint();语句。

（2）其他类型方法的调用格式为：

把方法调用作为一个表达式或者表达式中的一部分。例如，在 sum=method1(i);语句中，调用方法 method1(i)作为赋值语句的一部分。

例如，下面的程序是计算半径分别为 1、2、3、…、9、10 的圆形面积。其中，在打印语句内调用计算圆形面积的方法 area()，一共调用了 10 次。声明 area()方法时，所用的关键字 static 是方法的修饰符，用来说明方法的某些特性，将在下一章具体介绍。

```java
public class Mianji{
  public static void main(String args[]){
    for(int i=1;i<=10;i++)
      System.out.println("半径为"+i+" 的圆形面积是: "+(int)area(i));
  }
  static double area(int r){
    return 2*Math.PI*Math.pow(r,2);
  }
}
```

在上边的程序中，因为 Math.pow(r,2)的输出值为 double 类型，所以方法的类型也必须是 double 类型。

3．return 语句

return 语句在方法中使用，其作用是终止当前方法的执行，返回到调用该方法的语句处，并继续向下执行语句。return 语句有如下两种格式：

（1）`return 表达式;`

计算表达式的值，然后将该值返回到调用该方法的语句中。Java 语言要求返回值（也就是表达式的值）必须与声明方法中的方法类型一致。

（2）`return;`

当方法的类型为 void，不需要返回值时，可以使用这种格式终止方法的执行，并返回调用该方法的语句处，继续执行下面的语句。这种格式一般用于 if 语句或者 switch 语句等选择结构。

如果方法中没有任何形式的 return 语句，则在执行完方法中的所有语句后，自动返回调用该方法的语句处，并继续执行下面的语句。

4. 变量和常量的作用范围

下面以变量为例讲解变量和常量的作用范围，常量与变量完全相同。

变量的作用范围是由其被声明的位置决定的。根据变量被声明的位置不同，可以分成全局变量（global variable）和局部变量（local variable）。

（1）全局变量是在类中但不在任何方法内声明的变量。全局变量可以在整个类中，包括类的所有方法中使用。

（2）局部变量是在类中的某个方法内声明的变量。局部变量只可以在其声明的方法内使用。如果要在其他方法内或类中使用，则会产生错误。

在下面的程序 Lizi 中，变量 a 为全局变量，在任何方法中都可以使用。method()方法中的变量 b 是局部变量，只能在 method()方法中使用。paint()方法中也声明了一个变量名为 b 的局部变量。虽然类中有两个同名变量，但是因为它们各自的使用范围不同，所以程序不会出错。程序的运行结果如图 6-2-1 所示。

```
import java.awt.*;
import java.applet.*;
public class Lizi extends Applet{
  int a=100;
  public void method(){
    int b=200;
  }
  public void paint(Graphics g){
    int b=300;
    g.drawString("变量 a 的值是"+a,30,50);
    g.drawString("变量 b 的值是"+b,30,100);
  }
}
```

图 6-2-1　程序 Lizi 的运行结果

从运行结果可以看出，paint()方法中，变量 b 的值为 300，而不是 method()方法中的 200，这说明两个变量 b 各自作用于其所在的方法，互不相关。

如果将 paint()方法中的 int b = 300;语句去掉，则编译程序时会显示错误信息，表示在 paint()方法中没有变量 b，这就说明 method()方法中声明变量 b 不能作用于其他方法中。而全局变量 a 则可以作用于任何方法中。

如果不是必须使用全局变量，建议最好使用局部变量。大量全局变量容易产生多个变量同名的错误，或者是全局变量与局部变量同名使程序难以阅读和理解。

【案例 6.5】哥德巴赫猜想

哥德巴赫猜想的一个命题是：任何一个大于 2 的偶数都是两个素数之和。例如，4=2+2、10=3+7。

编写程序 Caixiang，用户通过键盘输入任何一个大于 2 的偶数，然后将该数字表示为两个质数之和，并输出结果。操作步骤如下：

（1）在"记事本"中，输入如下程序代码。

```
import java.io.*;
public class Caixiang{
  public static void main(String args[]){
```

```
int num,a,b;  //变量 a 为第一个加数，变量 b 为第二个加数
String s="";
System.out.print("请输入一个大于 2 的偶数: ");
try{
  BufferedReader                in=new                BufferedReader(new
InputStreamReader(System.in));
    s=in.readLine();
}catch(IOException e){}
num=Integer.parseInt(s);
for(int i=2; i<num; i++){
  a=i;
  /*调用 isZhishu()方法判断 a 是否为质数*/
  if(!isZhishu(a)) continue;   //如果 a 不是质数直接执行下一轮循环
  b=num-a;                     //如果 a 是质数，判断 b 是否为质数
  if(isZhishu(b)){             //如果 b 也为质数，输出结果
    System.out.println(num+"="+a+"+"+b);
    break;                     //跳出循环结束程序
  }
 }
}
/*判断参数 b 是否为质数，返回值为逻辑类型*/
public static boolean isZhishu(int b){
  for(int i=2;i<b;i++){
    if(b%i==0) return false;
  }
  return true;
 }
}
```

（2）在上面的代码中，首先选择第一个数 2 作为第一个加数 a，再调用 isZhishu()方法判断变量 a 是否是质数。如果 a 是质数，则使用 isZhishu()方法判断第二个加数 b（b=num-a）是否是质数。如果 b 也是质数，则输出结果，执行 break;语句跳出循环结束程序的运行。如果 a 不是质数，则执行 continue 语句跳过循环体后面的语句开始下一轮循环，直到 a 为质数为止。如果 b 不是质数，则开始新的一轮循环，直至找到两个符合要求的质数为止。两次运行程序的效果如图 6-2-2 所示。

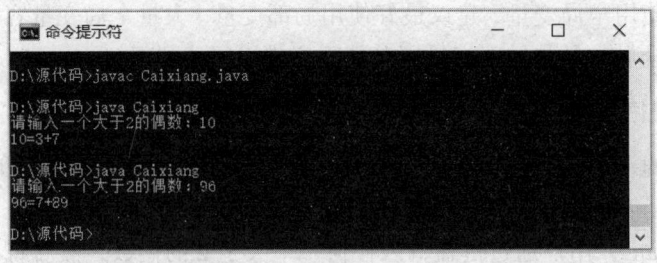

图 6-2-2　两次运行程序 Caixiang 的效果

【案例 6.6】求最大公因数和最小公倍数

1. 最大公因数的求解方法

最大公因数的定义是：设 A 与 B 是不为零的整数，若 C 是 A 与 B 的因数，则 C 为 A 与 B

的公因数，公因数中最大的叫最大公因数。同理，若干个数的公因数中最大的称为这些数的最大公因数。求两个数的最大公因数的方法有两种：

（1）根据定义的求法：已知两个数 A 和 B，假定其中最较小的数是 B。用 $B-1$，$B-2$，…，3，2 等数依次去除 A、B 两数，当能同时整除 A 与 B 时，则该除数就是 A、B 两数的最大公因数。

（2）辗转相除法：已知两个数 A 和 B，则用 A 除以 B（A 可以大于 B，也可以小于 B），以后按下述步骤进行：

$$A/B \rightarrow 商\ S_1，余\ R_1$$
$$B/R_1 \rightarrow 商\ S_2，余\ R_2$$
$$R_1/R_2 \rightarrow 商\ S_3，余\ R_3$$
$$\cdots$$
$$R_n/R_{n+1} \rightarrow 商\ S_{n+2}，余\ 0$$

当余数为 0 时，则除数 R_{n+1} 为 A 和 B 的最大公因数。

例如，求 180 与 1200 的最大公因数：

$$180/1200 \rightarrow 商\ 0，余\ 180$$
$$1200/180 \rightarrow 商\ 6，余\ 120$$
$$180/120 \rightarrow 商\ 1，余\ 60$$
$$120/60 \rightarrow 商\ 2，余\ 0$$

则 60 就是 180 与 1200 的最大公因数。

当求多个数的最大公因数时，可以先按上面的方法求出其中两个数的最大公因数 C_1，然后再求 C_1 与下一个数的最大公因数 C_2，如此计算下去，则最后一次求出的最大公因数就是所有数的最大公因数。

2．最小公倍数的求解方法

最小公倍数的定义是：若干数均能被某个数整除，则该数是这若干数的公倍数，各公倍数中最小的数，是若干数的最小公倍数。求最小公倍数的方法有两种：

（1）根据定义的求法：找出若干数中最大的数赋给变量 D，用 D 的 1 倍、2 倍……的数分别除以各个数，如果 N 倍的 D 能整除所有数，则 N 倍的 D 就是这若干数的最小公倍数。

（2）公式求法：两个数 A、B 的最小公倍数等于这两个数的乘积 $A \times B$，再除以这两个数的最大公约数 C，即最小公倍数等于 $A \times B/C$。

当求多个数的最小公倍数时，可以先按上面的方法求出其中两个数的最小公倍数 E_1，再求 E_1 与第三个数的最小公倍数 E_2，如此计算下去，则最后一次求出的最小公倍数就是所有数的最小公倍数。

3．编写程序求三个数的最大公因数和最小公倍数

编写程序 Gong，用户输入三个数字，输出这三个数字的最大公因数和最小公倍数，操作步骤如下：

（1）在"记事本"中，输入如下程序代码。

```
import java.io.*;
public class Gong{
  static String s="";
  public static void main(String args[]){
```

```
      int num1,num2,num3,N,M;
      System.out.print("请输入第一个数字: ");
      num1=Integer.parseInt(input());
      System.out.print("请输入第二个数字: ");
      num2=Integer.parseInt(input());
      System.out.print("请输入第三个数字: ");
      num3=Integer.parseInt(input());
      /*求 num1 和 num2 的最大公因数*/
      N=cal(num1,num2,1);
      /*求 num1 和 num2 的最小公倍数*/
      M=num1*num2/N;
      /*求 N 和 num3 的最大公因数，即求 num1、num2 和 num3 的最大公因数*/
      N=cal(N,num3,1);
      /*求 M 和 num3 的最小公倍数，即求 num1、num2 和 num3 的最小公倍数*/
      M=M* num3/cal(M,num3,1);
      System.out.println("这三个数的最大公因数是: "+N);
      System.out.println("这三个数的最小公倍数是: "+M);
   }
  public static String input(){
    try{
      BufferedReader in=new BufferedReader(new InputStreamReader(System.
in));
      s=in.readLine();
    }catch(IOException e){}
    return s;
  }
  public static int cal(int a,int b,int c){
    while(c!=0){
      c=a%b;
      if(c!=0){
        a=b;
        b=c;
      }
    }
    return b;
  }
}
```

（2）在上面的代码中，main()方法是程序的主体，input()方法用来读取用户输入的内容，cal()方法用来进行辗转相除法。因为 String 类型的变量 s 需要在 main()方法和 input()方法中使用，所以声明变量 s 为全局变量。

（3）num1=Integer.parseInt(input());语句表示先调用 input()方法让用户输入数字，并将读取到的字符串返回，然后将字符串转换为 int 类型的数据，最后赋给变量 num1。input()方法和变量 s 的类型必须一致，它们的类型都是 String 类型。

（4）N=cal(num1,num2,1);语句表示调用 cal()方法并且传递三个参数 num1、num2 和 1，然后将 cal()方法的返回值赋给变量 N。在 cal()方法中，分别声明变量 a、b 和 c 来保存三个参数中的值。进行辗转相除后，将变量 b 的值返回。变量 N、cal()方法和变量 b 的类型必须一致，它们的类型均为 int 类型。两次运行程序的效果如图 6-2-3 所示。

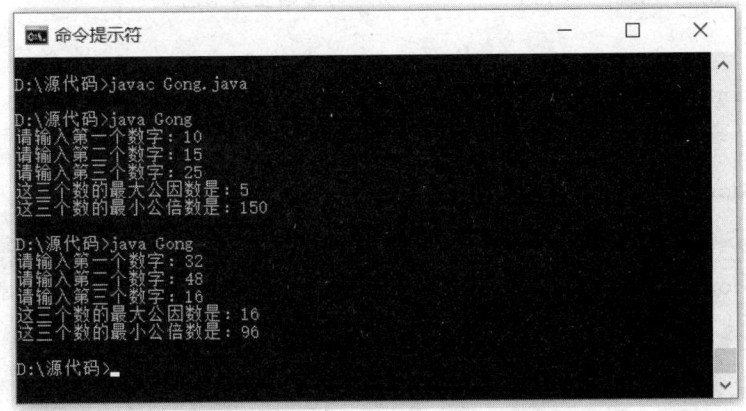

图 6-2-3 两次运行程序 Gong 的效果

6.2.2 方法重载

在应用方法时，必须要保证其参数的一致性，即使方法名相同，如果参数不同，则也不能看作同一个方法。

1. 方法的参数

参数是在调用方法的同时传递给方法的数据，用于方法中的语句体。调用方法时所传递的参数类型、参数顺序和参数个数必须与方法中的参数类型、参数顺序和参数个数一致。例如，在程序 Mianji 中，area()方法中的参数声明为 int 类型，所以在调用 area()方法的表达式(int)area(i)中变量 i 也必须是 int 类型。方法中作为参数的变量名称可以自行确定，但参数类型和参数顺序必须相同。

2. 方法重载

方法的重载是指在同一个类中，声明方法名称相同但参数不同的多个方法。当调用某个重载的方法时，Java 会根据参数的类型、个数和顺序的不同，调用与之相符的方法。例如，在 Math 类中，许多静态方法都是有重载的，求绝对值方法 abs()就有 double、float、int 和 long 四种不同的参数类型。每个重载方法中的语句体可以相同也可以不同。

下面的程序中共有 4 个重载方法 area()，每个方法的参数不同，分别计算正方形、矩形、圆形和梯形的面积。程序运行后，会根据参数的不同，调用适当的方法。

```
public class Area{
  public static void main(String args[]){
    int a1=area(100);
    System.out.println("正方形的面积为: "+a1);
    int a2=area(10,20);
    System.out.println("矩形的面积为: "+a2);
    double a3=area(35.99);
    System.out.println("圆形的面积为: "+a3);
    double a4=area(30.6,3.1,10);
    System.out.println("梯形的面积为: "+a4);
```

```
    }
    static int area(int x){              //返回正方形面积
      return x*x;
    }
    static int area(int x1,int x2){       //返回矩形面积
      return x1*x2;
    }
    static double area(double r){         //返回圆形面积
      return 2*Math.PI*r*r;
    }
    static double area(double x1,double x2,double h){    //返回梯形面积
      return(x1+x2)*h/2;
    }
}
```

6.2.3 递归思想

递归是可以把一个大型复杂的问题层层转化，最终变成一个与原问题类似的简单问题。利用递归算法只需要少量的操作就可以解决一个复杂的计算。递归本身是数学上一种解决问题的方法，使用 Java 语言编程时，可以通过在方法内调用自身的方法来实现递归，并最终计算出结果。

1. 递归思想

采用恰当的递归方式可以大大地减少程序的语句数量。递归是由递归出口和递归表达式两大部分组成的。

（1）递归出口是递归结束的条件，也就是最终变成的简单问题。这个简单问题的解决方法必须是已经知道的，或者是已经给出的计算结果。例如，在求斐波那契数列时，其递归出口为第一个和第二个数的值 1。

（2）递归表达式是从递归出口到最终复杂问题的转化规律。例如，在求斐波那契数列时，其递归表达式为一个数是其前两个数字之和，并且第一个和第二个数的值为 1。

将其文字描述转换为数学表达式：

当 $n=1$ 时，$a_1=1$；

当 $n=2$ 时，$a_2=1$；

当 $n>2$ 时，$a_n=a_{n-1}+a_{n-2}$。

图 6-2-4 所示为当 $n=4$ 时，通过不断往前推，一直到 Fib(0) 和 Fib(1)，由于它们是已知的，所以最后可以求出 Fib(4) 的值。

再如，求阶乘问题也可以使用递归方式来解决。其递归数学表达式为：

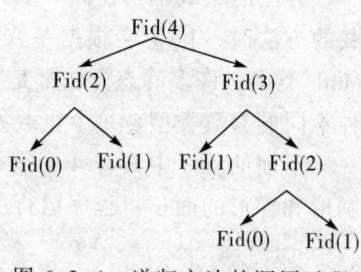

图 6-2-4 递归方法的调用过程

当 $N=1$ 时，$1!=1$；

当 $N>1$ 时，$N!=N(N-1)!$。

2. 递归思想的实现

Java 程序中的方法能够具有递归功能，最主要是通过参数和方法调用自身方法来实现的。

（1）参数是控制整个递归进程的关键。它相当于递归的数学表达式中的条件。例如，斐波

那契数列数学表达式中的 n，阶乘数学表达式中的 N。当条件不同时，计算的方式和结果也不同。

（2）方法调用自身方法是实现递归的过程。在调用自身方法时，一定要保证随着每一次的调用，方法的参数值越来越接近递归结束的条件。

在具体编写中，一般使用 if...else 语句来控制计算的方式和结果。也就是说当参数值满足递归结束条件时，返回计算结果，否则继续调用方法本身。例如，求阶乘的递归方法内容如下：

```
public int f(int i){
  if(i==1)
    return 1;
  else
    return i*f(i-1);
}
```

递归方法的运行顺序是依次调用其本身，不返回任何值，直到满足递归结束条件后，再依次返回各个被调用方法的值。例如，在求阶乘的方法中，如果 i = 5，则其运行的顺序如下：

先依次调用 f(4)、f(3)、f(2)、f(1)，再返回 f(1)方法的值 1，计算 f(2)中的算术表达式 2*1=2。然后返回该值到 f(3)，计算 3*2=6。再返回到 f(4)计算 4*6=24。最后返回到最初的方法 f(5)，计算 5*24=120。最后返回该值到调用 f()方法的语句中。

【案例 6.7】求 2!+4!+…+10!的和

编写程序 Qiuhe，计算 2!+4!+…+10!的和。要求：通过调用方法求每项的乘积，在方法中使用递归思想进行阶乘计算。操作步骤如下：

（1）在"记事本"中，输入如下程序代码。

```
public class Qiuhe{
  public static void main(String args[]){
    long sum=0;
    System.out.print("2!+4!+…+8!+10!=");
    for(int i=2;i<=10;i+=2)
      sum=sum+method(i);      //调用 method()方法
    System.out.println(sum);
  }
  /*使用递归方法求 index!的值*/
  static long method(int index){
    if(index==1)
      return 1;
    else
      return index*method(index-1);
  }
}
```

（2）在上面的程序中，使用 for 语句来实现各个阶乘积的累加，循环变量 i 的取值依次为 2、4、…、8 和 10，与算式中的每一项对应。sum=sum+method(i);语句，用来调用 method()方法并将其计算结果累加。在 method()方法中，使用递归方法来计算阶乘。程序运行结果如图 6-2-5 所示。

【案例 6.8】斐波那契数列

斐波那契数列，英文名称为 Fibonacci，最早是由意大利数学家昂纳德·斐波那契提出的。

它的规则是数列中的每个数都是其前面两个数字之和，第一个和第二个数字为 1。在 Java 语言中，实现斐波那契数列的方法有多种，本案例使用方法递归。递归本身是数学上一种解决问题的方法，使用 Java 语言编程时，可以通过在方法体内调用自身的方法来实现递归，计算出结果。编写程序 Fibonacci，用户输入需要显示的个数，然后按【Enter】键，输出斐波那契数列。操作步骤如下：

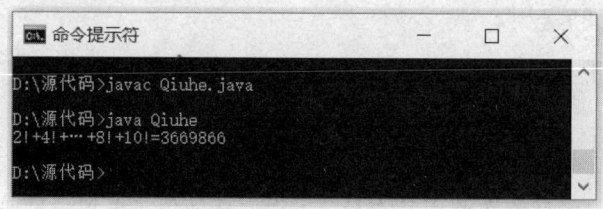

图 6-2-5　程序 Qiuhe 的运行结果

（1）在"记事本"中，输入如下程序代码。

```java
import java.io.*;
public class Fibonacci{
  public static void main(String args[]){
    String s="";
    System.out.print("请输入需要显示的个数: ");
    try{
      BufferedReader  in=new BufferedReader(new InputStreamReader(System.in));
      s=in.readLine();
    }
    catch(IOException e){}
    int number=Integer.parseInt(s);
    int foo[]=new int[number]; //声明数组 foo 的元素个数
    for(int i=0;i<foo.length;i++){
      foo[i]=fibonacci(i);        //调用 fibonacci()方法计算数列中的数字
    }
    System.out.println("斐波那契数列: ");
    for(int i=0;i<foo.length;i++){
      System.out.print(foo[i]+"  ");
    }
  }
  /*计算斐波那契数列中第 n 个数字*/
  public static int fibonacci(int n){
    if(n<=1)
      return 1;
    else
      return fibonacci(n-1)+fibonacci(n-2);
  }
}
```

（2）在上面的代码中，fibonacci()方法根据传递参数的值，计算斐波那契数列中相应的数值。如果是数组中第一个和第二个元素，则直接返回数值 1。如果是其他位置的元素，则返回 fibonacci(n-1)方法返回值与 fibonacci(n-2)方法返回值的和。fibonacci(n-1)+fibonacci(n-2)表达式是方法递归的体现。两次运行程序的效果如图 6-2-6 所示。

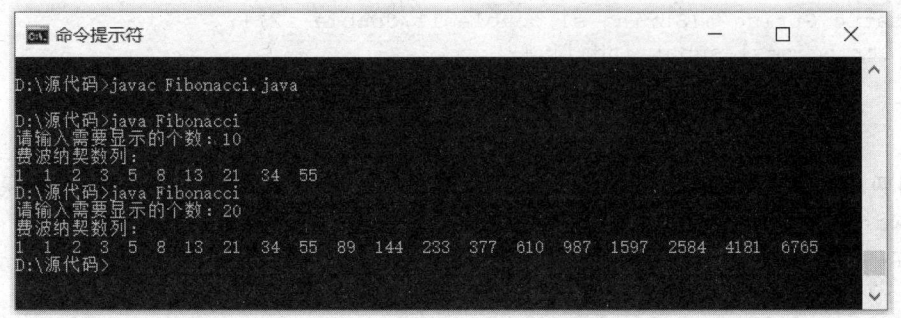

图 6-2-6　两次程序 Fibonacci 的效果

思考与练习 6-2

1．填空题

（1）如果一个方法没有返回值，则该方法类型为_____。

（2）方法的_____是指在同一个类中，声明方法名称相同但参数不同的多个方法。

2．操作题

（1）使用方法编写程序求 1!+3!+…+9! 的值。

（2）使用方法编写程序求 1+(1+2)+(1+2+3)+…+(1+2+…+100) 的和。

（3）编写一个统计学生成绩的程序。成绩从 0 分起，每 10 分为一类，直到 100 分，共分为 11 类。统计各类得分的人数。

（4）编写一个 Java 应用程序，求组合数 $C_n^m = \dfrac{n!}{m!(n-m)!}$ 的值。用户键盘输入 m 和 n 的值，然后输出计算结果。

（5）哥德巴赫猜想的另一个形式是：任何大于 7 的奇数都可以表示成三个质数之和。例如，15=3+5+7。编写程序，用户通过键盘输入一个大于 7 的偶数，然后将该数字表示为三个质数之和，并输出结果。

（6）幼儿园有 20 个小朋友坐成一圆圈玩数学游戏。方法是按号由 1～20 坐好，从第 1 个小朋友开始报数，报到 5 时，这个小朋友就退出圈圈外，并且不再参加报数；别的朋友继续报数，再报到 5 时，这个小朋友也退出，如此继续，直到 20 个小朋友全部退出。编写程序，显示每次退出圆圈的小朋友的原始序号。

（7）改正下面程序中的错误，然后写成运行结果。

```java
public class Exp{
  public static void main(String[]args){
    String s;
    s=a("a String",0,4);
    System.out.println(s);
    s=a("how are you",5,9);
    System.out.println(s);
    s=a("Hello",1,6);
    System.out.println(s);
  }
```

```
static String a(String s1,double i1,double i2){
  String s=s1.substring(i1,i2);
  return s;
}
}
```

（8）下列两个递归方法可以输出 0～n 之间（包括 0 和 n）的所有数字。指出其中的错误并改正。

```
public void print(int n){
  if(n>0)
    System.out.println(n);
  print(n-1);
}
public void print(int n){
  if(n==0)
    System.out.println(n);
  print(n-1);
}
```

（9）描述下面方法的作用。

```
public int foo(int n){
  if(n==0)return 0;
  if(n%2==0)
    return foo(n/2)+foo(n/2);
  else
    return 1+foo(n/2)+foo(n/2);
}
```

第 7 章　面向对象程序设计

本章主要介绍如何在 Java 语言中实现面向对象程序设计、类的继承和多态，以及与面向对象相关的接口、包和修饰符等知识。

7.1　类

前面曾对类和对象的概念进行了简单的说明，Java 程序的基本单位是类，用关键字 class 后跟类名来声明一个新的类。类中含有变量和方法，变量描述了类具有的属性，方法是对类中变量操作的可执行代码序列。

7.1.1　Object 类

Object 类位于 java.lang 包中，是 Java 类库所有类的根（父）类，所有的 Java 类都是从 Object 类派生的，都具有和 Object 类相似的行为特征。Object 类声明了一些有用的方法，由于是根类，这些方法在其他类中都存在，一般是进行了重载或覆盖，实现了各自的具体功能。

（1）equals()方法。

Object 类中的 equals()方法用于判断两个对象是否相同，也就是说两个对象变量是否都指向同一个对象空间，而不对对象的类型和属性值进行比较判断。其返回值为逻辑类型，使用格式为：

```
obj1.equals(obj2)
```

在 Java 中，数据等价的基本含义是指两个数据的值相等。在通过 equals()和"=="进行比较的时候，引用类型数据（非基本数据类型）比较的是引用，即内存地址，基本数据类型比较的是值。

注意：equals()方法只能比较引用类型，"=="可以比较引用类型及基本类型。

用"=="进行比较时，符号两边的数据类型必须一致（可自动转换的数据类型除外），否则编译出错，而用 equals()方法比较的两个数据只要都是引用类型即可。

（2）toString()方法。

toString()方法是 Object 类中声明的另一个重要方法，返回一个以文本形式表示的当前对象信息的字符串。返回值是 String 类型，用于描述当前对象的有关信息。Object 类中实现的 toString()方法是返回当前对象的类型和内存地址信息，但在一些子类（如 String、Date 等）中进行了重写，也可以根据需要在用户自定义类型中重写 toString() 方法，以返回更适用的信息。

（3）hashCode()方法：返回调用该方法的对象的哈希代码值。

（4）getClass()方法：返回调用该方法的对象所属类的信息。

（5）clone()方法：克隆对象，返回该复制对象。

7.1.2 声明类

在 Java 编程语言中，类就是一块模板，对象是在其类模块上建立起来的，就像根据建筑图纸来建楼，同样的图纸可用来建许多楼房，而每栋楼房是它自己的一个对象。可以这样说，Java 程序是由多个类组成的，而 Java 程序设计就是声明和应用类的过程，而类是域和相关方法的集合。其中，域为对象的状态，方法为对象的行为。

Java 中的类可以分为两种情况：一种是系统声明的类，即 Java 类库中的类；另一种是用户自定义的类，包括声明类和类中具体内容两个步骤。下面具体介绍如何通过 Java 语言来创建自定义类。

1. 自定义类

在 Java 语言中，声明类的一般格式为：

```
[修饰符] class 类名 [extends 父类名][implements 接口名]{
  声明类的变量
  声明构造方法
  声明类的方法
}
```

其中，类名、父类名和接口名必须是合法的标识符，方括号[]中的内容是可选的。各选项的具体作用介绍如下。

（1）修饰符：关键字 class 前的修饰符是用来限定所声明的类的特性。现阶段，类的修饰符一般为 public，它表示该类可以被任何对象或其他类来访问、调用。关于修饰符将在后面具体介绍。

（2）类的父类：如果一个类是另一个类的子类，需要继承父类的某些功能时，就要用 extends 关键字来指明类的父类。例如，"熊猫"类可以看作"哺乳动物"类的子类。Java 语言中，如果没有使用 extends 说明类的父类，那么每个类都默认 Object 类为其父类。

（3）实现接口：在 Java 语言中，还有一个在语法上类似于类的概念，叫做接口，为了能够在类中使用接口，需要用 implements 关键字。本章第 4 节会有接口的详细讲解。

2. 构造方法

构造方法（constructor method）也称构造函数，是一种特殊的方法。在创建对象时，使用关键字 new 调用这个对象所属类的构造方法来完成对象实例变量的初始化。构造方法的格式为：

```
public 类名(参数列表){
  语句体
}
```

其中，语句体为初始化实例变量的赋值语句，可以使用参数值作为变量的初值，也可以直接给变量赋具体的数值。

一般来说，构造方法具有以下几个特点：

（1）构造方法的方法名与其所在类的名称相同。

（2）虽然构造方法没有返回值，但是也不能有 void 关键字。

（3）构造方法的修饰符总是 public。

（4）构造方法的主要作用是完成对类对象实例变量的初始化工作。

例如，下面的语句是 Computer 类的一种构造方法，一共给 5 个实例变量赋了初值。当调用该构造方法时，就可以完成对 5 个实例变量的初始化。也就是说，每个 Computer 类对象中的变量 brand、CPU、hardware、isLaptop 和 price 具有相同的初始值。

```
public Computer(){
  brand="戴尔";
  CPU="i7-2630QM";
  hardware=400;
  isLaptop=true;
  price=9188.88;
}
```

如果希望在创建对象时，其实例变量具有不同的初值，可以通过传递参数并将参数值赋给实例变量的方法来实现。构造方法的参数要与实例变量一一对应。例如，Computer 类的另一种构造方法为：

```
public Computer(String initBrand String initCPU,int initHardware,boolean
        initIsLaptop,double initPrice){
  brand=initBrand;
  CPU=initCPU;
  hardware=initHardware;
  isLaptop=initIsLaptop;
  price=initPrice;
}
```

创建类的构造方法后，就可以在应用程序中创建类的实例变量了。例如，下面的语句是在某个应用 Computer 类的程序中，使用上面的两种构造方法分别创建了三个 Computer 类的对象 comp1、comp2 和 comp3。

```
Computer comp1=new Computer();
Computer comp2=new Computer("索尼","T7500",160,true,7999.99);
Computer comp3=new Computer("东芝","E5200",500,false,4999.99);
```

因为第一条语句中没有参数，所以调用第一个构造方法，也就是说执行构造方法 Computer() 中的语句，compl 对象中的实例变量 brand 的值为"戴尔"，CPU 的值为" i7-2630QM "，hardware 的值为 400，isLaptop 的值为 true，price 的值为 9188.88。第二条和第三条语句具有参数，则分别调用第二个构造方法，将参数值赋给相对应的实例变量。

一般情况下，一个类中可以有一个或多个构造方法，它们的方法名称相同但是参数不同，相当于方法的重载。如果在声明类对象时没有声明任何构造方法，系统会自动产生一个构造方法，无须声明，称为默认构造方法。默认构造方法不带形式参数，并且方法体为空。例如，如果上面的 Computer 类没有声明构造方法，则系统产生的默认构造方法为：

```
Computer(){}
```

3. 类的变量

在前面介绍过域是类或者对象的状态属性的总称。它可以是普通数据类型的变量，也可以是其他类的对象类型变量。域常见的有实例变量、静态变量、最终变量、易失变量和瞬态变量

5 种形式。分别介绍如下：

（1）实例变量（instance variable）。实例变量用来存储某个类对象的状态值。它必须在类内、任何方法外被声明，一般位于整个类语句体的最前端。其修饰符可以是 public 或者 private，但是不能使用 static。实例变量的使用范围是整个类，也就是说可以在类中的任意方法内被使用。实例变量是依据其对象存在的，当运行程序创建对象的同时，也创建了其实例变量，当程序运行完后，对象消失，其实例变量也同时消失。

例如，下面的部分程序代码声明了一个 Computer 类的实例变量。

```
public class Computer{
  public String brand;
  public String CPU;
  public int hardware;
  public boolean isLaptop;
  public double price;
  ...
}
```

其中，实例变量 brand、CPU、hardware、isLaptop 和 price 分别表示计算机的品牌、CPU 型号、硬盘空间、是否为手提电脑和单价。当创建 Computer 类的对象时，每个对象的实例变量也是这 5 个变量，只是对象之间的变量值有可能不同。每一个 Computer 类对象具有的实例变量个数和名称是一样的，但是在内存中各自独立占据不同的位置，保存的变量值各不相同。

（2）静态变量（static variable）。用修饰符 static 修饰的变量称为类静态变量，也叫做静态变量或者类变量。静态变量是类的变量，不属于任何一个类的具体对象实例。它不保存在某个对象实例的内存空间中，而是保存在类的内存空间的公共存储单元中。也就是说，不论一个类具有多少个对象，静态变量只有一个，任何一个类的对象访问它，取得的都是相同的数值。同样地，任何一个类的对象去修改它，也都是在对同一个内存单元进行操作。静态变量可以通过类名直接访问，也可以通过对象来调用，其格式如下：

```
类名.静态变量
对象名.静态变量
```

采用这两种方法取得的结果是相同的。

例如，下面的语句在 Computer 类中声明一个静态变量 count，用来记录计算机的个数。

```
static int count=10;
```

然后在应用 Computer 类的程序中有如下语句：

```
System.out.println(comp1.count);
comp2.count=100;
System.out.println(comp1.count);
Computer.count=1000;
System.out.println(comp1.count);
```

在上面的语句中，comp1 和 comp2 是 Computer 类的对象实例。第一个打印语句中的 comp1.count 调用 Computer 类的静态变量 count，其值为 10。然后通过 comp2 来改变变量 count 的值为 100，第二个打印语句的输出值为 100，这表示对象 comp1 和 comp2 访问的是同一个变量 count。再通过使用类名直接改变变量 count 的值为 1000，最后一个打印语句的输出值为 1000，这表示通过类名和对象 comp1 访问的是同一个变量 count。

静态变量与实例变量虽然都是在类内、类中方法之外声明的变量，但是它们有着本质的不同。实例变量一般使用 private 或者 public 作为修饰符。每个类的对象都具有一套属于自己的、在类中声明的实例变量。每个对象只能修改或者访问其自身的实例变量，不会影响其他对象的实例变量。静态变量使用 static 修饰符。每个类的所有对象共同拥有一套类的静态变量。类和其对象都可以修改或者访问静态变量。

（3）最终变量（final variable）。在编写程序时，可以给某些经常要使用具有特殊含义或者内容复杂的常量，取一个类似于变量名的标识符，这样就可以通过使用这个变量名称来引用其对应的常量，而不是每次直接输入常量数值。这种做法的最主要目的是使程序更加清楚，利于他人阅读、理解。使用修饰符 final 修饰的变量是最终变量，其保存的数据在程序的整个执行过程中都不会改变。通常，在 final 前面再加上修饰符 static，那么这个变量的实际含义就是常量，其格式为：

```
static final 类型 常量名=初始值;
```
例如：
```
static final double pi=3.141592653589763;
static final String str="str是最终变量";
```
在程序中，给最终变量赋值以后，就不可以再以任何方式改变其值。final 修饰符可以修饰局部变量，但也必须且只能赋值一次，它的取值在变量存在期间不会改变。

（4）易失变量（volatile variable）。如果一个变量被 volatile 修饰符所修饰，说明这个变量可能同时被几个线程所控制和修改，即这个变量不仅仅被当前程序所掌握，在运行过程中可能存在其他未知的程序操作来影响和改变该变量的值。在使用中，应该特别留意这些影响因素。通常，volatile 用来修饰接受外部输入的变量。例如，表示当前时间的变量将由系统的后台线程随时修改，以保证程序中取到的总是最新的当前的系统时间，所以可以把它声明为易失变量。

（5）瞬态变量（transient variable）。把实例变量（不能修饰类变量）标识为 transient，表明它是一个瞬态变量。在串行化对象时将忽略它。串行化是指把对象的实例变量的值写入特殊类型的 I/O 流保存到文件，以便需要时使用。串行化是 Java 中很实用的功能之一。

4．类的方法

除了构造方法外，类中还有许多描述类行为的方法，这些方法中最常用的是实例方法和静态方法两种。用 static 修饰符修饰的方法为静态方法，又称类方法。不用 static 修饰的方法则为实例方法。下面分别具体介绍这两种方法。

（1）实例方法（instance method）。实例方法属于每个对象，只能通过类的对象调用。实例方法用来声明某个类的行为，也就是说类的对象所能进行的操作。与实例变量一样，实例方法的修饰符可以是 public 或者 private，但是不能用 static。如果希望实例方法可以在类之外被访问，则使用 public；如果希望实例方法只在类内被访问，则使用 private。

例如，下面的语句在 Computer 类中声明了一个 amount()方法用来计算 Computer 类某个对象的总销售额。

```
public double amount(ini quantity){
  return price*quantity;        //quantity 为销售的数量
}
```
（2）静态方法（static method）。如果一个方法总是以相同的方式运行，即它的运行与类的任何实例没有关系，其行为与对象的状态（实例变量的值）无关，就应该用 static 修饰该方法，使其成为静态方法。与静态变量类似，静态方法的本质是属于整个类的，而不属于某个实例对象。因为静态方法属于类本身,所以只要声明了类,它的静态方法就存在,可以直接使用类来调用。需要调用某个静态方法时,可以使用其所属的类的名称直接调用,也可以用类的某个具体的对象名调用,其格式为:

```
类名.静态方法
对象名.静态方法
```

前面介绍的 Math 类中的 abs()、max()等方法,以及 Integer 类中的 parseInt()方法等就是静态方法,直接用类名进行访问。

在使用静态方法时要注意以下几个问题:

① 使用 static 修饰的静态方法是属于某个类的,它在内存空间中的内容将随着类的声明而进行分配和装载,不被任何一个对象所单独拥有。

② 静态方法不能操纵和处理属于某个对象的实例变量,而只能处理属于整个类的静态变量,也就是说静态方法只能处理静态变量或者调用静态方法。

③ 因为静态方法不能访问实例变量,所以在静态方法中不能使用关键字 this。

作为程序入口的 main()方法必须要用 static 来修饰,也是因为 Java 运行时系统在开始执行一个程序前,并没有生成类的一个对象,它只能通过类名来调用 main()方法作为程序的入口。

(3)最终方法(final method)。关键字 final 可用来修饰类中的方法,称为最终方法。将一个方法标识为 final 的主要目的是防止子类重新声明继承自父类的方法。也就是说,防止子类中把继承自父类的方法重写为与父类完全相同的方法头,但不同的方法体。实际上,Java 类库中的很多方法都设计为最终的,这一限制为 Java 提供了安全保证,但防止子类重写方法会失去面向对象的很多优点。

(4)抽象方法(abstract method)。用关键字 abstract 修饰的方法,称为抽象方法。抽象方法只有方法头,没有方法体,它以一个分号结束。抽象方法的声明通常出现在抽象类和接口中,这些内容将在本章第 4 节中讲述。显然,方法修饰符 abstract 和 final 不可能同时使用。

5. 访问方法

大多数情况下,使用 private 修饰实例变量,使用 public 修饰实例方法。private 修饰符表示只可以在其所在的类的内部被访问和调用,而 public 修饰符则表示可以在其所在的类的内部或者外部被访问和调用。

很显然,如果实例变量和实例方法一样都使用 public 来修饰,则可以更方便地在应用程序中改变变量的值。但是,为什么大多数程序都使用 private 修饰实例变量,然后再通过实例方法来改变其值呢?下面以 Computer 类为例来解释原因。

comp1 是 Computer 类的一个对象实例,因为 Computer 类中实例变量均使用 public 修饰,所以可以通过 comp1 来访问其实例变量。假设应用程序中有下面一条语句:

```
comp1.price=-1000;
```

该语句将实例变量 price 的值改变为-1000。从常理上来说,一台计算机的价格必须为正数,-1000 是无意义的数值。但是因为变量 price 的修饰符是 public,所以无法限制其他应用程序在调用该变量时,赋予其数值的范围。

为了解决这个问题,可以将变量 price 的修饰符设置为 private,然后在 Computer 类中添加如下的实例方法来控制变量 price 中的数值。

```
public void setPrice(double newPrice){
  if(newPrice>=0)
    price=newPrice;
  else
    price=-newPrice;
}
```

在上面的实例方法中，参数 newPrice 是其他应用程序赋予实例变量 price 的值。在 setPrice() 方法中，当 newPrice 的值大于等于 0 时，变量 price 保存该值；否则变量 price 的值为其相反数。这种方法保证了不会出现不符合常理的数值的情况。当然，可以在实例方法中编写任何语句，来保证实例变量的值在某个特定范围之内。

这种用来改变和获取使用 private 修饰符修饰的实例变量值的方法称为访问方法（accessor method）。为了了其他实例方法相区别，一般使用 set 和 get 再加实例变量名称来作为该种方法的名称。例如，setName()表示改变实例变量 name 的值，getPrice()表示获取实例变量 Price 的值。此外，访问方法的修饰符必须为 public。

例如，可以给 Computer 类添加如下的访问方法，用来改变和获取实例变量的值。

```
public void setBrand(String newBrand){
  brand=newBrand;
}
public String getBrand(){
  return brand;
}
public void setCPU(String newCPU){
  CPU=newCPU;
}
public String getCPU(){
  return CPU;
}
public void setHardware(int newHardware){
  hardware=newHardware;
}
public int getHardware(){
  return hardware;
}
...
```

当然在编写 Computer 类时，并不是必须具有以上所有的访问方法，可以根据用户的需求范围来确定添加哪些访问方法或者合并哪些访问方法。例如，一台计算机的品牌是不会改变的，那么就不需要 setBrand()方法。

此外，这些方法的内容并不是固定的，以上所给出的只是其最简单的语句体。要根据程序具体的要求，来编写方法中的语句。

【案例 7.1】创建抽象描述矩形的类

编写程序使用 Java 语言创建一个抽象描述矩形的 Ju 类，操作步骤如下：

（1）在 "记事本" 中，编写 Ju 类，程序代码如下：

```
public class Ju{
  private int x;
```

```
private int y;
private int width;
private int length;
/*第一种构造方法*/
public Ju(){
   x=40;
   y=30;
   width=100;
   length=150;
}
/*第二种构造方法*/
public Ju(int initX,int initY,int initWidth,int initLength){
   x=initX;
   y=initY;
   width=initWidth;
   length=initLength;
}
public void setPosition(int newX,int newY){
   x=newX;
   y=newY;
}
public String toString(){
   String s=new String("矩形的位置是: "+"("+x+","+y+")"+"宽度是: "+ width+"
长度是: "+length);
   return s;
}
}
```

（2）在上面的代码中，Ju 类的状态有左上角的位置坐标、宽度和长度，行为有改变矩形位置和显示矩形对象的信息。在程序中，实例变量 x 和 y 分别保存矩形左上角的 x 轴和 y 轴的坐标值，实例变量 width 和 length 分别保存矩形的宽度和长度值。

（3）两个 Ju()方法都是 Ju 类的构造方法，所不同的是方法的参数和方法体中的语句。如果使用第一个 Ju()方法创建对象，则对象的实例变量值为固定数值。如果使用第二个 Ju()方法创建对象，则对象的实例变量由参数值给出。

（4）setPosition()方法可以通过改变实例变量 x 和 y 的值来移动矩形。toString()方法是以字符串的形式显示矩形的位置坐标、宽度和长度值等信息。因为 toString()方法的类型为 String，所以其必须有返回值且返回值的类型为 String 类型。

7.1.3 关键字 this

当需要在类的实例方法中指向调用该实例的对象时，可以使用关键字 this。在大多数情况下，关键字 this 不是必须使用的，可以被省略。例如，Computer 类中的 setCPU()实例方法可以写成如下形式。

```
public void setCPU(String newCPU){
   this.CPU=newCPU;
}
```

其中，this 表示当前调用该方法的 Computer 类对象。如果在应用程序中的语句为：

```
comp.setCPU("T9300");
```

则 setCPU() 方法中的关键字 this 代表调用该方法的对象变量 comp。

事实上，如果在 setCPU() 方法中不使用关键字 this，程序同样可以正常地编译和运行，所以在类似这种情况下一般省略 this。在 Java 语言中，系统会自动在调用所有实例变量和实例方法时与 this 关键字联系在一起，因此，在一般情况下，不需要使用关键字 this。

但是，在某些特定的情况下，关键字 this 是必不可少的。下面介绍两种最常见的情况。

1. 局部变量与实例变量同名

关键字 this 最常见的应用是在类的构造方法和实例方法中解决局部变量与实例变量同名的问题。例如下面一段程序：

```
public class Computer{
 private String brand;
 private String CPU;
 private int hardware;
 private boolean isLaptop;
 private double price;
 public Computer(String brand,String CPU,int hardware,boolean isLaptop,
         double price){
   brand=brand;
   CPU=CPU;
   hardware=hardware;
   isLaptop=isLaptop;
   price=price;
 }
 ...
}
```

在上面的程序中，共有 brand、CPU、hardware、isLaptop 和 price 等 5 个实例变量。在构造方法中的 5 个参数的变量名称与实例变量的名称一一对应相同。在参数名或者局部变量名与实例变量同名的时候，由于参数变量和局部变量的优先级高，所以在方法体中参数名或者局部变量名将隐藏同名的实例变量。这种情况在 Java 语言中是不被允许的。如果想使实例变量和方法的参数或方法本身声明的局部变量同名，就需要用一种方法使实例变量与和其同名的方法参数或局部变量区分开来，这就要用到 this 关键字。

下面的 Computer 类构造方法可以合法地使用与实例变量名称相同的参数。

```
public Computer(String brand,String CPU,int hardware,boolean isLaptop,
         double price){
   this.brand=brand;
   this.CPU=CPU;
   this.hardware=hardware;
   this.isLaptop=isLaptop;
   this.price=price;
 }
```

当然，也可以通过使用与实例变量名不同的参数名或者局部变量名来避免这个问题。

2. 在构造方法中调用其他构造方法

关键字 this 还有一种用法，就是在构造方法的第一条语句中使用关键字 this，来调用同一个类中的另一个构造方法，其格式为：

```
this(参数列表);
```

例如，假设在 Computer 类中，有两个不同的构造方法 public Computer(String brand, String CPU)和 public Computer(String brand, String CPU, int hardware, boolean isLaptop, double price)。在第一个构造方法中使用 this(brand, CPU, 0, false, 0);语句调用带有 5 个参数的第二个构造方法，这实际是方法的一种重载现象。

使用这种方法创建对象的好处是：不论应用程序如何调用构造方法，5 个实例变量都具有初值。如果在应用程序中使用 Computer comp=new Computer("戴尔", " i7-2630QM ");语句，就会先调用 Computer 类中的第一个构造方法，然后再自动调用第二个构造方法，并设定实例变量 hardware、isLaptop 和 price 的初值为 0、false 和 0。

要注意的是，由修饰符 static 修饰的静态变量不能使用 this 来调用。

【案例 7.2】创建并应用 People 类

编写程序创建一个描述人的 People 类，并在程序 UsePeople 中应用该类，输出某个人的信息，操作步骤如下：

（1）在"记事本"中，编写并保存 People 类，程序代码如下：

```java
public class People{
  private String name;        //人的姓名
  private char gender;        //人的性别
  private int birth;          //人的出生年份
  private double height;      //人的身高
  static String language;     //人的母语
  public People(String name,char gender,int birth,double height){
    this.name=name;
    this.gender=gender;
    this.birth=birth;
    this.height=height;
  }
  /*返回人的姓名*/
  public String getName(){
    return name;
  }
  /*设置人的母语*/
  static void setLanguage(String newLan){
    language=newLan;
  }
  /*计算人2016年的岁数*/
  public int age(){
    return 2016-birth;
  }
}
```

（2）在"记事本"中，编写并保存应用 People 类的程序 UsePeople，程序代码如下：

```java
public class UsePeople{
  public static void main(String args[]){
    People p=new People("张小燕",'F',1960,1.66);
    p.setLanguage("汉语");
```

```
    System.out.println(p.getName()+"今年 "+p.age()+" 岁，"+p.language+"为
其母语。");
    }
}
```

（3）在上面的代码中，创建了一个 People 类的对象 p，通过对象 p 调用 People 类的 setLanguge() 方法，改变类中静态变量 language 的值。

（4）在"命令提示符"窗口中，输入 javac UsePeople.java 命令，即可编译 People.java 和 UsePeople.java 两个文件。再输入 java UsePeople 命令运行程序，输出结果如图 7-1-1 所示。

图 7-1-1　程序 UsePeople 的运行结果

【案例 7.3】创建并应用 Computer 类

编写程序创建一个描述计算机的 Computer 类，并在程序 UseComputer 中应用该类，输出计算机的信息，操作步骤如下：

（1）在"记事本"中，编写并保存 Computer 类，程序代码如下：

```
public class Computer{
  private String brand;          //计算机的品牌
  private String CPU;            //计算机 CPU 的型号
  private int hardware;          //计算机硬盘空间
  private boolean isLaptop;      //是否为手提电脑
  private double price;          //计算机单价
  static int count;              //计算机总台数
  public Computer(String brand,String CPU){
    this(brand,CPU,0,false,0); //调用下一个构造方法
  }
  public Computer(String brand,String CPU,int hardware,boolean isLaptop,
double price){
    this.brand=brand;
    this.CPU=CPU;
    this.hardware=hardware;
    this.isLaptop=isLaptop;
    this.price=price;
  }
  public String getBrand(){     //返回变量 brand 的值
    return brand;
  }
  public String getCPU(){       //返回变量 CPU 的值
    return CPU;
  }
  public void setHardware(int hardware){  //改变变量 hardware 的值
    this.hardware=hardware;
  }
```

```
  public int getHardware(){              //返回变量 hardware 的值
    return hardware;
  }
  public boolean getIsLaptop(){          //返回变量 isLaptop 的值
    return isLaptop;
  }
  public void setPrice(double price){    //改变变量 price 的值
    this.price=price;
  }
  public double amount(int quantity){    //计算销售额，quantity 为售出数量
    return price*quantity;
  }
}
```

（2）在"记事本"中，编写并保存应用 Computer 类的程序 UseComputer，程序代码如下：

```
public class UseComputer{
  public static void main(String args[]){
    Computer comp1=new Computer("东芝","T9300");    //创建 Computer 类对象
    Computer comp2=new Computer("海尔","Q6600",500,true,6999.99);
    comp1.setHardware(400);      //调用 comp1 的 setHardware()方法
    comp1.setPrice(8999.99);     //调用 comp1 的 setPrice()方法
    comp2.count=41;              //给类变量 count 赋值
    System.out.println(comp1.getBrand()+"电脑的 CPU 是"+comp1.getCPU()+"，硬
盘为"+comp1.getHardware()+"G，共卖出 18 台，销售额为"+comp1.amount (18)+"元。
");
    System.out.println(comp2.getBrand()+"电脑的 CPU 是"+comp2.getCPU()+"，硬
盘为"+comp2.getHardware()+"G，共卖出 23 台，销售额为"+comp2.amount (23)+"元。
");
    System.out.println("共卖出"+Computer.count+"台。");
  }
}
```

（3）在上面的代码中，创建了两个 Computer 类的对象 comp1 和 comp2，通过调用各自的方法，改变类中变量的值，并输出变量的值。

（4）在"命令提示符"窗口中，输入 javac UseComputer.java 命令，即可编译 Computer.java 和 UseComputer.java 两个文件。再输入 java UseComputer 命令运行程序，输出结果如图 7-1-2 所示。

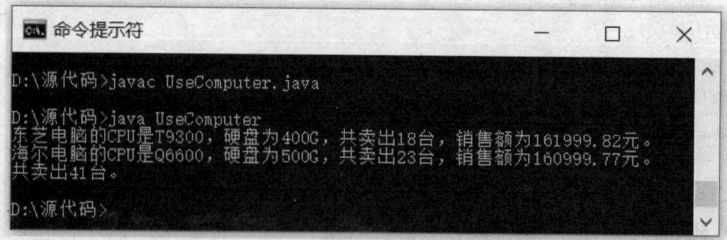

图 7-1-2　程序 UseComputer 的运行结果

7.1.4　枚举类型

枚举是指将变量的值一一列出来，变量的值只限于列举出来的值的范围内。枚举类型在 Java 语言中是一种基本数据类型，它用于声明一组命名的常量，当一个变量有几种可能的取值

时，可以将它声明为枚举类型。枚举数据（枚举常量）是一些特定的标识符，标识符的含义由编程员来决定。每个枚举数据均具有相关联的常数值，此值的类型就是枚举的基础类型。每个枚举数据的常数值必须在该枚举的基础类型的范围之内。在枚举类型中声明的第一个枚举数据它的默认值为零，此后依次递增。

例如，如果声明一年的四个季节，按照之前学习的内容可以在 Java 程序中通过常量声明方式来实现。

```
public static class Seasons{
  public static final int SPRING = 0;
  public static final int SUMMER = 1;
  public static final int AUTUMN = 2;
  public static final int WINTER = 3;
}
```

在使用这些常量时会存在着一些问题：由于四季常量的对应值是 int 类型，所以程序执行过程中很有可能给四季变量传入一个 0~3 范围之外的整数值，从而导致出现错误；由于四季常量只是类的属性，当使用的时候不得不通过类来访问。

为了改进 Java 语言在这方面的不足弥补缺陷，为了保证有限的变量对应于确定的值，JDK 5.0 添加加了 java.lang.Enum 类。Enum 类是所有枚举类型的抽象类，并且从 Enum 类继承的成员在任何枚举类型中都可用。Enum 本身不是枚举类型，它是一个类的类型，所有枚举类型都是从它派生的。JDK 5.0 同时添加了新的关键字 enum，它使得用户在需要群组并使用枚举类型时可以很方便地处理。由于每个枚举类型的实例都是常量，因此按照惯例它们都需要用大写字母表示。这些枚举实例都是 static final 类型的变量，每个变量对应于一个确定的唯一值。枚举类型的声明也非常的简单，用 enum 关键字加上名称和花括号包含起来的枚举数据即可。例如，上面提到的一年四季就可以用新的 enum 关键字来声明：

```
public enum Seasons{ SPRING, SUMMER, AUTUMN, WINTER }
```

从上面的声明形式来看，似乎 Java 中的枚举类型很简单，但实际上 Java 语言规范赋予枚举类型的功能非常强大，它不仅是简单地将整型数值转换成对象，而是将枚举类型声明转变成一个完整功能的类声明。这种类型声明的扩展允许开发者给枚举类型增加任何方法和属性，也可以实现任意的接口。另外，Java 平台也为 Enum 类型提供了高质量的实现，如默认实现 Comparable 和 Serializable 接口，让开发者一般情况下不用关心这些细节。

引入枚举类型一个最直接的益处就是扩大 switch 语句使用范围。JDK 5.0 之前，Java 中 switch 的值只能够是简单类型，如 int、byte、short、char，有了枚举类型之后，就可以使用对象了。这样一来，程序的控制选择就变得更加方便。例如，下面的程序中声明了一个枚举类型 Day 用来表示一周 7 天。对于这些枚举的日期，JVM 都会在运行期生成一个简单的对象实例一一对应。这些对象都有唯一的 identity，类似整型数值一样，switch 语句就根据此来进行执行跳转。

```
public class EnumTest{
  public enum Day { MONDAY, TUESDAY, WEDNESDAY, THURSDAY, FRIDAY, SATURDAY,
SUNDAY }
  Day day;
  public EnumTest(Day day){
    this.day = day;
```

```
    }
    public void tellItLikeItIs(){
      switch (day){
        case MONDAY:
          System.out.println("Mondays are bad.");
          break;
        case FRIDAY:
          System.out.println("Fridays are better.");
          break;
        case SATURDAY: case SUNDAY:
          System.out.println("Weekends are best.");
          break;
        default:
          System.out.println("Midweek days are so-so.");
          break;
      }
    }
    public static void main(String[] args){
      EnumTest firstDay = new EnumTest(Day.MONDAY);
      firstDay.tellItLikeItIs();
      EnumTest thirdDay = new EnumTest(Day.WEDNESDAY);
      thirdDay.tellItLikeItIs();
      EnumTest fifthDay = new EnumTest(Day.FRIDAY);
      fifthDay.tellItLikeItIs();
      EnumTest sixthDay = new EnumTest(Day.SATURDAY);
      sixthDay.tellItLikeItIs();
      EnumTest seventhDay = new EnumTest(Day.SUNDAY);
      seventhDay.tellItLikeItIs();
    }
```

程序运行结果如下：

```
Mondays are bad.
Midweek days are so-so.
Fridays are better.
Weekends are best.
Weekends are best.
```

思考与练习 7-1

1. 填空题

（1）实例变量的修饰符可以是_____或者_____，但是不能使用_____。

（2）一般情况下，一个类中可以有_____或者_____构造方法，它们的_____相同但是_____不同。

（3）如果要使用构造方法创建对象，则必须使用关键字_____。

（4）通常情况下，声明类中的_____为 public，_____为 private。

（5）Object 类是 Java 所有类的_____。

2．操作题

（1）仿照【案例 7.2】，写出"自行车"类的一些状态和行为，并用 Java 语言表达出来。

（2）下面是某台洗衣机的一些属性，将其分为状态和行为两个部分。

　　海尔牌　5.5 kg　漂洗　3000 元人民币　银色　甩干　全自动　浸泡

（3）仿照【案例 7.1】，创建一个"三角形"类和一个"点"类。

7.2　类的继承和多态

本节主要介绍面向对象程序设计中的继承和多态的概念，以及如何在 Java 语言中实现。

7.2.1　类的继承

继承是面向对象程序设计方法中的一种重要手段，通过继承可以更有效地组织程序结构，明确类与类之间的关系，并充分利用已有的类来完成更复杂、深入的开发。

1．继承的概念

类的继承（inheritance）是面向对象程序设计中的一个重要特色。类继承也称类派生，是指一个类可以继承其他类的所有内容，包括变量和方法。被继承的类称为父类或者超类（superclass），父类包括所有直接或间接被继承的类。继承后产生的类称为子类或者派生类（subclass），子类继承父类的状态和行为，也可以修改父类的状态或者重载父类的行为，并添加新的状态和行为。

在 Java 语言中，所有的类都是通过直接或间接地继承 java.lang.Object 得到的，并且可以在已有的大量类的基础上编写新的类。新编写的类如果继承了已有的类，则除了具有父类中的所有变量和方法外，还要再添加自己本身特有的变量或者方法。这种编程方法大大地提高了程序的可复用性，缩短了软件开发的周期。对新建的类再进行修改扩充，可以再派生出新的类。重复下去，每一次的修改扩充都不会影响原有的类，这样就大大地提高了程序的可扩充性。

不断派生新类的过程是一个描述现实世界的层次关系的过程。为此，首先要建立一个简单的类，以其为基础，派生出不同层次的子类。

例如，将在现实世界中的事物看成一个"物质对象"类，那么其可以有两个子类：一类是具有生命的物质；另一类是不具有生命的物质。在具有生命的物质类中，又可以有多个子类，像"植物"类和"动物"类。在"动物"类中，又可以有"爬行动物"子类、"哺乳动物"子类等。

在 Java 语言中，每一个类只可以有一个父类，不允许有多个父类。但是，一个类可以有多个子类。父类含有其所有子类共同的内容，每一个子类各自具有与其他子类不相同的内容。例如，如果 Shape 类代表所有图形类的集合，Rectangle 类代表所有矩形，Oval 类代表所有椭圆形，那么 Rectangle 类和 Oval 类都可以看作 Shape 类的子类。

2．继承的实现

在 Java 语言中，所有的类都是由 Object 类派生出来的，如前面介绍的 Math 类和 String 类，以及用户自己新建的类。

通过在类的声明中加入 extends 关键字来创建一个类的子类，其格式为：

```
[修饰符] class 子类类名 extends 父类类名{
   语句体
}
```

如果把子类声明为父类的直接子类，且该父类又是另一个类的子类，则子类同时也是另一个类的间接子类。子类可以继承其所有父类的内容。

类继承并不改变类中变量和方法的访问权限，如果父类中的变量和方法为 public，则其子类中的这些变量和方法依然为 public。子类不能继承父类中访问权限为 private 的实例变量和实例方法。

3. 继承的传递性

类继承是可以传递的，也就是说子类具有其父类和父类的父类，一直到 Object 类的所有类的内容。例如，在下面的程序代码中，B 类继承了 A 类，而 C 类又继承了 B 类，则 C 类包含 A 类和 B 类的所有内容。

```java
public class A{
  public int a1=100;
  private int a2=200;
  public int getA2(){
    return a2;
  }
}
public class B extends A{
  public int b1=300;
  private int b2=400;
  public int getB2(){
    return b2;
  }
}
public class C extends B{
  public int c1=500;
  private int c2=600;
  public int getC2(){
    return c2;
  }
}
public class Exp{
  public static void main(String arg[]){
    C c=new C();
    System.out.print(c.a1+" "+c.getA2()+" "+c.b1+" "+c.getB2()+" "+c.c1+"
        "+c.getC2());
  }
}
```

程序的运行结果为：

```
100 200 300 400 500 600
```

由上面的程序及其运行结果可以看出，创建了 C 类对象 c 后，c 具有 B 类和 A 类的所有变量和方法。

7.2.2 关键字 super

Java 中除了使用 this 关键字，还有一个关键字 super。super 指的是父类，在类的继承中有重要的作用，super 的常用方法如下：

1. 访问父类构造方法

在子类的构造方法中，使用关键字 super 可以调用其父类中的构造方法，语句的格式为：
`super(参数列表);`

其中，参数列表是可选项，但是参数的个数和类型必须与要调用的父类中的构造方法的参数一一对应。

从严格意义上讲，构造方法是不能继承的。例如，父类 Shape 类有一个构造方法 Shape(int x, int y)，不能说子类 Rectangle 类也自动有一个构造方法 Rectangle(int x, int y)。但是，这并不意味着子类不能调用父类的构造方法。子类在构造方法中，可以用关键字 super 来调用父类的构造方法。

下面是在子类 Rectangle 类的构造方法中调用父类 Shape 类的构造方法。

```
public Rectangle(int x,int y,int length,int width){
  super(x,y,);
  this.length=length;
  this.width=width;
}
```

其中，super(x, y,);语句表示调用父类中的 Shape(int x, int y)构造方法，并传递相应的参数。这一般在子类构造方法的参数多于父类构造方法的参数时使用，其目的是简化构造方法的语句体。

此外，在使用 super()方法时，该语句必须是构造方法中的第一条语句。

2. 访问父类的变量和方法

在 Java 语言中，有时会遇到子类中的实例变量或者实例方法与父类中的实例变量或者实例方法同名。因为子类中的实例变量或者实例方法名具有相对高的优先级，所以子类中的同名实例变量和实例方法就隐藏了父类的实例变量或者实例方法。在这种境况下，如果想要使用父类中的某个实例变量或者实例方法，就需要用到 super 关键字。例如，在下面的程序中，父类 Shape 的 info()方法用来输出"图形的名称为"字符串。子类 Rectangle 的 info()方法用来输出"图形的名称为矩形。"字符串。其方法是先使用 super 关键字调用父类中的 info()方法输出"图形的名称为"字符串，然后在其后加上"矩形。"字符串。

```
public class Shape{
  int x;
  int y;
  publicString info(){
    return "图形的名称为";
  }
}
public class Rectangle extends Shape{
  public String info(){
    return super.info()+"矩形。";
  }
}
```

```
public class Test{
  public static void main(String arg[]){
    Rect r=new Rect();
    System.out.println(r.info());
  }
}
```

程序运行结果为：

图形的名称为矩形。

在使用 super 时，要注意 super 与 this 一样指的是调用实例对象本身，所以 super 不能在 static 环境中使用，包括类变量、类方法和 static 语句块。

7.2.3　类的多态

所谓多态，是指一个程序中同名的不同方法共存的情况。面向对象的程序中多态的情况有多种，可以通过子类对父类方法的覆盖实现多态，也可以利用方法重载在同一个类中声明多个同名的不同方法。多态可以提高类的抽象度和封闭性，统一一个或者多个相关类对外的接口。所谓覆盖，是在声明子类的方法时，使用与其父类中相同的名称和参数。在执行程序时，将执行子类的方法，而覆盖掉父类的方法。

例如，在上面的程序中，子类 Rectangle 的 info()方法与其父类 Shape 类的 info()方法同名，所以在执行 r.info()时，调用子类的 info()方法，覆盖了父类的 info()方法。

【案例 7.4】创建并应用 Shape 类以及子类

编写程序创建 Shape 类作为父类代表所有图形，Rectangle 作为其子类代表矩形，Circle 作为其另一个子类代表圆形。然后在程序 UseRC 中应用 Rectangle 类和 Circle 类，输出图形的信息，操作步骤如下：

（1）在"记事本"中，编写 Shape 类，程序代码如下：

```
public class Shape{
  protected int x;                //图形左上角坐标的 x 轴值
  protected int y;                //图形左上角坐标的 y 轴值
  protected String name;          //图形的名称
  public Shape(int x,int y){      //构造方法
    if(x<0)                       //如果 x 值小于 0
      this.x=0;                   //则 x 的值为 0
    else
      this.x=x;
    if(y<0)                       //如果 y 值小于 0
      this.y=0;                   //则 y 的值为 0
    else
      this.y=y;
  }
  public int getX(){              //返回 x 坐标值
    return x;
  }
  public int getY(){              //返回 y 坐标值
    return y;
  }
```

```
public void setName(String name){     //设置图形名称
  this.name=name;
}
public String area(){                  //输出"面积为"文本
  return "面积为";
}
public String info(){                  //输出图形信息
  return "图形信息: "+name;
}
}
```

（2）在 Shape 类中，三个实例变量均使用 protected 修饰，表示允许子类继承这些实例变量。Shape 类子类可以继承所有的实例变量和实例方法。

（3）在"记事本"中，编写 Rectangle 类，程序代码如下：

```
public class Rectangle extends Shape{
  private int length;                  //矩形的长度
  private int width;                   //矩形的宽度
  public Rectangle(int x,int y,int length,int width){
    super(x,y);                        //调用父类构造方法
    if(length<0)                       //如果 length 值小于 0
      this.length=-length;             //则 length 的值为相反数
    else
      this.length=length;
    if(width<0)                        //如果 width 值小于 0
      this.width=-width;               //则 width 的值为相反数
    else
      this.width=width;
  }
  public int getLength(){
    return length;
  }
  public int getWidth(){
    return width;
  }
  public String area(){                //计算矩形的面积
    return super.area()+length*width;
  }
  public String info(){
    return super.info()+area();
  }
}
```

（4）Rectangle 类为 Shape 类子类，具有 Shape 类所有的实例变量和实例方法。Rectangle 类独有的实例变量是 length 和 width，独有的实例方法是 getLength()和 getWidth()。此外，还改写了父类中 area()方法和 info()方法。

（5）在"记事本"中，编写 Circle 类，程序代码如下：

```
public class Circle extends Shape
{
  private int r;                       //圆形的半径
  public Circle(int x,int y,int r)
```

```
{
  super(x,y);                //调用父类构造方法
  if(r<=0)                   //如果 r 值小于等于 0
    this.r=1;                //则 r 的值为 1
  else
    this.r=r;
}
public int getR()            //返回圆形的半径
{
  return r;
}
public String area()         //计算圆形的面积
{
  return super.area()+(int)(Math.PI*r*r);
}
public String info()
{
  return super.info()+area();
}
}
```

（6）Circle 类为 Shape 类子类，具有 Shape 类所有的实例变量和实例方法。Circle 类独有的实例变量是 r，独有的实例方法是 getR()。此外，还改写了父类中的 area()方法和 info()方法。

（7）在"记事本"中，编写应用 Rectangle 类和 Circle 类的应用程序 UseRC，程序代码如下：

```
public class UseRC{
  public static void main(String args[]){
    Rectangle r=new Rectangle(-50,100,25,45);
    Circle c=new Circle(25,-15,25);
    r.setName("长方形");         //调用父类的 setName()方法
    c.setName("圆形");           //调用父类的 setName()方法
    System.out.println(r.info() +", 坐标为("+r.getX()+", "+r.getY()+")");
    System.out.println(c.info() +", 坐标为("+c.getX()+", "+c.getY()+")");
  }
}
```

（8）在上面的代码中，创建 Rectangle 类的对象 r 和 Circle 类的对象 c。它们分别继承了 Shape 类中的实例方法和实例变量。当调用实例方法时，程序会优先调用子类中的实例方法，如果子类中没有该实例方法，才会调用其父类中的方法，例如，setName()方法。

（9）保存上面 4 个程序，然后编译运行 UseRC.java，运行结果如图 7-2-1 所示。

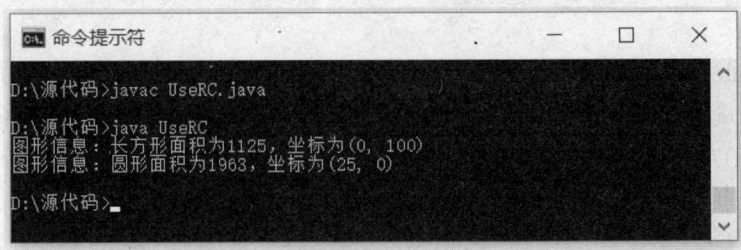

图 7-2-1　程序 UseRC 的运行结果

【案例 7.5】输出图书销售量

编写程序创建 Book 类代表书店中所有的图书，然后创建 Sales 类作为其子类，代表所有销售出去的图书。再在程序 UseSales 中应用这两个类，输出图书信息。操作步骤如下：

（1）在"记事本"中，编写 Book 类，程序代码如下：

```java
public class Book{
  protected int index;        //图书编号
  protected String name;      //图书名称
  protected double price;     //图书单价
  public Book(int index,String name,double price){
    this.index=index;
    this.name=name;
    if(price>=0)
      this.price=price;
    else
      this.price=0;
  }
  public String toString(){
    String s=index+"\t"+name+"\t"+price;
    return s;
  }
}
```

（2）在上面的代码中，Book 类共有三个实例变量，分别用来保存图书的编码、名称和单位价格。实例变量的修饰符为 protected，表示该变量可以在 Produce 类之外以及 Produce 类的子类中被调用。

（3）在"记事本"中，编写 Book 类的子类 Sales 类，程序代码如下：

```java
public class Sales extends Book{
  protected int count;            //售出数量
  protected double discount;      //折扣率
  public  Sales(int  index,String  name,double  price,int  count,double
discount){
    super(index,name,price);
    this.count=count;
    this.discount=discount;
  }
  private double cost(){
    double cost=super.price*count*discount;
    return cost;
  }
  public String results(){
    String s="\t"+count+"\t"+discount+"\t"+cost();
    return s;
  }
}
```

（4）在上面的代码中，Sales 类共有两个实例变量，分别用来保存图书销售的数量和折扣率。cost()方法用来计算图书的实际销售总金额。其修饰符为 private，表示该方法只能在 Sales 类中被调用。

（5）在"记事本"中，编写应用上面两个类的程序 UseSales，程序代码如下：

```java
public class UseSales{
  public static void main(String args[]){
    Sales s1=new Sales(11011234,"中国历史画册1",1199.95,1040,0.9);
    Sales s2=new Sales(30128635,"儿童看图识字",58.75,2742,0.8);
    Sales s3=new Sales(64250676,"实用菜谱100例",35.5,1580,0.95);
    System.out.println("图书编号"+"\t"+"图书名称"+"\t"+"单位价格\t"+"销售量
\t"+"折扣\t"+"销售总金额");
    System.out.println();
    System.out.println(s1+"\t"+s1.results());
    System.out.println(s2+"\t"+s2.results());
    System.out.println(s3+"\t"+s3.results());
  }
}
```

（6）在上面的程序中，分别创建三个 Sales 类的对象 s1、s2 和 s3，分别代表购买的三个产品。最后通过调用 Sales 类中的 results()方法来显示产品的销售情况。

（7）保存上面三个文件，编译并运行程序 UseSales，运行结果如图 7-2-2 所示。

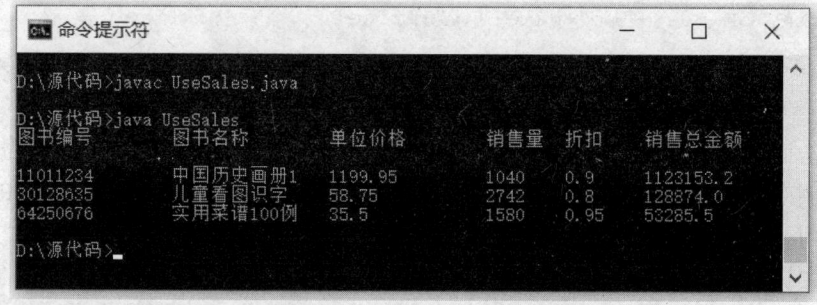

图 7-2-2　程序 UseSales 的运行结果

【案例 7.6】统计学生考试成绩

编写程序创建 Student 类和 Results 类，分别代表学生和成绩，并且 Results 类为 Student 类的子类。在 UseResults 应用程序中创建 Results 类的对象并对其进行一定的操作，显示学生的学习成绩。操作步骤如下：

（1）在"记事本"中，编写 Student 类，程序代码如下：

```java
public class Student{
  protected String banji;    //学生所在班级
  protected String name;     //学生的姓名
  public Student(String banji,String name){
    this.banji=banji;
    this.name=name;
  }
  public String toString(){
    String s=banji+"\t"+name;
    return s;
  }
}
```

（2）在上面的代码中，Student 类有两个实例变量，分别用来保存学生所在班级和学生的姓名。实例变量的修饰符为 protected，表示该变量可以在 Student 类之外以及 Student 类的子类中被调用。toString()方法用来返回调用该方法的 Student 类对象的信息数据。

（3）在"记事本"中，编写 Results 类，程序代码如下：

```java
public class Results extends Student{
  protected double chinese;        //语文成绩
  protected double math;           //数学成绩
  protected double english;        //英语成绩
  public Results(String banji,String name,double chinese,double math,
double english){
    super(banji,name);
    this.chinese=chinese;
    this.math=math;
    this.english=english;
  }
  private double sum(){            //计算总成绩
    double sum=chinese+math+english;
    return sum;
  }
  public String info(){
    String s=chinese+"\t"+math+"\t"+english+"\t"+sum();
    return s;
  }
}
```

（4）在上面的代码中，Results 类有三个实例变量，分别用来保存某学生的语文、数学和英语成绩。实例变量的修饰符为 protected，表示该变量可以在 Results 类之外以及 Results 类的子类中被调用。sum()方法用来计算语文、数学、英语成绩的总和，其修饰符为 private，表示该方法只能在 Results 类中被调用。info()方法用来返回语文、数学和英语的成绩以及总成绩。

（5）在"记事本"中，编写应用上面两个类的程序 UseResults，程序代码如下：

```java
public class UseResults{
 public static void main(String args[]){
    Results r1=new Results("五年级四班","肖柠朴",76,68.5,90.5);
    Results r2=new Results("五年级四班","沈　昕",92,100,85.5);
    Results r3=new Results("五年级四班","丰金兰",99,78,60);
    Results r4=new Results("五年级四班","张小燕",97,88.5,95);
    System.out.println("所在班级\t"+"姓  名\t"+"语文\t"+"数学\t"+"英语\t"+"总成绩");
    System.out.println(r1+"\t"+r1.info());
    System.out.println(r2+"\t"+r2.info());
    System.out.println(r3+"\t"+r3.info());
    System.out.println(r4+"\t"+r4.info());
  }
}
```

（6）在上面的代码中，分别创建 4 个 Results 类的对象 r1、r2、r3 和 r4。System.out.println(r1+"\t"+r1.info());语句中的 r1 表示调用 Results 类中的 toString()方法。因为 Results 类中没有 toString()方法，则调用其父类——Student 类中的 toString()方法。

（7）保存上面三个文件，编译并运行程序 UseResults，运行结果如图 7-2-3 所示。

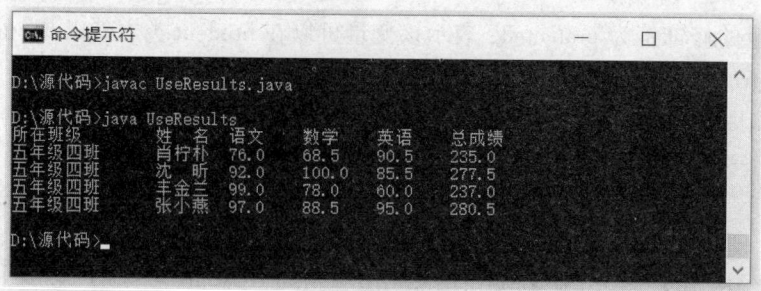

图 7-2-3　程序 UseResults 的运行结果

7.2.4　Class 类

Class 是一个（自引用的）数据类型，它可以表示所有的 Java 数据类型，包括基本数据类型和数组类型，而不仅仅是 Class 这种数据类型。Class 类包装了对象或者接口运行时的状态和信息。

1. Class 类的特点

每当编写并编译了一个新类，就会在生成的该类同名的.class 文件中，产生一个 Class 对象，用于表示这个类的类型信息。Class 类没有公共构造方法，因此不能显式地声明一个 Class 对象。为了生成这个类的对象，运行这个程序的 JVM 使用被称为"类加载器"的子系统中的 defineClass()方法自动构造。一旦某个类的 Class 对象被载入内存，它就被用来创建这个类的所有对象。虚拟机为每种类型管理一个独一无二的 Class 对象。运行程序时，Java 虚拟机（JVM）首先检查所要加载的类对应的 Class 对象是否已经加载。如果没有加载，JVM 就会根据类名查找.class 文件，并将其 Class 对象载入。Class 类具有的特点总结如下：

（1）每个装载到 JVM 的类都包含一个 Class 对象。

（2）Class 类没有构造方法。在所有类中，从 Object 继承来的 getClass()方法都会返回一个 Class 类型对象。

（3）可以将含有包路径的类名传给静态方法 ClassforName()来动态装载类。

（4）类也可以通过 ClassLoader 来装载。

（5）该类的 newInstance()方法创建了一个指定类的实例。该方法适用于目标类含有一个不带参数的构造方法。

2. 如何获得 Class 类的对象

Class 类体现了一个 Java 类本身的基本特征。该类既没有构造方法也没有变量，但是可以通过其含有的某些方法获得 Class 对象：

（1）调用 Object 类的 getClass()方法来获得 Class 对象，这也是最常见的产生 Class 对象的方法。例如：

```
Object obj;
Class cl = obj.getClass();
```

（2）使用 Class 类的中静态方法 forName(name)获得与字符串对应的 Class 对象。其中，参数 name 是 Java 类库的路径类名，例如：

```
Class cl = Class.forName("java.util.Scanner");
```

（3）在任何一个类或者数据类型名称后面跟随.class。例如：

```
Class cl1 = Computer.class;
Class cl2 = int.class;
Class cl3 = Double[].class;
```

3. Class 类的常用方法

Class 类的的方法是和 java.lang.reflect 包的引进联系在一起的。映射机制是如今很多流行框架的实现基础，其中包括 Spring、Hibernate 等。下面介绍 Class 类常用的方法。

（1）getName() 方法以 String 的形式返回此 Class 对象所表示的实体（类、接口、数组类、基本类型或 void）名称。

（2）newInstance()方法可以为类创建一个实例。例如：x.getClass.newInstance()语句创建了一个同 x 一样类型的新实例。

（3）getClassLoader() 方法返回该类的类加载器。

（4）getComponentType() 方法返回表示数组组件类型的 Class。

（5）getSuperclass() 方法返回表示此 Class 所表示的实体（类、接口、基本类型或 void）的父类的 Class。

（6）isArray() 方法判断此 Class 对象是否表示一个数组类。

【案例 7.7】显示父类

编写程序 ClassExp，用户键盘输入一个 Java 库类的类名，然后输出该累的父类名称。操作步骤如下：

（1）在"记事本"中，编写如下程序代码。

```
import java.util.*;
public class ClassExp{
  public static void main(String args[]){
    String name;
    System.out.println("请输入含有包路径的类名: ");
    Scanner sc = new Scanner(System.in);
    name = sc.nextLine();
    try{
      Class cl = Class.forName(name);
      Class superCl = cl.getSuperclass();
      if(superCl != null)
        System.out.println(name+"的直接父类是:  "+superCl.getName());
    }
    catch(ClassNotFoundException e){}
  }
}
```

（2）在上面的代码中，变量 name 用来保存用户输入的含有包路径的类名，再通过 forName() 方法创建 Class 类对象 cl,然后通过调用 getSuperclass()方法创建其父类的 Class 类对象 superCl。程序的运行效果如图 7-2-4 所示。

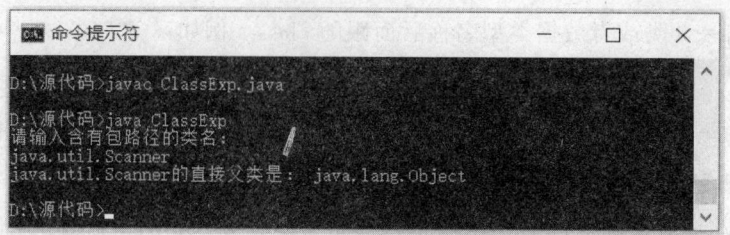

图 7-2-4　程序 ClassExp 的运行效果

思考与练习 7-2

1. 填空题

（1）_____也称类派生，是指一个类可以继承其他类的所有内容，包括_____和_____。被继承的类称为_____，继承后产生的类称为_____。

（2）在子类的构造方法中，使用关键字_____可以调用其父类中的构造方法。

（3）_____是指一个程序中同名的不同方法共存的情况。

（4）Class 类没有_____，不能使用 new 关键字创建对象。在所有类中，从 Object 继承来的_____方法都会返回一个 Class 类型对象。

2. 操作题

（1）仿照【案例 7.4】，给 Shape 父类再添加一个 Line 子类，用来代表所有的线段。要求该子类具有不同与其他子类的实例方法和实例变量。

（2）仔细阅读下面的应用程序 People，写出其 Person 类程序的内容。

```java
public class People{
  public static void main(String args[]){
    Person p1,p2;
    p1=new Person("小李",100);
    p2=new Person("小王",80);
    if(p1.getWeight()>p2.getWeight())
      System.out.println(p1.getName()+"比"+p2.getName()+"重。");
    p2.lostWeight(10);
    System.out.println(p1);
    System.out.println(p2);
  }
}
```

（3）描述下面 setSize()方法的效果。

```java
public void setSize(int newSize){
  if(newSize>0)
    size=newSize;
  else
    size=-newSize;
}
```

（4）假设下面应用程序中使用的类及其变量和方法都已经存在，写出程序的运行结果。

```java
public class Ex1{
```

```java
public static void main(String args[]){
  Rectangle r1,r2;
  r1=new Rectangle(50,40,10,90);
  r2=new Rectangle(50,30,20,20);
  r2=r1;
  System.out.println("第一个"+r1);
  System.out.println("第二个"+r2);
  if(r1==r2)
    System.out.println("r1 与 r2 参考相等");
  else
    System.out.println("r1 与 r2 参考不相等");
  }
}
```

（5）写出下面程序的运行结果。

```java
public class A{
  public int a1=25;
  private int a2=35;
  public int getA2(){return a1+a2;}
}
public class B extends A{
  public int b1=-10;
  private int b2=-20;
  public int getB2(){
    b2=super.getA2();
    return b2;
  }
}
public class Ex2{
  public static void main(String arg[])
  {
    B b=new B();
    int i=b.a1-b.getA2();
    System.out.print(i+" "+b.getB2());
  }
}
```

7.3　包和访问控制符

Java 语言中的包（package）是把一些相关的类、接口放在一起的组织结构，它是一个相对独立的软件单元，可以简单地理解为放置这些类和接口的文件夹。Java 语言的访问控制符为程序提供了更好的安全性。

7.3.1　包

在 Java 语言中，包便于组织和管理程序设计中所开发的大量的类和接口。这些包的集合称为类库。包不具有任何特别的功能，只是用来存放一个或者多个类和接口的空间。

1．包的作用

不同的机构组织、不同的开发小组设计类时，类的命名可能会一样，当同时使用这些代码时，就出现了名字冲突。如果把这些类组织在不同的包中，通过不同的包名可以避免命名冲突的问题，因为即使两个类的名字相同，出现了名字冲突，只要它们所在的包不同，这些类的完全限定名就不同，从而避免名字冲突。可见，根据类之间的相互关系设计若干不同的包，再将类放到包中，可以避免大量类的重名冲突，扩大名字空间。使用包可以使类的管理更清晰、更有条理。包可以嵌套使用，一个包中可以再有多个包，就像一个文件夹内可以含有多个子文件夹一样。

包实际上是类和接口的集合，这也体现了 Java 面向对象的封装特性。利用包可以把常用的类或功能相似的类放在一个程序包中，就像文件放在文件夹中一样，使得类的管理更清晰、更条理。

包是一种松散的类的集合，一般不要求处于同一个包中的类有明确的相互关系，如继承关系等，但是由于同一包中的类在默认情况下可以互相访问，所以为了方便编程和管理，通常把需要在一起工作的类放在同一个包里。

2．声明和使用包

（1）声明包。Java 语言本身固有的类都是保存在各种包中的，例如，前面介绍过的 java.awt 和 java.applet 包。在未特别指定的情况下，Java 源程序属于默认包。默认包中所有的类都可以相互引用不是 private 修饰的变量或者方法。由于默认包是没有名字的，所以它不能被其他包中的类使用 import 语句导入，也就不能为其他的类所使用。为了解决这个问题，需要声明具有名字的包。声明包的格式为：

```
package 包名[.下一级包名[.…]];
```

其中，符号"."代表了目录分隔符，相当于 DOS 语句中的符号"\"。

声明包的语句必须放在整个源程序的第一行，而且前面不能有注释语句和空格。使用这个语句可以创建具有指定名字的包，并且当前程序中所有的类都属于这个包。

当在程序中声明包后，需要在 Windows 系统中创建相应的文件夹。在一般情况下，默认包对应保存程序的文件夹，也就是 DOS 中的当前工作目录。例如，在本书中，所有默认包中的程序都保存在"D:\源代码"文件夹中。如果是新创建的包，则需要在默认包所在的文件夹中，创建一个与包名称相同的子文件夹，用来存放这个包中所含有的类程序。例如：

```
package myPros;
public class Computer{…}
```

上面的语句表示程序 Computer 是 myPros 包中的一个类，需要创建一个名为 myPros 的文件夹，用来保存程序 Comuter。

如果在 package 语句的包名中含有符号"."，则需要按照包名分割的顺序，依次创建子文件夹中的子文件夹。例如：

```
package myPros.program;
```

上面的语句表示需要创建一个名为 myPros 的文件夹，然后在其中创建 program 子文件夹，而程序则要保存在 program 子文件夹中。

（2）导入包中的类。当需要应用某个包中的类时，需要先导入该包，导入语句的格式为：

```
import 包名.类名;
```

其中，包名可以使用符号"."来表明包的层次，如果要从一个包中引入多个类，则可以用符号"*"来代替类名。例如：

```
import java.awt.*;
```

因为符号"*"只能表示本层次包中的所有类，不包括其子层次包中的类，所以必须多次使用 import 语句导入所有需要的类。例如，经常需要用两条 import 语句来引入两个层次的类：

```
import java.awt.*;
import java.awt.event.*;
```

在编译 Java 程序时，系统会自动为程序导入 java.lang 包，因此不必用 import 语句导入其包含的所有类。

3. 系统包

Java 提供了大量的类，为方便管理和使用，分为若干程序包。这些包就是前面介绍过的 API，又称类库。API 是应用程序接口的英文名称 Application Program Interface 的缩写。所有 API 中的包都以 java 开头，以便区别用户自行创建的包。下面介绍 API 中一些常用的包。

（1）java.lang 包。java.lang 包是 Java 语言的核心类库，包含了运行 Java 程序必不可少的系统类。例如，各种普通数据类型的类、Math 类、String 类、System 类和 Pachage 类等。在所有这些类中，最主要的是 Object 类，它是所有其他类的父类。每个 Java 程序运行时，系统都会自动地引入 java.lang 包，所以这个包的加载是默认的。

（2）java.io 包。java.io 包是 Java 语言的标准输入/输出类库，包含了实现 Java 程序与操作系统、用户界面以及其他 Java 程序做数据交换所使用的类。例如，BufferedReader 类、BufferedWriter 类、FileInputStream 类和 FileOutputStream 类。

（3）java.until 包。java.until 包提供了 Java 语言中一些低级实用的类，使用它们可以更方便快捷地编程。例如，处理时间的 Date 类和 Timer 类，处理数组的 Arrays 类和 Vector 类。

（4）java.applet 包。java.applet 包是提供了用来创建 Applet 的必需类，它仅包含少量几个接口和一个非常有用的类：java.applet.Applet。该类用来与 Applet 中的组件进行交流。

（5）java.awt 包。java.awt 包是 Java 语言用来构建图形用户界面（GUI）的类库，它包括了所有创建用户界面所要使用的类，以及绘制图形和编辑图片所需要的类。使用 java.awt 包可以编写出美观、方便、标准化的应用程序界面。例如，Button 类、Label 类和 TextField 类等。

（6）java.awt.event 包。java.awt.event 包提供了用来控制不同类型的事件的类和接口，并使每个图形界面的组件本身可以拥有处理它上面事件的能力。例如，ActionListener 接口、ActionEvent 类等。

7.3.2　访问控制符

修饰符分为访问控制符和非访问控制符两大类。访问控制符用来声明类、方法或变量等是否可以被程序里的其他部分访问和调用，例如，前面介绍的 public 和 private。非访问控制符用来声明类、方法或变量等的特殊属性，例如，前面介绍的 final。

Java 语言规定的访问控制范围共有同一个类、同一个包、不同包的子类和不同包的非子类 4 种。

1. public 修饰符

public 修饰符又称公共访问控制符。类的修饰符一般为 public，这表示该类为公共类，可以被所有的其他类访问和使用。当然，这并不表明类中的变量和方法也都是公共的。不过只有在类为 public 的条件下，才可以声明其中的变量和方法为 public。

用 public 修饰的变量称为公共变量，它可以被其他所有的类调用。public 修饰符会造成安全性和数据封装性下降，所以，一般应减少 public 变量的使用，而改用访问方法来读取和写入变量数据。用 public 修饰的方法称为公共方法，它可以被其他所有的类调用。

访问控制符 public 的使用形式为：

```
public class 类名{…}
public 变量名;
public 方法名称(参数列表){…}
```

2. private 修饰符

private 修饰符又称私有访问控制符。使用 private 修饰的变量和方法，只可以被类本身访问和调用。同一个类的不同对象可以互相访问对方的 private 实例变量或者调用对方的 private 实例方法，这是因为访问控制符是在类级别上的，而不是对象级别上的。

此外，如果限定构造方法为 private，则其他类不能生成该类的一个对象实例。

访问控制符 private 的使用形式为：

```
private 变量名;
private 方法名称(参数列表){…}
```

3. protected 修饰符

protected 修饰符又称保护访问控制符。使用 protected 修饰的变量和方法，可以被同一个包中的其他类、类本身以及类的子类访问和调用。子类既可以是在同一个包中的类，也可以是在不同包中的类。

访问控制符 protected 的使用形式为：

```
protected 变量名;
protected 方法名称(参数列表){…}
```

4. friendly 修饰符

friendly 修饰符又称默认访问控制符。friendly 修饰符是 Java 语言默认的修饰符。当一个变量或者方法没有任何修饰符修饰时，系统默认其修饰符为 friendly。使用 friendly 修饰的变量和方法，可以被同一包中的其他类和类本身访问和调用。如果类没有修饰符，则表示该类只可以被同一包中的其他类访问和使用。

以上 4 种修饰符的访问权限如表 7-3-1 所示。

表 7-3-1　4 种修饰符的访问权限

修 饰 符	同一个类	同一个包	不同包的子类	不 同 包
public	允许	允许	允许	允许
protected	允许	允许	允许	不允许
friendly	允许	允许	不允许	不允许
private	允许	不允许	不允许	不允许

【案例 7.8】修饰符的作用

创建 4 个处于某些特定包中的类，然后显示前面介绍的 4 种修饰符的访问权限。这 4 个类的关系是：A1 类和 A2 类属于包 A，B1 类和 B2 类属于包 B，且 B1 类是 A1 类的子类。操作步骤如下：

（1）在"记事本"中，创建 A1 类，程序代码如下：

```
package A;
public class A1{
 public String var_Public="public  ";
 protected String var_Protected="protected  ";
 private String var_Private="private  ";
 String var_Friendly="friendly  ";
 public void access(){
   System.out.println("在同一个类中，可以访问下列修饰符修饰的变量: ");
   System.out.print(var_Public);
   System.out.print(var_Protected);
   System.out.print(var_Private);
   System.out.println(var_Friendly);
 }
}
```

（2）在 A1 类中，声明 4 个 String 类型的变量，分别用 public、protected、private 和默认修饰符修饰。当变量没有修饰符修饰时，Java 自动使用默认修饰符 friendly 来修饰。在 access() 方法中，因为这 4 个变量都可以在同一个类中被访问，所以能够输出这 4 个变量的内容。将该程序保存在 "D:\源代码\A" 文件夹中，命名为 A1.java。

（3）在"记事本"中，创建 A2 类，程序代码如下：

```
package A;
public class A2{
  public void access(){
    A1 a1=new A1();
    System.out.println("在同一个包中，可以访问下列修饰符修饰的变量: ");
    System.out.print(a1.var_Public);
    System.out.print(a1.var_Protected);
    //System.out.print(a1.var_Private);
    System.out.println(a1.var_Friendly);
  }
}
```

（4）在 A2 类的 access() 方法内，创建一个 A1 类的对象 a1。因为 A1 类和 A2 类在同一个包中，所以在 A2 类中可以通过对象 a1 访问 A1 类中除 private 变量外的其他三个变量。在 System.out.print(a1.var_private + "\t");语句前面添加符号//，表示该行为注释语句不需要编译和执行。如果取消符号//，则在编译该程序时会显示错误，这也表明 private 变量只能在同一类中被访问。将该程序保存在 "D:\源代码\A" 文件夹中，命名为 A2.java。

（5）在"记事本"中，创建 B1 类，程序代码如下：

```
package B;
import A.*;
public class B1 extends A1{
  public void access(){
    System.out.println("在不同包的子类中，可以访问下列修饰符修饰的变量: ");
```

```
      System.out.print(super.var_Public);
      System.out.println(super.var_Protected);
      //System.out.print(super.var_Private);
      //System.out.print(super.var_Friendly);
  }
}
```

（6）在 B1 类中，声明 B1 类继承 A1 类，为其子类。B1 类是 A1 类不在同一个包中的子类。因此，在 access()方法中，只可以通过关键字 super 访问 A1 类中的 public 变量和 protected 变量。将该程序保存在"D:\源代码\B"文件夹中，命名为 B1.java。

（7）在"记事本"中，创建 B2 类，程序代码如下：

```
package B;
import A.*;
public class B2{
  public void access(){
    A1 a1=new A1();
    System.out.println("在不同包的非子类中，可以访问下列修饰符修饰的变量：");
    System.out.println(a1.var_Public);
    //System.out.print(a1.var_Protected);
    //System.out.print(a1.var_Private);
    //System.out.println(a1.var_Friendly);
  }
}
```

（8）在 B2 类的 access()方法内，创建一个 A1 类的对象 a1。因为 A1 类和 B2 类是在不同包中的、没有继承关系的两个类，所以在 B2 类中只可以通过对象 a1 访问 A1 类中的 public 变量。将该程序保存在"D:\源代码\B"文件夹中，命名为 B2.java。

（9）编写程序 UseAB，应用上面 4 个类，显示各种修饰符的访问权限，程序代码如下：

```
import A.*;
import B.*;
public class UseAB{
  public static void main(String arg[]){
    A1 a1=new A1();
    A2 a2=new A2();
    B1 b1=new B1();
    B2 b2=new B2();
    a1.access();
    System.out.println();
    a2.access();
    System.out.println();
    b1.access();
    System.out.println();
    b2.access();
  }
}
```

（10）在上面的代码中，import A.*;语句和 import B.*;语句用来导入包 A 和包 B 中的所有类。在程序中，分别创建 A1、A2、B1 和 B2 类的对象 a1、a2、b1 和 b2。然后，分别通过这 4 个对象调用其类中的 access()方法，输出信息。将程序 UseAB.java 保存在"D:\源代码"文件夹中，程序运行结果如图 7-3-1 所示。

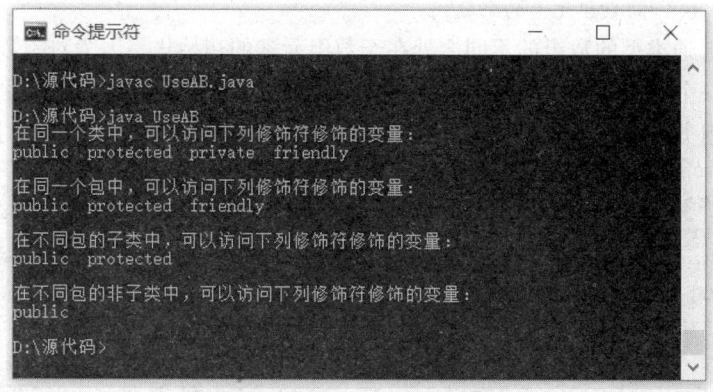

图 7-3-1　程序 UseAB 的运行结果

思考与练习 7-3

1. 填空题

（1）声明包的形式为_____；导入包的格式为_____。

（2）_____包是 Java 语言的标准输入/输出类库；_____包是提供了用来创建 Applet 的必需类。

（3）根据已有内容完成表 7-3-2。

表 7-3-2　修饰符的访问权限

修 饰 符	同一个类	同一个包	不同包的子类	不 同 包
	允许	允许	不允许	不允许
	允许	允许	允许	不允许
	允许	允许	允许	允许
	允许	不允许	不允许	不允许

2. 问答题

（1）写出下列系统包的作用：

　　java.lang 包、java.awt 包、java.io 包、java.applet 包。

（2）修饰符分为哪两大类？每类的作用各是什么？

7.4　对象数组和接口

在本节中将介绍对象数组和接口的概念，以及如何实现接口。

7.4.1　对象数组

对象数组的声明方法与普通类型的数组完全一样，其格式也有以下两种：

```
类名称 数组名[];
类名称[] 数组名;
```

创建对象数组的形式为：

数组名=new 类名称[数组元素的个数];

对象数组与普通类型的数组的不同之处在于数组元素的初始化。因为对象数组的每一个元素实际上就是类的一个对象，所以需要按照创建对象的方法来初始化数组元素，也就是说需要使用关键字 new 来调用类的构造方法。例如，下面的应用程序使用 Computer 类创建对象数组 comps[]。

```
public class Exp{
  public static void main(String args[]){
    Computer comps[];
    comps=new Computer[2];
    comps[0]=new Computer("日立","9300",200,true,9500);
    comps[1]=new Computer("神舟","E2160",160,false,3499);
  }
}
```

7.4.2　接口

Java 中的接口是用来组织程序中各个类的一种结构。更准确地说，接口是用来实现类间多重继承功能的结构。

1. 接口的概念

Java 语言中，一个子类只可以继承一个直接父类，这被称为单一继承。使用单一继承虽然各个类之间的层次关系清楚、可读性强，但是在处理一些复杂问题时，则会显得功能不够强大。因此，Java 语言提供了接口功能，来实现多重继承。接口是用来组织类内容的一种程序结构，一个类可以有多个接口。

人在交谈时只需要用嘴说话和用耳聆听，而不需要知道人体是如何具体实现这两个过程的。同样，在 Java 语言中，经常不需要了解某些对象的具体结构，只要知道如何使用即可。例如，在调用 int、Math 和 String 等类的方法时，并不需要知道它们的实现过程。

在 Java 语言中，一个对象的行为一般是与其具体的实现细节分开的。也就是说，在开发程序时，一方面，可以在不了解某个对象的具体实现细节的情况下，使用该对象；另一方面，可以在不知道对象将被如何应用的情况下，编写其功能的具体实现细节。这种对象行为与行为的具体实现细节分离的设计方法称为抽象。

抽象的数据结构只声明对象所支持的操作，而不具体描述这些操作是如何实现的。在 Java 语言中，使用接口来声明某个类所支持的操作。因此，在接口中，所有的方法均为抽象方法。接口声明的仅仅是实现某一特定功能的接口和其规范，而并没有真正实现这个功能。这个功能的真正实现是在应用这个接口的类中完成的，要由类来具体声明接口中各个抽象方法的语句体。

假设声明了一个 Computer 类代表计算机类，且该类的接口为 I/O 代表输入/输出。在 I/O 接口中有 input()和 output()两个抽象方法，分别表示输入和输出功能。那么任何实现该接口的类都必须支持其中的 input()和 output()方法，也就是说 Computer 类必须要有输入和输出的功能，类中必须要有具体描述这两个方法的语句体内容。

总的来说，Java 语言通过接口使得处于不同层次、互不相关的类可以具有相同的行为。而且接口可以弥补由于类的单一继承所产生的功能不足。这样既可以保留类的单一继承所带来的程序简洁和层次清晰等方面的长处，还可以再拥有多个接口提供的强大功能。

2. 接口在 Java 语言中的实现

（1）声明接口。要实现接口，首先要声明接口，其格式如下：

```
public interface 接口名{
  public static final 变量名=常量数据;
  public abstract 方法类型 方法名(参数列表);
}
```

其中，关键字 interface 是用来声明接口的，接口名要符合 Java 对标识符的规定，public 是接口的唯一访问控制修饰符。如果没有使用任何访问控制修饰符，则表示只有与该接口声明在同一个包中的类才可以访问这个接口。接口中的变量只能是常量形式的变量，方法也必须是抽象方法。因为接口中的方法均是使用修饰符 public 和关键字 abstract 修饰的，所以在书写时可以省略这两个单词。例如，在下面的接口程序中，声明了 2 个常量和 3 个抽象方法。

```
interface Print{
  int pageNum=10;
  String pageTitle="程序代码如下。"
  boolean isEmpty();
  void print(int i);
  void del(int i);
}
```

（2）实现接口。声明接口仅仅给出了抽象方法，如果要具体的实现接口所声明的方法，则需要某个类为接口中的每个抽象方法声明具体的操作来实现这个接口的功能。实现接口的格式为：

```
public class 类名 implements 接口名1,接口名2,…{
  语句体
}
```

其中，使用关键字 implements 来声明这个类的接口，一个类可以实现多个接口，使用逗号将它们分隔开。

如果实现某个接口的类不是使用关键字 abstract 修饰的抽象类，则在类中必须声明实现接口所有抽象方法的具体实例方法，并且该方法必须与接口中的方法声明完全一致，也就是说具有完全相同的参数个数和类型，以及方法的返回类型。

如果实现某个接口的类是使用关键字 abstract 修饰的抽象类，则它可以不实现该接口所有的方法。但是，在这个抽象类的任何一个非抽象子类中，必须具体声明其父类所实现的接口中的所有抽象方法。

因为接口的抽象方法的访问控制符均为 public，所以类在实现这些抽象方法时，必须使用 public 修饰符，否则系统将显示缩小了接口中声明的方法的访问控制范围的提示。

例如，下面的 Computer 类实现了 I/O 接口。

```
interface IO{
  String input();
  void output(String str);
}
public class Computer implements IO{
  private String msg;
  public String output(){
    System.out.println(msg);
```

```
  }
  public void input(String str){
    msg=str;
  }
}
```

在上面的程序中，Computer 类中的 output()方法和 input()方法必不可少，它们是 I/O 接口中同名方法的具体实现内容。

3. 抽象类和抽象方法

（1）声明抽象类。抽象类的意义与接口基本一样，都是为了更好地控制类的抽象结构。声明抽象类的形式为：

```
abstract class 类名{
  语句体
}
```

抽象类中的方法可以是实例方法，也可以是抽象方法。但是，如果一个类含有抽象方法，则此类必须为抽象类。如果一个类是抽象类的子类且不是抽象类，则该子类必须实现父类的所有抽象方法。

（2）抽象方法。抽象方法声明了一个抽象类的功能，但是没有给出该功能的具体实现过程。声明抽象方法的格式为：

```
abstract 方法类型 方法名(参数列表);
```

抽象方法不能使用修饰符 static 和 final 修饰。

例如，下面是一个应用抽象类和抽象方法的简单程序。

```
abstract class People{
  abstract String occupation();
  public void print(){
    System.out.println("每个人都具有职业");
  }
}
class Teacher extends People{
  public String occupation(){
    return "教师";
  }
}
public class Test{
  public static void main(String[] args){
    Teacher t=new Teacher();
    t.print();
    System.out.println("我的职业是" + t.occupation());
  }
}
```

在上面的程序中，People 类为一个抽象类，其代表抽象的人。每个人都会有其自己的职业，但是作为抽象的人不可能具体指出其专业，所以声明了一个抽象方法 occupation()。Teacher 类是 People 类的子类，其代表所有的老师。在其中可以通过具体描述 occupation()方法来指出该类人的职业。当然还可以声明一个 People 类的子类 Student 类，并在其中具体声明 occupation()方法来指出该类人的职业是学生。程序的运行结果如下：

每个人都具有职业

我的职业是教师

【案例 7.9】使用接口输出斐波那契数列前 20 位

编写程序，使用面向对象程序设计的思想，输出斐波那契数列前 20 位，操作步骤如下：

（1）在"记事本"中，编写 intArray 抽象类，程序代码如下：

```
abstract class intArray{
  abstract int shuLie(int i);
  public String toString(){
    return "数列: ";
  }
}
```

（2）在上面的代码中，声明了一个名为 intArray 的抽象类。该类是所有数据为 int 类型的数列的抽象集合。在 intArray 类中，声明了一个 shuLie()抽象方法，用来返回数列中的第 i 个数字。toString()方法用来返回"数列:"字符串。

（3）在"记事本"中，编写 ArrayControl 接口，程序代码如下：

```
public interface ArrayControl{
  public void add(int index);
  public boolean isFull(int index);
}
```

（4）ArrayControl 接口声明了控制数组必须具有的两个方法。add()抽象方法用来给数组元素赋值，isFull()抽象方法用来判断是不是数组的最后一个元素。

（5）在"记事本"中，编写 Fib 类，程序代码如下：

```
public class Fib extends intArray implements ArrayControl{
  private int[] numbers;      //保存斐波那契数列的数字
  private int size;           //数组的大小
  public Fib(int size){       //构造方法
    numbers=new int[size];
    this.size=size;
  }
  public void add(int index){  //重写 add()抽象方法，给 numbers 添加数字
    if(index==0||index==1)
      numbers[index]=1;
    else
      numbers[index]=numbers[index-2]+numbers[index-1];
  }
  /*重写 isFull()抽象方法，判断是否为数组的最后一个元素*/
  public boolean isFull(int i){
    if(i==size)
      return true;
    else
      return false;
  }
  public int shuLie(int i){ //重写接口中的 shuLie()方法，返回第 i 个元素的值
    return numbers[i];
  }
  public String toString(){ //输出整个数列
    String s="斐波那契"+super.toString();
```

```
     for(int i=0;i<size;i++)
       s=s+shuLie(i)+" ";
     return s;
   }
}
```

（6）Fib 类的父类是 intArray 类，接口是 ArrayControl。Fib 类有两个实例变量 numbers[]和 size，分别用来保存数组元素和数组元素的最大个数。Fib 类中的方法重新编写了父类 intArray 类和接口 ArrayControl 中声明的抽象方法，给出各个方法具体的语句体。在 add()方法中，根据 Fib 数列本身的声明来计算各个数组元素的值。在 toString()方法中，使用 super.toString()来调用 父类中的 toString()方法，并且覆盖了父类的 toString()方法。

（7）在"记事本"中，编写应用 Fib 类的程序 UseFib，程序代码如下：

```
import java.io.*;
public class UseFib{
  public static void main(String[] args){
    int size=20,i=0;
    Fib f=new Fib(size);
    while(!f.isFull(i)){
      f.add(i);
      i++;
    }
    System.out.println(f.toString());
  }
}
```

（8）将以上 4 个文件保存在"源代码"文件夹中，程序运行程序结果如图 7-4-1 所示。

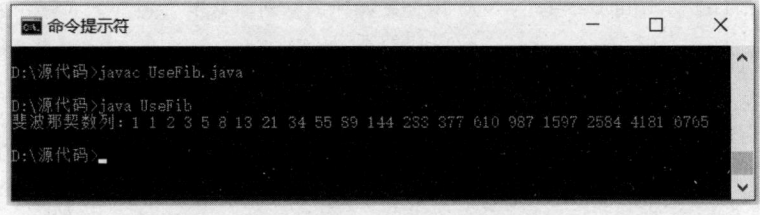

图 7-4-1 程序 UseFib 的运行结果

【案例 7.10】使用接口计算数列的和

编写程序使用面向对象程序设计的思想，计算数列 1、2、3、…、99、100 的和，操作步骤如下：

（1）在"记事本"中，编写 ArraySum 抽象类，程序代码如下：

```
abstract class ArraySum{
  abstract int sum();
  public String toString(){
    return "数列的总和为: " ;
  }
}
```

（2）在上面的代码中，声明了一个名为 ArraySum 的抽象类。该类是所有数据为 int 类型数列的和的抽象集合。在 ArraySum 类中，声明了一个 sum()抽象方法，用来返回数列的和。toString() 方法用来返回"数列的总和为:"字符串。

（3）在"记事本"中，编写 MyArray 类，程序代码如下：

```
public class MyArray extends ArraySum implements ArrayControl{
  private int[] numbers;
  private int Arraysize;
  public MyArray(int i){
    numbers=new int[i];
    Arraysize=i;
  }
  public void add(int num){
    numbers[num]=num;
  }
  public boolean isFull(int num){
    if(num==Arraysize)
      return true;
    else
      return false;
  }
  public int sum(){
    int sum=0;
    for(int i=0;i<Arraysize;i++)
      sum=sum+numbers[i];
    return sum;
  }
  public String toString(){
    String s=super.toString()+sum();
    return s;
  }
}
```

（4）MyArray 类的父类为 ArraySum 类，其接口为在上一个案例中创建的 ArrayControl。MyArray 类有两个实例变量 numbers[]和 Arraysize，分别用来保存数组元素和数组元素的最大个数。MyArray 类中的方法重新编写了父类 ArraySum 类和接口 ArrayControl 中声明的抽象方法，给出各个方法具体的语句体。在 add()方法中，将数字依次赋值给数组 numbers。在 sum()方法中计算数列的和。在 toString()方法中，使用 super.toString()来调用父类中的 toString()方法，并且覆盖了父类的 toString()方法。

（5）在"记事本"中，编写应用 MyArray 类的程序 UseMyArray，程序代码如下：

```
public class UseMyArray{
  final static int Arraysize=101;    //数组的大小
  static int num=0;    //保存数组元素的下标值
  public static void main(String[] arg){
    MyArray m=new MyArray(Arraysize);
    while(!m.isFull(num)){
      m.add(num);
      num++;
    }
    System.out.println(m.toString());
  }
}
```

（6）在上面的代码中，因为变量 num 是在 static 修饰的 main()方法中使用，所以其修饰符也必须是 static。while 循环语句用来给对象 m 中的数组 numbers 赋值。数组中每个元素的值就是其下标值。

（7）将以上三个文件保存在"源代码序"文件夹中，程序运行结果如图 7-4-2 所示。

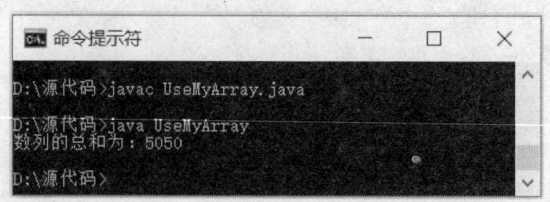

图 7-4-2　程序 UseMyArray 的运行结果

7.4.3　内部类

内部类（Inner Class）也叫嵌套类，是指在一个类中再声明另一个类。可以在类中或者类的方法中声明内部类并在该类内多次使用，也可以用 new 关键字声明匿名内部类并创建一个对象。内部类具有自己的变量和方法，可以通过建立内部类对象去调用其变量和方法。但是，内部类还有与普通类不同的地方：

（1）内部类的类名只能在他声明的类、代码段或表达式内部匿名使用，外部使用它时必须给出类的全名，而且内部类的类名不允许与包含它的类名相同。

（2）内部类可以使用它所在类的静态变量和实例变量，也可以使用它所在类的方法中的局部变量。

（3）内部类可以用 abstract 修饰符声明为抽象类，也可以用 private 和 protected 修饰。

（4）内部类可以作为其他类的成员，而且可以访问它所在类的成员。

（5）只能在 static 内部类中声明 static 变量和方法。一旦内部类声明为 static，就变成顶层类，不能再使用局部变量。

在程序设计中，有时候会存在一些使用接口很难解决的问题，这个时候就可以利用内部类提供的、可以继承多个具体的或者抽象的类的功能，来解决这些程序设计问题。可以说，接口只是解决了部分问题，而内部类使得多重继承的解决方案变得更加完整。我们将在 8.2 节介绍事件处理时详细介绍内部类的具体使用方法。

思考与练习 7-4

1. 填空题

（1）关键字_____是用来声明接口的；关键字_____是用来声明类的。使用关键字_____来声明某个类的接口。

（2）接口中的方法均是使用修饰符_____和关键字_____修饰。

（3）抽象方法不能使用修饰符_____和_____修饰。

（4）在一个类的内部嵌套声明的类称为_____。

2．操作题

（1）采用面向对象程序设计思想编写程序计算 $n!$，要求使用接口和抽象类。

（2）采用面向对象程序设计思想编写程序计算 $2+4+\dots+10$ 的和，要求使用接口和抽象类。

（3）参照 Cars 类和 Test 类写出 Bicycle 类的具体内容，并指出程序的运行结果。

```
abstract class Cars{
  abstract int wheels();
  public void print(){
    System.out.println("车都有轮子");
  }
}
class Bicycle extends Cars{
  …
}
public class Test{
  public static void main(String[] args){
    Bicycle b=new Bicycle();
    b.print();
    System.out.println("自行车的轮子有"+b.wheels());
  }
}
```

第8章 图形用户界面的实现

本章介绍 Java 基本的图形编程知识，包括窗口的显示、文字和图像的显示、创建容器、指定布局、事件处理以及图形用户界面中常用的组件等内容。

在 Java 语言中，图形用户界面是通过 java.awt 包或者 javax.swing 包中的类来实现的。java.awt 包一般简称 AWT，其含义是抽象窗口工具箱；java.swing 包一般简称 Swing，它是 Java 基础类库（Java Fundation Class，JFC）中的一员。

8.1 用 AWT 实现图形用户界面

图形用户界面（Graphics User Interface，GUI）使用图形的方式，借助菜单、按钮等标准界面元素和鼠标的操作，帮助用户方便地向计算机系统发出指令、执行操作，并将系统运行的结果同样以图形方式显示给用户。例如，用户可以在文本框内输入信息，再单击按钮，然后计算机系统根据用户输入的信息进行某种运算或者显示某些内容。

8.1.1 图形用户界面和 AWT 简介

1. 图形用户界面简介

图形用户界面是指包括文本框、标签、按钮、单选按钮、复选框、图片、菜单、对话框等组件的一个人机交流的界面。在该界面中，用户不需要记忆任何命令，通过单击、双击、拖动鼠标和简单的文字输入就可以轻松地操作计算机完成所有的任务。在 Java 语言中，可以自行设计程序的图形用户界面，使得程序运行效果更加直观、生动活泼。设计和实现图形用户界面的工作主要有以下三个方面。

（1）创建容器（container）和组件（component）：创建组成图形用户界面的各种元素。组件是图形用户界面的最小单位之一，它里面不再包含其他的元素，如按钮、文本框等。组件的作用是完成与用户的一次交互，包括接收用户的一个操作命令，接收用户的一个文本输入，向用户显示一段文本或者一个图形等。从某种程度上来说，组件是图形用户界面标准化的结果。组件不能单独显示出来，必须将组件放在一定的容器中才可以显示出来。容器本身也是一个组件，具有组件的所有性质，但它的主要功能是用于放置其他组件的容器。

（2）指定布局（layout）：通过布局管理器（LayoutManager）设置各个组件在容器中的相应位置和大小。

（3）响应事件（event）：定义当用户进行某些操作时，程序的执行情况，从而实现图形用户界面的人机交流功能。例如，当单击按钮、拖动鼠标或者在文本框中输入文字时，程序的反应。程序的反应结果一般也是通过图形用户界面显示出来。

2. AWT

Java 1.0 中出现了用于生成图形用户界面的包 java.awt，其含义是抽象窗口工具集，即 AWT（Abstract Window Toolkit）。它的设计目标是希望构建一个通用的 GUI，使得利用它编写的程序能够运行在所有的平台上。

AWT 提供了多种标准的 GUI 组件，如标签、文本框、按钮等，以及窗口、面板等容器。使用 AWT 的布局管理器，可以安排各个组件的位置。此外，还具有绘制几何图形、设定文字字体和颜色等功能。在 AWT 中，专门有一组类用于响应并处理外部事件。Java Applet 程序就是属于 AWT 中的一种图形用户界面实现方法。

8.1.2　常用容器

在 AWT 中，所有能在屏幕上显示的组件对应的类，均是抽象类 Component 的子类。这些类均可继承 Component 类的变量和方法。Container 抽象类也是 Component 的子类，因此，容器本身也是一个组件，它通过 add()方法将其他的组件加入其中。Container 类有两个子类：Panel 类和 Window 类。下面介绍最常用的两个容器：Frame 类和 Panel 类。

1. Frame 类（窗口）

Frame 类是 Window 类的子类，可以创建具有标题和可伸缩角的窗口。Frame 类的创建、设置和显示方法如下：

（1）创建 Frame 类对象的格式如下：

```
Frame 对象名 = new Frame( String title );
```

其中，参数 title 为窗口的标题，也可以省略。例如，下面的语句创建了一个 Frame 对象 fr，且其窗口的标题为 "欢迎学习 Java 语言"。

```
Frame fr = new Frame("欢迎学习 Java 语言");
```

（2）添加组件：所有的组件都可以通过 add()方法加入容器中，格式为：

```
容器对象名.add(组件对象名);
```

（3）常用方法。

setSize(w, h)方法：设置容器或者组件的大小，其中，w 表示宽度，h 表示高度。

setBounds(x,y,w,h)方法：不仅可以准确设置容器或者组件的大小，而且可以准确设置容器在屏幕中的位置或者组件在容器内的位置。其中，x 表示容器或者组件左上角的 x 轴坐标值，y 表示容器或者组件左上角的 y 轴坐标值，w 表示宽度，h 表示高度。

setBackground（颜色参数）方法：改变容器或者组件的背景颜色，默认值为白色。例如，下面的语句将背景颜色设置为蓝色。

```
fr.setBackground(Color.blue);
```

setTitle(String s)方法：设置窗口的标题。

（4）显示 Frame 窗口。

完成所有 Frame 的创建和设置后，需要执行显示 Frame 窗口的语句，才可以在屏幕上看到运行后程序图形用户界面的效果，其格式为：

```
Frame 对象名.setVisible(true);
```

【案例 8.1】Frame 窗口

编写程序 FrameDemo，创建一个最简单的不含任何组件的 Frame 窗口。操作步骤如下：

（1）在"记事本"中，输入如下程序代码。

```
import java.awt.*;                    //导入 awt 包，以便使用其中的类
public class FrameDemo{
  public static void main(String[] args){
    Frame fr = new Frame();          //创建容器 JFrame 的对象 fr
    fr.setBounds(200,200,500,200);   //设置窗口在屏幕中的显示位置及大小
    fr.setTitle("欢迎学习 Java 语言");  //设置窗口的标题
    fr.setBackground(Color.pink);    //设置窗口的背景色位粉色
    fr.setVisible(true);             //显示对象 fr
  }
}
```

（2）将上面的代码保存后，按照运行 Java Application 的方法输入命令运行程序，结果如图 8-1-1 所示。本案例只是生成了一个窗口，并不能响应用户的任何操作，即使单击窗口右上角的关闭按钮也不能关闭窗口，需要添加相应的代码才能够关闭窗口，我们将在后面介绍。现阶段可以在"命令提示符"窗口中，按【Ctrl+C】组合键来终止程序的运行。

图 8-1-1　Frame 窗口

注意：AWT 在实际的运行过程中是调用所在操作平台的图形系统，因此同样的 AWT 程序在不同的操作系统平台下运行的效果是不太一样的。例如，在 Windows 下运行是 Windows 风格的窗口，在 UNIX 下运行是 UNIX 风格的窗口。

2. Panel（面板）类

Panel 是一种透明的容器，既没有标题也没有边框。与 Frame 不同的是它不能作为最外层的容器单独存在，而是必须先作为一个组件添加到其他容器中，然后再作为容器把其他组件放到它的里面。Panel 的作用就是充分利用它既是组件又是容器的特点。创建 Panel 的方法有两种，格式为：

```
Panel 对象名 = new Panel();
Panel 对象名 = new Panel(LayoutManager);
```

如果使用第二种创建形式，则在创建 Panel 的同时，也设定了其布局方式。因为不是所有的布局管理器都可以作为 Panel 构造方法的参数，所以最好使用 setLayout()方法来改变布局方式。后面将详细介绍布局管理器。

【案例 8.2】彩色条纹窗体

编写程序 PanelDemo，在 Frame 窗口中加载 4 个颜色不同的 Panel 对象，操作步骤如下：

（1）在"记事本"中，输入如下程序代码。

```java
import java.awt.*;
public class PanelDemo{
  public static void main(String[] args){
    Frame fr = new Frame("彩色条纹窗体"); //创建窗口并设置标题
    fr.setBounds(200,200,450,280);        //设定其在屏幕中的显示位置及大小
    fr.setLayout(null);
    /*创建 4 个 Panel 容器*/
    Panel pa1 = new Panel();
    Panel pa2 = new Panel();
    Panel pa3 = new Panel();
    Panel pa4 = new Panel();
    pa1.setSize(450,40);                //设置对象pa1的大小宽450高40
    pa1.setBackground(Color.orange);    //设置对象pa1的背景颜色为橙色
    pa1.setLocation(0,80);              //设置对象pa1的在窗口中的位置
    pa2.setSize(450,40);
    pa2.setBackground(Color.green);     //设置对象pa2的背景颜色为绿色
    pa2.setLocation(0,120);
    pa3.setSize(450,40);
    pa3.setBackground(Color.red);       //设置对象pa3的背景颜色为红色
    pa3.setLocation(0,160);
    pa4.setSize(450,40);
    pa4.setBackground(Color.blue);      //设置对象pa4的背景颜色为蓝色
    pa4.setLocation(0,200);
    /*将 4 个 Panel 对象添加到窗口中*/
    fr.add(pa1);
    fr.add(pa2);
    fr.add(pa3);
    fr.add(pa4);
    fr.setVisible(true);
  }
}
```

（2）在上面的代码中，创建了 1 个 Frame 类对象 fr，4 个 Panel 类对象。fr.setLayout(null);语句表示 fr 对象不使用任何布局管理器，用 setLocation(x,y)方法来自行设定 4 个 Panel 对象在窗口中的位置。参数 x 和 y 分别表示对象左上角的坐标值。程序 PanelDemo 的运行结果如图 8-1-2 所示。

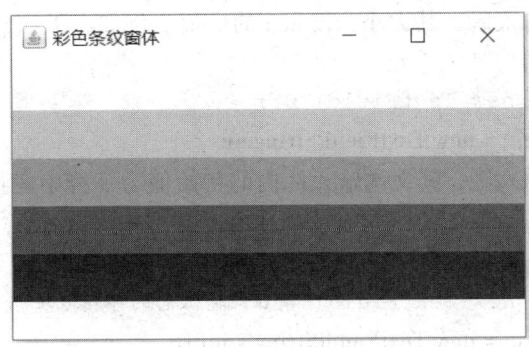

图 8-1-2　程序 PanelDemo 的运行结果

8.1.3　基本组件

Label 类、TextField 类和 Button 类都是 java.awt 包中的常用组件。在使用它们之前，必须使用 import java.awt.*;语句导入 java.awt 包。

1. Label 类

Label 类用来创建图形用户界面中的标签，其主要作用是显示文本信息。每一个标签只能单独显示一个只读的文本。

（1）创建 Label 类对象的方式有两种：

```
Label 变量名 = new Label();
```

表示创建一个标签，不显示任何信息。

```
Label 变量名 = new Label(String s);
```

表示创建一个标签，并显示字符串变量 s 的值，其大小根据字符串的长短来确定。例如，下面的语句表示创建一个标签，其中显示文字"欢迎学习 Java 语言"。

```
Label msg = new Label("欢迎学习 Java 语言");
```

（2）Label 类的常用实例方法有两个：setText(String s)方法和 getText()方法。

setText(String s)方法用来改变标签中字符串的内容。例如，下面的语句表示将标签 msg 的显示内容改为"感谢您的阅读，再见！"。

```
msg.setText("感谢您的阅读，再见！");
```

getText()方法用来获取标签中的字符串。一般要用一个字符串变量保存。例如，下面的语句表示将标签 msg 的显示内容保存到变量 str 中。

```
String str = msg.getText();
```

标签的内容只能由程序改变，不能接收用户输入的任何信息，所以一般不处理特定的事件。当然，标签还可以处理许多普通的事件，例如，mouse 事件等，将在后面详细介绍。

2. TextField 类

TextField 类用来创建图形用户界面中的单行文本输入区，创建 TextField 类对象的构造方式有 4 种：

（1）TextField 变量名 = new TextField();

表示创建一个文本输入区，其大小为默认值，一般是 1。

（2）TextField 变量名 = new TextField(int i);

表示创建一个文本输入区，其大小为变量 i 的数值。例如，下面的语句表示创建一个文本输入区 text，其大小为 10。

```
TextField text = new TextField(10);
```

（3）TextField 变量名 = new TextField(String s);

表示创建一个文本输入区，其文本输入区内的初始值为字符串变量 s 的值，其大小根据字符串的长短来确定。例如，下面的语句表示创建一个文本输入区 text，程序运行后文本框内显示"请在此输入您的邮箱地址"。

```
TextField text = new TextField("请在此输入您的邮箱地址");
```

（4）TextField 变量名 = new TextField(String s,int i);

表示创建一个文本输入区，其文本输入区内的初始值为字符串变量 s 的值，其大小为变量 i

的数值。例如，下面的语句表示创建一个文本输入区 text，程序运行后文本输入区内显示"请在此输入您的邮箱地址"，文本输入区的大小为 25。如果字符串的内容超出文本输入区的大小，则多出的部分不能显示出来。

```
TextField text = new TextField("请在此输入您的邮箱地址",25);
```

与 Label 类类似，TextField 类的常用实例方法也是 setText(String s)方法和 getText()方法。

3．Button 类

Button 类用来创建图形用户界面中的按钮，其通常用来触发某个事件。

（1）创建 Button 类对象的方式有两种：

```
Button 变量名 = new Button();
```

表示创建一个没有标签的按钮。

```
Button 变量名 = new Button(String s);
```

表示创建一个按钮，其标签为字符串变量 s 的值。例如，下面的语句表示声明一个按钮，其标签为"确定"。

```
Button btn = new Button("确定");
```

（2）Button 类的常用的实例方法有两个：setLabel(String s)方法和 getLabel()方法。

setLabel(String s)方法用来改变按钮标签的内容。例如，下面的语句表示将按钮 btn 的标签改为"取消"。

```
btn.setLabel("取消");
```

getLabel()方法用来获取按钮的标签。一般要用一个字符串变量保存。例如，下面的语句表示将按钮 btn 的标签保存到字符串类型变量 str 中。

```
String str=btn.getLabel();
```

8.1.4 布局管理器（LayoutManager）

在 Java 语言的图形用户界面设计中，容器和组件的布局管理是非常重要的一个环节。将一个组件加入容器中时，布局管理器决定了所加入的组件的大小和位置。而且布局管理器能自动设定容器中组件的大小和位置，当容器改变大小时，布局管理器能自动地改变其中组件的大小和位置。如果要使用布局管理器，则必须使用 import java.awt.*;语句将其导入程序中。不同的布局管理器使用不同算法和策略，容器可以通过选择不同的布局管理器来决定布局。下面介绍最常用的 5 种布局管理器。

1．FlowLayout 类

FlowLayout 是容器 Panel 和 Applet 默认使用的布局管理器，如果不专门为 Panel 或者 Applet 指定布局管理器，它们就使用 FlowLayout。

（1）FlowLayout 放置组件的方式：组件按照加载的先后顺序从左向右排列。一行排满之后就转到下一行继续从左至右排列。在组件不多时，使用这种策略非常方便，但是当容器内的组件增加时，就显得高低参差不齐。当容器的大小发生变化时，组件会随之发生变化，其规律是：组件大小不变，但是相对位置会按照 FlowLayout 布局的方式调整。

（2）FlowLayout 类的构造方法有三种：

```
public FlowLayout()
public FlowLayout(int align)
```

```
public FlowLayout(int align,int hGap,int vGap)
```

其中，参数 align 代表每一行组件的对齐方式，其值可以是 FlowLayout.CENTER、FlowLayout.RIGHT 和 FlowLayout.LEFT，它们分别表示居中对齐、右对齐和左对齐。当没有特别设定该参数时，FlowLayout 类默认使用居中对齐方式。参数 hGap 和 vGap 中的数值分别表示组件之间的水平间距和垂直间距。如果不特别设定这一对参数，则 FlowLay 类默认的间距值为 5 像素。

如果一个容器需要使用 FlowLayout 布局方式，则可以通过调用 setLayout()方法来实现，其格式为：

```
对象名.setLayout(new FlowLayout());
```

其中，setLayout()方法是所有容器的父类 Container 类的方法，所以任何一种容器都可以调用。因为很少使用 FlowLayout 类中的变量和方法，所以一般只使用关键字 new 调用其构造方法，而不用创建具体的对象。

【案例 8.3】演示 FlowLayout 布局管理器

程序 FlowLayoutDemo 创建了一个含有标签、单行文本输入区和按钮的窗口，其采用 FlowLayout 来管理组件布局，效果如图 8-1-3 所示。

```java
import java.awt.*;
public class FlowLayoutDemo{
  public static void main(String[] args){
    Frame fr = new Frame("演示 FlowLayout");    //创建窗口并设置标题
    fr.setBounds(200,200,400,150);    //设定其在屏幕中的显示位置及大小
    fr.setLayout(new FlowLayout());  //使用 FlowLayout 布局管理
    /*创建 3 个组件*/
    Label msg = new Label("请输入姓名: ");
    TextField text = new TextField(10);
    Button btn = new Button("确   定");
    /*将 3 个组件对象添加到窗口中*/
    fr.add(msg);
    fr.add(text);
    fr.add(btn);
    fr.setVisible(true);
  }
}
```

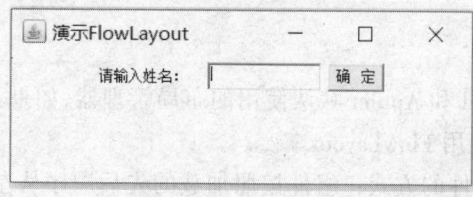

图 8-1-3　程序 FlowLayoutDemo 的运行结果

2．BorderLayout 类

BorderLayout 是容器 Frame 类、Window 类和 Dialog 类默认使用的布局管理器，如果不专门为它们指定布局管理器，则使用 BorderLayout。

（1）BorderLayout 放置组件的方式：把容器内的空间划分成上、下、左、右和中央 5 个显

示区域来放置组件，分别使用参数 NORTH、SOUTH、WEST、EAST 和 CENTER 来表示。如果四周某个区域没有组件，则区域中的其他组件可以占据它的空间；如果中央区域没有组件，则保持空白，图 8-1-4 和图 8-1-5 所示为两种效果。

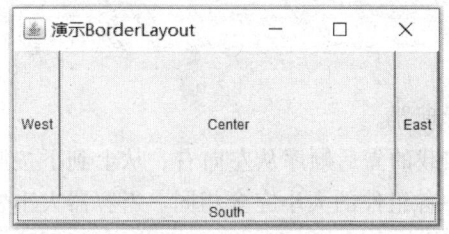
图 8-1-4　NORTH 区域缺少组件

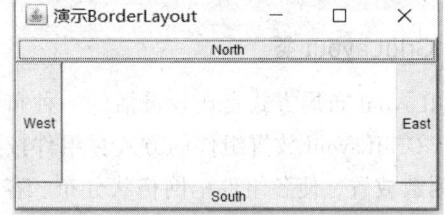
图 8-1-5　CENTER 区域缺少组件

　　容器大小发生变化时，用 BorderLayout 管理的组件会随之发生变化，其规律是：组件位置不变，大小会调整。容器变高则 North 和 South 区域不变，West、Center 和 East 区域变高；如果容器变宽了，West 和 East 区域不变，North、Center 和 South 区域变宽。

（2）BorderLayout 类的构造方法有两种：

```
public BorderLayout()
public BorderLayout(int hGap,int vGap)
```

其中，参数 hGap 和 vGap 中的数值分别表示组件之间的水平间距和垂直间距，单位是像素。如果不特别设定这一对参数，则组件之间没有间距。如果一个容器需要使用 BorderLayout 布局方式，则可以通过调用 setLayout()方法来实现，其格式为：

```
对象名.setLayout(new BorderLayout());
```

【案例 8.4】演示 BorderLayout 布局管理器

　　程序 BorderLayoutDemo 创建了一个含有 5 个按钮的窗口，其采用 BorderLayout 来管理组件布局，效果如图 8-1-6 所示。

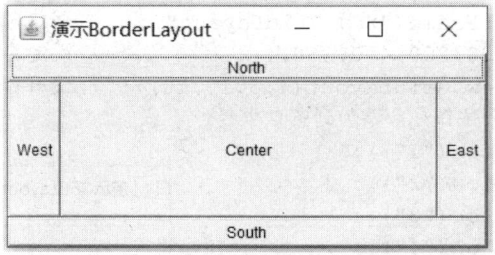
图 8-1-6　程序 BorderLayoutDemo 的运行结果

```
import java.awt.*;
public class BorderLayoutDemo{
  public static void main(String[] args){
    Frame fr = new Frame("演示 BorderLayout");    //创建窗口并设置标题
    fr.setBounds(200,200,400,200);         //设定其在屏幕中的显示位置及大小
    fr.setLayout(new BorderLayout());      //使用 BorderLayout 布局管理
    /*创建并添加 5 个按钮对象添加到窗口中*/
    fr.add(new Button("North"), BorderLayout.NORTH);
    fr.add(new Button("South"), BorderLayout.SOUTH);
    fr.add(new Button("East"), BorderLayout.EAST);
```

```
    fr.add(new Button("West"), BorderLayout.WEST);
    fr.add(new Button("Center"), BorderLayout.CENTER);
    fr.setVisible(true);
  }
}
```

3. GridLayout 类

GridLayout 布局方式是比较灵活的一种布局管理器。

（1）GridLayout 放置组件的方式：组件按照加载的先后顺序从左向右、从上到下按照设定的行、列数放置，使各组件呈网格状分布。容器中各组件的大小完全相同。当容器大小发生变化时，各组件还是平均占据容器空间。

（2）GridLayout 类的构造方法有三种：

```
public GridLayout()
public GridLayout(int rows,int columns)
public GridLayout(int rows,int columns,int hGap,int vGap)
```

其中，参数 rows 表示网格的行数，columns 表示网格的列数。如果不特别设定这一对参数，则默认行数和列数值均为 1。参数 hGap 和 vGap 中的数值分别表示组件之间的水平间距和垂直间距。如果不特别设定这一对参数，则组件之间没有间距。

如果一个容器需要使用 GridLayout 布局方式，则可以通过调用 setLayout()方法来实现，其形式为：

```
对象名.setLayout(new GridLayout());
```

【案例 8.5】演示 GridLayout 布局管理器

程序 GridLayoutDemo 创建了一个简单的手机键盘窗口，效果如图 8-1-7 所示。

```
import java.awt.*;
public class GridLayoutDemo{
  public static void main(String[] args){
    Frame fr = new Frame("演示 GridLayout");    //创建窗口并设置标题
    fr.setBounds(200,200,400,350);             //设定其在屏幕中的显示位置及大小
    fr.setLayout(new GridLayout(4,3,10,10));   //使用 GridLayout 布局管理
    /*创建并添加 12 个按钮对象添加到窗口中*/
    fr.add(new Button("1"));
    fr.add(new Button("2"));
    fr.add(new Button("3"));
    fr.add(new Button("4"));
    fr.add(new Button("5"));
    fr.add(new Button("6"));
    fr.add(new Button("7"));
    fr.add(new Button("8"));
    fr.add(new Button("9"));
    fr.add(new Button("*"));
    fr.add(new Button("0"));
    fr.add(new Button("#"));
    fr.setVisible(true);
  }
}
```

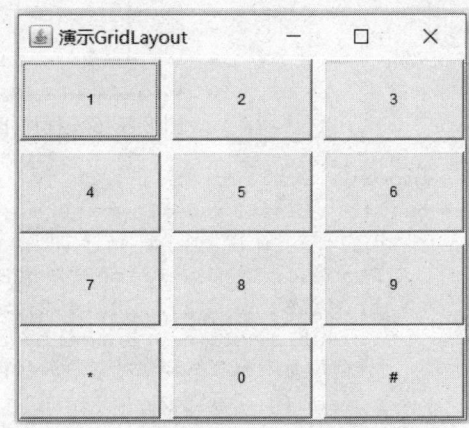

图 8-1-7　程序 GridLayoutDemo 的运行结果

4．CardLayout 类

CardLayout 类布局管理器能够让多个组件共享同一个显示空间。它把容器分成许多层，每层的显示空间占据整个容器的大小，但是每层只允许放置一个组件。可以每层都放置一个 Panel 类对象来实现复杂的用户界面。共享空间的组件之间的关系就像重叠在一起的一副扑克牌，初始时显示该空间中第一个组件，通过 CardLayout 类提供的方法可以切换该空间中显示的组件。

（1）CardLayout 类的构造方法有两种：

```
public CardLayout()
public CardLayout(int hGap,int vGap)
```

其中，参数 hGap 和 vGap 中的数值分别表示每层卡片之间的水平间距和垂直间距。如果不特别设定这一对参数，则卡片之间没有间距。

如果一个容器需要使用 CardLayout 布局方式，则可以通过调用 setLayout()方法来实现，其格式为：

```
对象名.setLayout(new CardLayout());
```

（2）CardLayout 类的常用方法：

first(Container parent)方法用来显示第一层卡片。

next(Container parent)方法用来显示下一层卡片，如果已经是最后一层则翻转到第一层。

last(Container parent)方法用来显示最后一层卡片。

show(Container parent, String name)方法用来显示参数 name 指定名称的卡片。

因为必须响应用户的操作才能演示 CardLayout 布局管理器，所以将在学习了事件处理后举例介绍 CardLayout 类。

5．自定义布局

实际上，还可以不使用任何一种布局管理器，自行设定每一个组件的位置和大小，其形式为：

```
容器对象名.setLayout(null);
组件对象名.setBounds(x,y,w,h);
```

其中，第一条语句用来设置布局管理器的值为 null，表示不使用任何一种布局管理器。第二条语句是调用 setBounds()方法自行设定该组件的位置和大小，其中，参数 x 和 y 分别为组件左上角的 x 轴和 y 轴坐标，参数 w 和 h 分别为组件的宽度值和高度值。

思考与练习 8-1

1．填空题

（1）设计和实现图形用户界面的工作主要有_____、_____和_____三个方面。

（2）图形用户界面的英文简称_____，包括_____和_____两大组成部分。在 Java 语言中可以通过_____包或者_____包中的类来实现图形用户界面。

（3）在 Java 语言中，_____类用来创建图形用户界面中的标签，_____类用来创建单行文本输入区，_____类用来创建按钮。

（4）Frame 类的默认布局管理器是_____。

（5）Panel 类的默认布局管理器是_____。

2. 操作题

（1）改写【案例 8.2】，绘制 4 个垂直彩色条纹。

（2）创建一个用户个人信息登录界面，可以输入用户的姓名、性别和年龄，并且具有"确定"和"取消"按钮。

8.2 事件处理机制

要让图形用户界面能够响应用户的操作做到人机互动，就必须给各个组件加上事件处理机制。本节将全面介绍 Java 语言的事件处理机制，包括各种事件类型及其处理方法。

8.2.1 事件

所谓事件，是指当用户进行了某项操作，比如按下鼠标或者键盘，系统通知程序去处理这个操作，并做出适当的响应，执行预设好的命令。用来处理事件的程序称为事件处理器（event handler）。

1. 授权事件处理模型

在 Java 语言中，每一种事件都有其对应的类，不同类型的事件采用不同的类进行处理，但是其处理的机制都是一样的，主要涉及以下三类对象。

（1）事件类（event）：用户对界面操作在 Java 语言上的描述，以类的形式出现。例如，键盘操作对应的事件类是 KeyEvent 类。

（2）事件源（event source）：事件发生的场所，通常是各个组件，例如，按钮。

（3）事件处理者（event handler）：接收事件对象并对其进行处理的对象。

由于同一个事件源上可能发生多种事件，因此在 Java 语言中，采用了授权事件处理模型（delegation model）。事件处理模型将事件源和对事件做出的具体处理分开，一般情况下，组件都不处理自己的事件，而是将在其自身所有可能发生的事件分别授权给不同的事件处理者来处理。例如，按钮对象上既可能发生鼠标单击事件也可能发生鼠标双击事件，该按钮对象同时授权给事件处理者 A 来处理单击事件，事件处理者 B 来处理失去焦点事件。有时也将事件处理者称为监听器，主要原因在于监听器时刻监听着事件源上所发生的事件类型，一旦该事件与自己负责处理的事件类型一致，立刻进行处理。事件的处理委托给外部的处理实体（监听器），这种事件处理模型就是事件的授权处理模型。不同的组件都会有相应的事件、事件处理者（事件监听器）及处理方法。

下面以 ActionEvent 类为例，简单介绍如何在程序中实现对事件的响应。当用户在单行文本输入区中输入所需内容后按【Enter】键时，或者当用户单击按钮时，会产生一个 ActionEvent 类的事件。

【案例 8.6】响应用户操作

编写程序 EventDemo，运行后用户首先在文本框中输入内容，然后按【Enter】键或者单击"确定"按钮，均会在标签中显示"内容已经被保存！"的字样。

```
import java.awt.*;        //导入 awt 包，以便使用其中的类
import java.awt.event.*;  //导入 java.awt.event 包中的所有类
```

```
public class EventDemo implements ActionListener{
  Frame fr;
  Label msg;
  TextField txt;
  Button btn;
  public static void main(String[] args){
    EventDemo ed = new EventDemo();
    ed.createFrame();
  }
  /*创建图形用户界面并设置需要监听的对象*/
  public void createFrame(){
    fr = new Frame("事件处理实例");
    msg = new Label("请输入需要保存的信息");
    TextField txt = new TextField(20);
    btn = new Button("确定");
    fr.setBounds(200,200,350,150);
    fr.setLayout(new FlowLayout());
    /*注册监听器进行授权。该方法的参数是事件处理者对象
      要处理的事件类型可以从方法名中看出。例如，本方法
      授权处理的是 ActionEvent 事件*/
    txt.addActionListener(this);
    btn.addActionListener(this);
    fr.add(txt);
    fr.add(btn);
    fr.add(msg);
    fr.setVisible(true);
  }
  /*事件处理方法*/
  public void actionPerformed(ActionEvent e){
    msg.setText("内容已经被保存！");
  }
}
```

在上面的代码中，最前面使用 import java.awt.event.*;语句导入 java.awt.event 包中的所有类。给程序的主类添加 ActionListener 接口作为 ActionEvent 事件的处理者。程序只对被监听的组件（单行文本输入区和按钮）所产生的事件做出响应，没有被监听的组件（标签）所产生的事件将不会被处理。在 actionPerformed(ActionEvent e)方法中系统产生的 ActionEvent 类对象 e 被作为参数传递给该方法，方法内编写具体处理该事件的命令，做出响应。

图 8-2-1（a）为程序起始状态，图 8-2-1（b）为输入内容并按【Enter】键或者单击"确定"按钮后的效果。

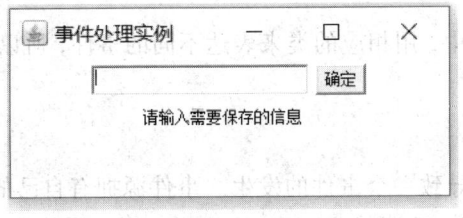

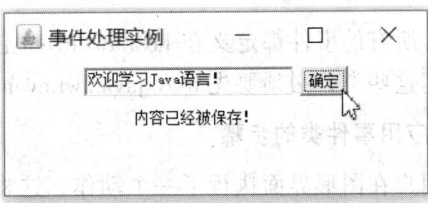

（a）程序起始状态　　　　　　　　　　　　（b）进行操作后的效果

图 8-2-1　程序 EventDemo 的运行效果

2．事件类的关系

在 Java 语言中，java.util.EventObject 类是所有事件对象的基础父类，所有事件都是由它派生出来的。EventObject 类继承于 java.lang.Object 类，并实现了串行化接口。通过 getSource()方法可以获得事件源对象。

与 AWT 有关的所有事件类都由 java.awt.AWTEvent 类派生，它也是 EventObject 类的子类。这些 AWT 事件分为两大类：低级事件和高级事件。

（1）低级事件：是指基于容器和组件的事件，当容器开关或者组件上发生事件，例如鼠标进入离开、拖放等。下面的类都是低级事件。

ComponentEvent（组件事件）类：组件尺寸的变化、移动、显示和隐藏。

ContainerEvent（容器事件）类：容器中组件增加和删除。

WindowEvent（窗口事件）类：窗口的关闭、打开、图标化、激活等。

FocusEvent（焦点事件）类：焦点的获得和丢失。

KeyEvent（键盘事件）类：键按下、松开和键盘输入。

MouseEvent（鼠标事件）类：鼠标点击和移动。

（2）高级（语义）事件：是指基于语义的事件，它可以不和特定的动作相关联，而依赖于触发此事件的类。下面的类都是高级事件。

ActionEvent（动作事件）类：按钮按下，TextField 中按【Enter】键。

AdjustmentEvent（调节事件）类：在滚动条上移动滑块以调节数值。

ItemEvent（项目事件）类：选择项目。

TextEvent（文本事件）类：文本对象改变。

Java 语言中的主要事件类以及它们之间的继承关系如图 8-2-2 所示。

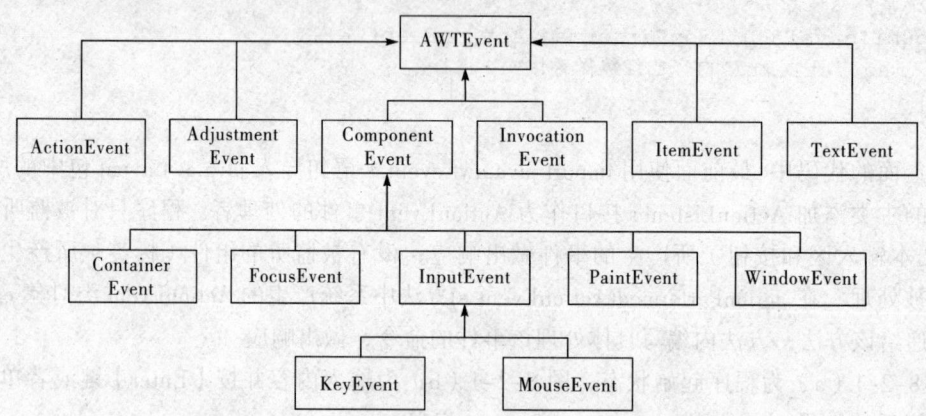

图 8-2-2　Java 语言中的主要事件类及继承关系

Java 所有的事件都定义在 java.awt.event 包中，用相应的类来表达不同的事件，所以要在程序中使用这些类，必须要先导入 java.awt.event。

3．应用事件类的步骤

当用户在图形界面执行了一个动作，这将导致一个事件的发生。事件源拥有自己的方法，可以通过它向其注册事件监听器。事件监听器是一个类的实例，这个类实现了一个特殊的接口，称为 Listener。当事件源产生了一个事件以后，就会发送通知给相应的事件监听器，监听器对象根据事件对象内封装的信息，决定如何响应这个事件。

所有的组件都从 Component 类中继承了将事件处理授权给监听器的方法：

`addXXXListener(ListenerType listener);`

将监听器事件处理授权给注销的方法是：

`removeXXXListener(ListenerType listener);`

其中，XXX 代表事件类型。

一般来说，要应用某个事件类需要以下 4 个步骤：

（1）使用 import java.awt.event.*;语句导入 java.awt.event 包中的所有类。

（2）给程序的主类添加对应的接口，也就是在声明主类时，添加 implements XXXListener。如果需要声明多个接口，则接口之间要用逗号隔开。

（3）将需要响应的窗口、容器或者组件注册，形式如下：

`对象名.addXXXListener(this);`

（4）重新编写接口中抽象方法的具体内容。不需要使用的方法也必须重写，其方法体中没有语句。

4．AWT 事件及其相应的监听器接口

表 8-2-1 列出了 AWT 事件和相应的监听器接口，以及接口中的方法。一共 10 类事件，11 个接口。

表 8-2-1　AWT 事件及其相应的监听器接口

事件类名称	接口名称	接口内的方法
ActionEvent	ActionListener	actionPerformed(ActionEvent)
ItemEvent	ItemListener	itemStateChanged(ItemEvent)
MouseEvent	MouseMotionListener	mouseDragged(MouseEvent)
		mouseMoved(MouseEvent)
	MouseListener	mousePressed(MouseEvent)
		mouseReleased(MouseEvent)
		mouseEntered(MouseEvent)
		mouseExited(MouseEvent)
		mouseClicked(MouseEvent)
KeyEvent	KeyListener	keyPressed(KeyEvent)
		keyReleased(KeyEvent)
		keyTyped(KeyEvent)
FocusEvent	FocusListener	focusGained(FocusEvent)
		focusLost(FocusEvent)
AdjustmentEvent	AdjustmentListener	adjustmentValueChanged(AdjustmentEvent)
ComponentEvent	ComponentListener	componentMoved(ComponentEvent)
		componentHidden(ComponentEvent)
		componentResized(ComponentEvent)
		componentShown(ComponentEvent)

续表

事件类名称	接口名称	接口内的方法
WindowEvent	WindowListener	windowClosing(WindowEvent)
		windowOpened(WindowEvent)
		windowIconified(WindowEvent)
		windowDeiconified(WindowEvent)
		windowClosed(WindowEvent)
		windowActivated(WindowEvent)
		windowDeactivated(WindowEvent)
ContainerEvent	ContainerListener	componentAdded(ContainerEvent)
TextEvent	TextListener	textValueChanged(TextEvent)

【案例 8.7】演示 CardLayout 类

编写程序 CardLayoutDemo，创建一个含有三层界面的容器，每层有一个按钮，单击按钮可以切换到下一层界面，单击窗口右上角的"关闭"按钮可以关闭界面退出程序。效果如图 8-2-3 所示。

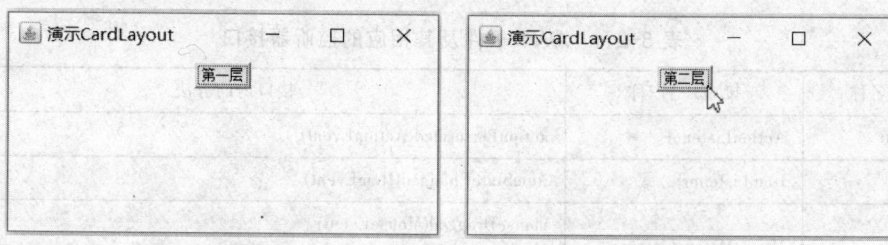

（a）程序起始画面　　　　　　　　（b）单击"第一层"按钮后的效果

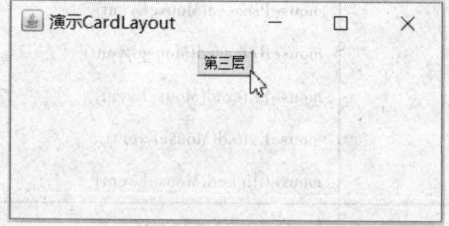

（c）单击"第二层"按钮后的效果

图 8-2-3　程序 CardLayoutDemo 的运行结果

```
import java.awt.*;
import java.awt.event.*;  //导入java.awt.event包中的所有类
public class CardLayoutDemo implements ActionListener, WindowListener{
  Frame fr;
  CardLayout cl = new CardLayout();
  Panel p1,p2,p3;
  Button btn1,btn2,btn3;
  public static void main(String[] args){
    CardLayoutDemo cd = new CardLayoutDemo();
```

```
    cd.createFrame();
}
/*创建图形用户界面并设置需要监听的对象*/
public void createFrame(){
    fr = new Frame("演示 CardLayout");      //创建窗口并设置标题
    fr.setBounds(200,200,400,150);         //设定其在屏幕中的显示位置及大小
    fr.setLayout(cl);                      //使用 CardLayout 布局管理
    p1 = new Panel();
    p2 = new Panel();
    p3 = new Panel();
    btn1 = new Button("第一层");
    btn2 = new Button("第二层");
    btn3 = new Button("第三层");
    btn1.addActionListener(this);
    p1.add(btn1);
    fr.add(p1);
    btn2.addActionListener(this);
    p2.add(btn2);
    fr.add(p2);
    btn3.addActionListener(this);
    p3.add(btn3);
    fr.add(p3);
    fr.addWindowListener(this);    //监听窗口 fr 的 WindowEvent 类事件
    fr.setVisible(true);
}
public void actionPerformed(ActionEvent e){
    cl.next(fr);
}
public void windowActivated(WindowEvent e){}
public void windowDeactivated(WindowEvent e){}
public void windowClosed(WindowEvent e){}
public void windowClosing(WindowEvent e){    //处理关闭窗口事件
    System.exit(0);    //退出程序
}
public void windowIconified(WindowEvent e){}
public void windowDeiconified(WindowEvent e){}
public void windowOpened(WindowEvent e){}
}
```

在上面的代码中，给程序的主类添加 ActionListener 接口和 WindowListener 接口分别作为 ActionEvent 事件和 WindowEvent 事件的处理者。虽然只有关闭窗口的事件被处理，但是 WindowListener 接口内的其他方法也必须被重写不能省略。

【案例 8.8】求两个数的乘积

编写程序 Chengji，用户在两个单行文本输入区中分别输入被乘数和乘数，然后单击"计算"按钮，输出计算结果，如图 8-2-4 所示。

```
import java.awt.*;        //导入 awt 包，以便使用其中的类
import java.awt.event.*; //导入 java.awt.event 包中的所有类
public class Chengji implements ActionListener{
    Frame fr;
```

```
Label msg1,msg2,msg3;
TextField txt1,txt2;
Button btn;
int num1,num2;     //保存用户输入的两个数字
long sum;          //保存两数的乘积
public static void main(String[] args){
  Chengji c = new Chengji();
  c.createFrame();
}
/*创建图形用户界面并设置需要监听的对象*/
public void createFrame(){
  fr = new Frame("求两个数的乘积");
  msg1 = new Label("被乘数");
  msg2 = new Label("乘数");
  msg3 = new Label("请输入数字然后单击按钮");
  txt1 = new TextField(4);
  txt2 = new TextField(4);
  btn = new Button("计 算");
  fr.setBounds(200,200,350,150);
  fr.setLayout(new FlowLayout());
  btn.addActionListener(this);
  fr.add(msg1);
  fr.add(txt1);
  fr.add(msg2);
  fr.add(txt2);
  fr.add(msg3);
  fr.add(btn);
  fr.setVisible(true);
}
/*事件处理方法*/
public void actionPerformed(ActionEvent e){
  num1 = Integer.parseInt(txt1.getText());
  num2 = Integer.parseInt(txt2.getText());
  sum = num1*num2;   //计算乘积
  msg3.setText("两数的积是: "+ sum);
}
}
```

在上面的代码中，首先声明程序图形界面中所需的容器和组件对象，然后在createFrame()方法中将创建的组件对象添加到界面中。因为需要响应用户单击按钮的操作，所以需要监听按钮对象。最后在actionPerformed()方法中，响应用户单击按钮的操作，输出计算结果。

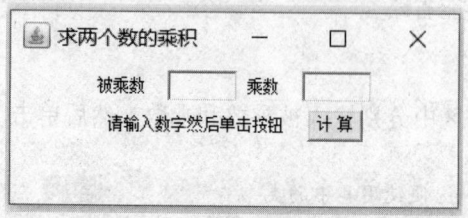
（a）程序起始画面

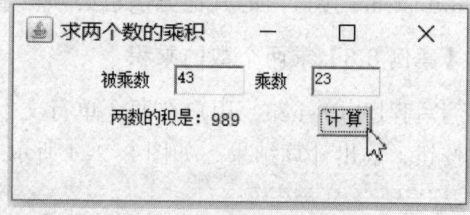
（b）计算两数的乘积

图 8-2-4　程序 Chengji 的运行效果

【案例 8.9】客户信息登记界面

编写程序 Kehu，客户在界面中输入个人信息，单击"提 交"按钮将显示"个人信息提交成功"，单击"重 填"按钮，则清空所有单行文本输入区，回到初始状况，如图 8-2-5 所示。

```java
import java.awt.*;              //导入 awt 包，以便使用其中的类
import java.awt.event.*;        //导入 java.awt.event 包中的所有类
public class Kehu implements ActionListener{
  Frame fr;
  Label msg1,msg2,msg3,msg4;
  TextField txt1,txt2,txt3;
  Button btn1,btn2;
  public static void main(String[] args){
    Kehu k = new Kehu();
    k.createFrame();
  }
  /*创建图形用户界面并设置需要监听的对象*/
  public void createFrame(){
    fr = new Frame("客户信息登记");
    msg1 = new Label("姓 名");
    msg2 = new Label("年 龄");
    msg3 = new Label("电 话");
    msg4 = new Label("请输入个人信息");
    txt1 = new TextField(4);
    txt2 = new TextField(4);
    txt3 = new TextField(8);
    btn1 = new Button("重 填");
    btn2 = new Button("提 交");
    fr.setBounds(200,200,400,180);
    fr.setLayout(new FlowLayout());
    btn1.addActionListener(this);
    btn2.addActionListener(this);
    fr.add(msg1);
    fr.add(txt1);
    fr.add(msg2);
    fr.add(txt2);
    fr.add(msg3);
    fr.add(txt3);
    fr.add(btn1);
    fr.add(btn2);
    fr.add(msg4);
    fr.setVisible(true);
  }
  /*事件处理方法*/
  public void actionPerformed(ActionEvent e){
    if(e.getSource() == btn1){ //如果单击了"重填"按钮
      txt1.setText(" ");
      txt2.setText(" ");
      txt3.setText(" ");
    }
    if(e.getSource() == btn2)    //如果单击了"提交"按钮
```

```
        msg4.setText("个人信息提交成功");
    }
}
```

在上面的 actionPerformed()方法中，表达式 e.getSource()通过对象 e 调用 getSource()方法，返回用户单击的组件对象。当界面中有多个可响应用户操作的组件对象时，需要使用表达式 e.getSource()来获取用户操作的组件对象，然后通过 if 语句判断用户到底操作了哪个对象并在 if 子语句体中进行相应的反应。

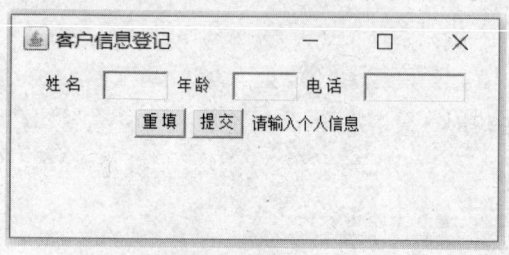
（a）程序起始画面

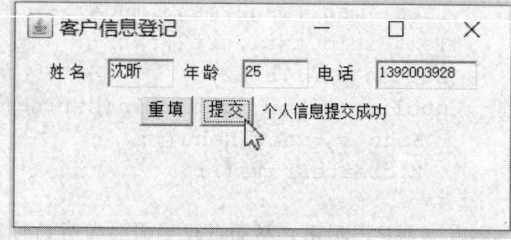
（b）填写并提交客户信息

图 8-2-5　程序 Kehu 的运行效果

8.2.2　键盘事件

当用户按下和松开键盘的按键时，所产生的事件称为键盘事件（KeyEvent 类）。键盘事件的监听者接口是 KeyListener。

1. KeyListener 接口中的方法

KeyEvent 类对应的 KeyListener 接口有三个抽象方法。

（1）public void keyPressed(KeyEvent e)方法：用来响应用户按下键盘按键的操作。

（2）public void keyReleased(KeyEvent e)方法：用来响应用户松开键盘按键的操作。

（3）public void keyTyped(KeyEvent e)方法：用来响应用户敲击键盘按键的操作。

在上面三种方法中，前两者对应按下和松开键盘中的任意一个按键，后者则只对应敲击键盘中具有统一码字符的按键。例如，如果需要响应用户按下【H】键时所产生的事件，则使用 keyTyped(KeyEvent e)方法；如果需要响应用户按下功能键或者在数字键盘上的按键，则使用 keyPressed(KeyEvent e)方法或者 keyReleased(KeyEvent e)方法。不论使用哪种方法来处理事件，都是通过对象调用 addKeyListener()方法来注册要监听的对象。

2. KeyEvent 类的方法

在 KeyEvent 类中两种最常用的方法如下：

（1）getKeyChar()方法：该方法返回用户所按按键对应的字符，返回值为 char 类型。例如，如果要确定用户是否按了【H】键，则可以使用下面的 if 语句表达式：

```
if(e.getKeyChar()=='H')
```

（2）getKeyCode()方法：该方法返回用户所按按键对应的数字编码，返回值为 int 类型。当用户所按按键对应的不是标准英文字母和数字时，一般使用该方法来确定按键。例如，上、下、左和右方向键的返回值分别为 KeyEvent.VK_UP、KeyEvent.VK_DOWN、KeyEvent.VK_LEFT 和 KeyEvent.VK_RIGHT。

3. 键盘焦点 (Keyboard Focus)

在使用 KeyEvent 之前，需要界面组件或者容器具有键盘焦点。所谓键盘焦点是指当前系统关注的组件，在同一时刻，有且只有一个组件是系统的焦点。组件可以通过被单击获得焦点，也可以通过按一次或者多次【Tab】键来获得焦点。此外，调用 requestFocus()方法可以使容器重新具有键盘焦点。例如，有两个单行文本输入区，如果用户输入字符时，第二个单行文本输入区中显示输入的内容，则此时键盘焦点为第二个单行文本输入区对象；当按【Tab】键将光标移动到第一个单行文本输入区后，继续输入字符，第一个单行文本输入区显示输入的内容，此时键盘焦点为第一个单行文本输入区对象。

【案例 8.10】使用键盘移动按钮

编写程序 Yidong，用户通过键盘上的方向键来移动界面中具有图案的按钮，程序运行效果如图 8-2-6 所示。

```java
import java.awt.*;            //导入 awt 包，以便使用其中的类
import java.awt.event.*;      //导入 java.awt.event 包中的所有类
public class Yidong implements KeyListener{
  Frame fr;
  Button btn;
  int X=100;                  //按钮左上角 X 轴坐标，起始位置为 100
  int Y=100;                  //按钮左上角 Y 轴坐标，起始位置为 100
  int width=30;               //按钮的宽度
  int height=30;              //按钮的高度
  final static int move=5;    //每次移动幅度
  public static void main(String[] args){
    Yidong y = new Yidong();
    y.createFrame();
  }
  /*创建图形用户界面并设置需要监听的对象*/
  public void createFrame(){
    fr = new Frame("会移动的按钮");
    btn=new Button("移动");
    btn.setBounds(X,Y,width,height);    //自定义按钮的位置和大小
    fr.setBounds(200,200,350,200);
    fr.setLayout(null);
    btn.addKeyListener(this);
    fr.add(btn);
    fr.setVisible(true);
  }
  /*处理方向键产生的事件*/
  public void keyPressed(KeyEvent e){
    if(e.getKeyCode()==KeyEvent.VK_UP)
      Y-=move;          //如果按向上方向键，则 Y 坐标值减 5
    else if(e.getKeyCode()==KeyEvent.VK_DOWN)
      Y+=move;          //如果按向下方向键，则 Y 坐标值加 5
    else if(e.getKeyCode()==KeyEvent.VK_LEFT)
      X-=move;          //如果按向左方向键，则 X 坐标值减 5
    else if(e.getKeyCode()==KeyEvent.VK_RIGHT)
      X+=move;          //如果按向右方向键，则 X 坐标值加 5
```

```
    btn.setBounds(X,Y,width,height); //重新设置按钮的位置
  }
  /*不可以省略下面的语句*/
  public void keyReleased(KeyEvent e){}
  public void keyTyped(KeyEvent e){}
}
```

在上面的代码中，虽然不处理 KeyReleased 事件和 KeyTyped 事件，但是必须包含 public void keyReleased(KeyEvent e){}和 public void keyTyped(KeyEvent e){}语句。这是因为 keyReleased()方法和 keyTyped()方法是 KeyListener 接口的两个抽象方法，所以不论是否需要处理这两个事件，都需要重写方法，只要重写后不添加任何语句体即可。

保存、编译并运行程序后，用户可以通过键盘上的方向键来移动界面中的按钮。图 8-2-6 所示为程序运行的效果。

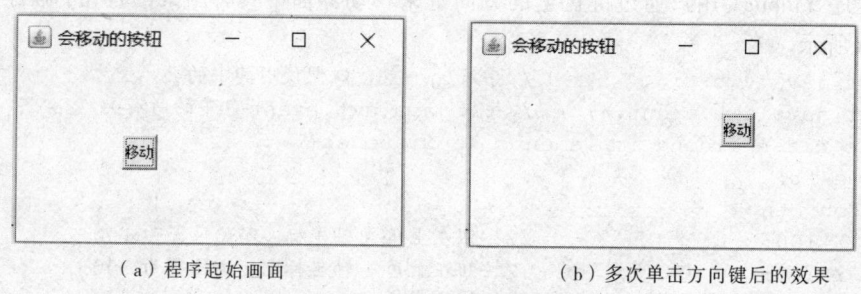

（a）程序起始画面 （b）多次单击方向键后的效果

图 8-2-6　程序 Yidong 的运行效果

8.2.3　鼠标事件

鼠标事件（MouseEvent 类）有两个监听器接口与之对应：一个是 MouseListener 接口；另一个是 MouseMotionListener 接口。在重写这两个接口的抽象方法时，都可以使用 MouseEvent 类中的方法。

1. MouseListener 接口中的方法

当用户进行鼠标单击、按下和松开的操作，以及鼠标指针进入和离开监听对象的操作时，可以使用 MouseListener 接口来监听这些操作，并对产生的事件进行处理。通过对象调用 addMouseListener()方法来注册要监听的对象。MouseListener 接口有如下 5 个方法。

（1）mouseClicked(MouseEvent e)方法：当用户在监听对象中单击鼠标时，会调用该方法，用来响应该操作。

（2）mouseEntered(MouseEvent e)方法：当用户移动鼠标指针进入监听对象显示范围时，会调用该方法，用来响应该操作。

（3）mouseExited(MouseEvent e)方法：当用户移动鼠标指针离开监听对象显示范围时，会调用该方法，用来响应该操作。

（4）mousePressed(MouseEvent e)方法：当用户在监听对象中按下鼠标按键时，会调用该方法，用来响应该操作。

（5）mouseReleased(MouseEvent e)方法：当用户在监听对象中松开鼠标按键时，会调用该方法，用来响应该操作。

2. MouseMotionListener 接口中的方法

当用户移动和拖动鼠标时，可以使用 MouseMotionListener 接口来监听这些操作，并对产生的事件进行处理。通过对象调用 addMouseMotionListener()方法来注册要监听的对象。MouseListener 接口有两个方法。

（1）mouseDragged(MouseEvent e)方法：当用户在监听对象中拖动鼠标时，会调用该方法，用来响应该操作。

（2）mouseMoved(MouseEvent e)方法：当用户在监听对象中移动鼠标时，会调用该方法，用来响应该操作。

3. MouseEvent 类中的方法

MouseEvent 类中有两个方法最为常用。

（1）getClickCount()方法：该方法的返回值为用户在很短的时间内连续单击鼠标按键的次数，返回值是 int 类型。例如，当用户双击鼠标按键时，其返回值为 2。这个方法主要用来确定用户是单击还是双击产生事件的对象，以便做出不同的处理方法。

（2）getX()和 getY()方法：这两个方法返回当事件发生时，鼠标指针的 x 轴位置和 y 轴位置，返回值是 int 类型。

8.2.4　事件适配器

我们在前面介绍过如果要实现相应的事件监听器接口，就必须实现其中的所有方法。有的接口中包含多个方法，如 WindowListener 接口，而程序往往只需要使用其个别方法，这时依然需要重写其他不需要的方法。Java 语言提供了适配器来改善这个问题。

1. EventAdapter

Java 语言为一些 Listener 接口提供了适配器（Adapter）类。可以通过继承事件所对应的 Adapter 类，重写需要的方法，对不相关的事件不需要重写方法。事件适配器提供了一个简单实现监听器的可能，从而缩短程序代码。但是，由于 Java 的单一继承原则，当需要多种监听器或此类已经继承父类时，就无法采用事件适配器了。

java.awt.event 包中定义的事件适配器类包括以下几种：

（1）ComponentAdapter：组件适配器。

（2）ContainerAdapter：容器适配器。

（3）FocusAdapter：焦点适配器。

（4）KeyAdapter：键盘适配器。

（5）MouseAdapter：鼠标适配器。

（6）MouseMotionAdapWindowAdapter：鼠标运动适配器。

（7）WindowAdapter：窗口适配器。

例如，【案例 8.7】中使用了 WindowListener 接口，虽然只需要实现关闭窗口事件，但是还是需要重写其他 6 个方法，非常烦琐。使用 WindowAdapter 适配器会则不需要再重写这 6 个方法，大大精简了程序代码。下面是改写的代码片段，其他内容保持不变，运行效果与原来的代码一样。

```
…
public class CardLayoutDemo extends WindowAdapter implements ActionListener,
WindowListener{
…
  public void actionPerformed(ActionEvent e){
    cl.next(fr);
  }
  public void windowClosing(WindowEvent e){    //处理关闭窗口事件
    System.exit(0);    //退出程序
  }
}
```

2. 用内部类实现事件处理

上一章介绍了内部类，它可以很好地解决需要多种监听器或此类已经继承父类时无法采用事件适配器的问题。内部类是声明于另一个类中的类。利用内部类可以声明多个内部类分别继承各自事件处理器类，使事件处理简便。每个内部类都能独立地继承一个事件适配器，所以无论外围类是否已经继承了某个类，对于内部类都没有影响。

以【案例 8.10】为例，如果想添加用户单击窗口"关闭"按钮可以关闭界面结束程序的功能，则需要在代码中添加 WindowListener 接口。在有两个接口的情况下，Yidong 类无法同时继承 KeyAdapter 和 WindowAdapter 来精简代码。改写程序使用内部类可以同时实现这两个适配器，代码如下：

```
import java.awt.*;            //导入 awt 包，以便使用其中的类
import java.awt.event.*;      //导入 java.awt.event 包中的所有类
public class InnerClassDemo{
  Frame fr;
  Button btn;
  int X=100;                  //按钮左上角 X 轴坐标，起始位置为 100
  int Y=100;                  //按钮左上角 Y 轴坐标，起始位置为 100
  int width=30;               //按钮的宽度
  int height=30;              //按钮的高度
  final static int move=5;    //每次移动幅度
  public static void main(String[] args){
    InnerClassDemo y = new InnerClassDemo();
    y.createFrame();
  }
  /*创建图形用户界面并设置需要监听的对象*/
  public void createFrame(){
    fr = new Frame("会移动的按钮");
    btn=new Button("移动");
    btn.setBounds(X,Y,width,height);    //自定义按钮的位置和大小
    fr.setBounds(200,200,350,200);
    fr.setLayout(null);
    btn.addKeyListener(new myKeyListener());        //参数为内部类对象
    fr.addWindowListener(new myWindowListener());   //参数为内部类对象
```

```
    fr.add(btn);
    fr.setVisible(true);
}
/*内部类myKeyListener 类继承了 KeyAdapter 类，用来处理键盘事件*/
class myKeyListener extends KeyAdapter{
  public void keyPressed(KeyEvent e){
    if(e.getKeyCode()==KeyEvent.VK_UP)
      Y-=move;        //如果按向上方向键，则 Y 坐标值减 5
    else if(e.getKeyCode()==KeyEvent.VK_DOWN)
      Y+=move;        //如果按向下方向键，则 Y 坐标值加 5
    else if(e.getKeyCode()==KeyEvent.VK_LEFT)
      X-=move;        //如果按向左方向键，则 X 坐标值减 5
    else if(e.getKeyCode()==KeyEvent.VK_RIGHT)
      X+=move;        //如果按向右方向键，则 X 坐标值加 5
    btn.setBounds(X,Y,width,height);  //重新设置按钮的位置
  }
}
/*内部类myWindowListener 类继承了 WindowAdapter 类，用来处理窗口事件*/
class myWindowListener extends WindowAdapter{
  public void windowClosing(WindowEvent e){
    System.exit(0);
  }
}
}
```

3．匿名类

当一个内部类的类声明只是在创建此类对象时用了一次，而且要产生的新类需继承于一个已有的父类或实现一个接口，才能考虑用匿名类。由于匿名类本身无名，因此它也就不存在构造方法，它需要显式地调用一个无参数的父类的构造方法，并且重写父类的方法。所谓的匿名，就是该类连名字都没有，只是显式地调用一个无参数的父类的构造方法。

例如，上面使用内部类处理 WindowListener 接口的代码，可以用匿名类来代替，代码如下：

```
fr.addWindowListener(new WindowAdapter(){
  public void windowClosing(WindowEvent e){
    System.exit(0);
  }
});
```

再如，在【案例 8.9】中，使用了 e.getSource()方法来判断用户单击了哪个按钮然后做出相应的处理。如果按钮比较多则代码会显得很烦琐。使用匿名类可以直接给每个被监听对象添加处理方法，简化代码提高可读性。用匿名类来代替的代码如下：

```
btn1.addActionListener(new ActionListener(){
  public void actionPerformed(ActionEvent e){
    txt1.setText(" ");
    txt2.setText(" ");
    txt3.setText(" ");
```

```
  }
});
btn2.addActionListener(new ActionListener(){
  public void actionPerformed(ActionEvent e){
    msg4.setText("个人信息提交成功");
  }
});
```

思考与练习 8-2

1．填空题

（1）＿＿＿＿＿是指当用户进行了某个操作后，系统通知程序去处理这个操作，并做出适当的响应。

（2）授权事件处理模型主要涉及＿＿＿＿＿、＿＿＿＿＿和＿＿＿＿＿。

（3）与 AWT 有关的所有事件类都有＿＿＿＿＿类派生，它也是＿＿＿＿＿类的子类。

（4）KeyEvent 类对应的接口为＿＿＿＿＿，它有三个抽象方法，分别为＿＿＿＿＿方法、＿＿＿＿＿方法和＿＿＿＿＿方法。

（5）Java 所有的事件都定义在＿＿＿＿＿包中，用相应的类来表达不同的事件，所以要在程序中使用这些类，必须要先导入该包。

（6）在 MouseMotionListener 接口中，mouseDragged()方法的事件对象是＿＿＿＿＿类。

（7）Java 语言为一些 Listener 接口提供了＿＿＿＿＿类。可以通过继承事件所对应的该类，重写需要的方法，对不相关的事件不需要重写方法。

2．操作题

（1）编写程序，可以通过键盘移动界面中的一个按钮。其中，按【W】键为向上移动，按【Z】键为向下移动，按【A】键为向左移动，按【S】键为向右移动。

（2）修改【案例 8.7】，分别用内部类和匿名类实现 ActionListener 接口和 WindowListener 接口。

（3）编写程序使用图形用户界面模拟彩票抽奖。用户输入 1～20 之间的一个数字，然后程序随机产生三个 1～20 之间不相同的数字，分别代表一等奖、二等奖和三等奖的获奖数字，最后进行比较，并输出用户是否中奖的信息。

（4）编写程序在 Frame 窗口中创建图形用户界面，用户在文本框中输入一串英文字母，单击"大写"按钮，则在标签中输出该串字母的大写形式，单击"小写"按钮则以小写形式输出。

（5）编写程序在 Frame 窗口中创建图形用户界面，用户在两个文本框中分别输入第一个数和第二个数，然后单击"加""减""乘""除"按钮，可以输出相应的计算结果。

8.3　更多 AWT 组件和绘图

本节进一步介绍更多 AWT 组件，使读者加深对 AWT 的理解，掌握如何用各种组件创建图形用户界面，设置颜色和字体，并能绘制简单的图形。

8.3.1　AWT 组件

除了前面介绍的三个 AWT 组件外，Java 还提供了许多 AWT 组件。

1．文本输入区（TextArea）

前面介绍的 TextField 类只能显示一行文本，如果需要显示多行文本可以使用 TextArea 类，其构造方法为：

```
TextArea(String text, int rows, int columns, int scrollbars)
```

其中，参数 text 设置文本区显示的文本，省略则为空文本输入区；参数 rows 设置行数；参数 colunms 设置列数；参数 scrollbars 设置水平或垂直滚动条可见性。

使用 append(String str) 方法将参数 str 的值追加到文本区的当前文本后面。

使用 setEditable(boolean b) 方法设置组件文本是否可以被编辑。参数 b 值为 true 时，文本可以被用户编辑；参数 b 值为 false 时，为只读状态用户无法更改文本。

2．复选框（Checkbox）和复选框组（CheckboxGroup）

复选框是一个可处于"开"（true）或"关"（false）状态的图形组件。单击复选框可将其状态从"开"更改为"关"，或从"关"更改为"开"，其构造方法为：

```
Checkbox(String label, CheckboxGroup group, boolean state)
```

其中，参数 label 设置其旁边文本标签的显示内容，省略则为空文本；参数 group 是 CheckboxGroup 类的对象，表示该复选框在其组中，省略则不在任何复选框组中；参数 state 设置初始状态，true 为选中，false 为未选中。

CheckboxGroup 类可以实现单选框功能：复选框组中最多只能有一个复选框被选中。

复选框用 ItemListener 来监听 ItemEvent 事件，当复选框状态改变时用 getStateChange() 方法获得当前状态。使用 getItem() 方法获得被修改复选框的字符串对象。

3．下拉式菜单（Choice）

下拉式菜单每次只能选择其中的一项，它能够节省显示空间，适用于选项数量较大时。下面的代码示例产生了一个含有三个选项的下拉式菜单：

```
Choice ColorChooser = new Choice();
ColorChooser.add("Green");
ColorChooser.add("Red");
ColorChooser.add("Blue");
```

Choice 类用 ItemListener 接口来监听。

4．列表框（List）

列表框中提供了多个文本选项，列表支持滚动条，可以浏览多项，其构造方法为：

```
List(int rows, boolean multipleMode)
```

其中，参数 rows 为列表框显示的行数，参数 multipleMode 用来设置是否允许多选。下面的代码示例产生了一个含有三个选项的列表框：

```
List lst = new List(3, false); //列表框有 3 行，不允许多选
lst.add("Mercury");
lst.add("Venus");
lst.add("Earth");
```

【案例 8.11】登记个人信息

编写程序 CompDemo，客户在界面中输入和选择个人信息，单击"提交"按钮将会在"命令提示符"窗口显示相应的个人信息，程序运行效果如图 8-3-1 所示。

```java
import java.awt.*;            //导入 awt 包, 以便使用其中的类
import java.awt.event.*;  //导入 java.awt.event 包中的所有类
public class CompDemo implements ActionListener{
  Frame fr;
  Label msg1,msg2,msg3,msg4;
  TextField txt;             //输入姓名
  Button btn;
  TextArea txta;
  Checkbox chb1,chb2;      //选择性别
  Choice ch;                 //选择学历
  List lst;                  //选择月收入
  String s = "男";
  public static void main(String[] args){
    CompDemo c = new CompDemo();
    c.createFrame();
  }
  /*创建图形用户界面并设置需要监听的对象*/
  public void createFrame(){
    fr = new Frame("登记个人信息");
    msg1 = new Label("姓  名");
    msg2 = new Label("性  别");
    msg3 = new Label("月收入");
    msg4 = new Label("学  历");
    txt = new TextField(4);
    btn = new Button("提 交");
    txta = new TextArea("在此输入备注信息", 6,50);
    CheckboxGroup cbg = new CheckboxGroup();
    chb1 = new Checkbox("男",cbg,true);
    chb2 = new Checkbox("女",cbg,false);
    ch = new Choice();
    ch.add("中学");
    ch.add("大学");
    ch.add("硕士");
    ch.add("博士");
    lst = new List(3, false); //列表框有 3 行, 不允许多选
    lst.add("5000元以下");
    lst.add("5000至10000元");
    lst.add("10000元以上");
    fr.setBounds(200,200,600,350);
    fr.setLayout(new FlowLayout(FlowLayout.LEFT,10,40));
    btn.addActionListener(this);
    chb1.addItemListener( new ItemListener(){
                    public void itemStateChanged(ItemEvent e){
                      if (e.getStateChange() == ItemEvent.SELECTED)
                        s = (String)e.getItem();
                    }
                });
```

```
chb2.addItemListener(new ItemListener(){
                public void itemStateChanged(ItemEvent e){
                    if (e.getStateChange() == ItemEvent.SELECTED)
                        s = "女";
                    }
                });
    fr.add(msg1);
    fr.add(txt);
    fr.add(msg2);
    fr.add(chb1);
    fr.add(chb2);
    fr.add(msg3);
    fr.add(lst);
    fr.add(msg4);
    fr.add(ch);
    fr.add(txta);
    fr.add(btn);
    fr.setVisible(true);
}
/*事件处理方法*/
public void actionPerformed(ActionEvent e){
    System.out.println(txt.getText()+" 的 性 别 是 "+s+" , 月 收 入
"+lst.getSelectedItem()+",学历是"+ch.getSelectedItem());
}
```

在上面的代码中，使用 ItemListener 来监听两个 Checkbox 类对象，使用 ActionListener 来监听 Button 类对象，图 8-3-1 所示为程序的运行效果。

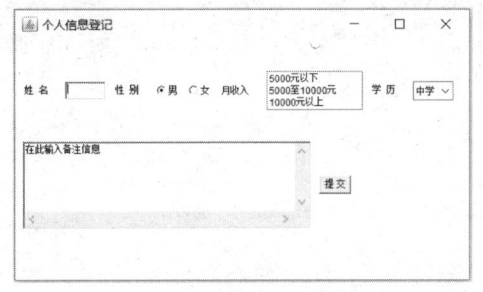 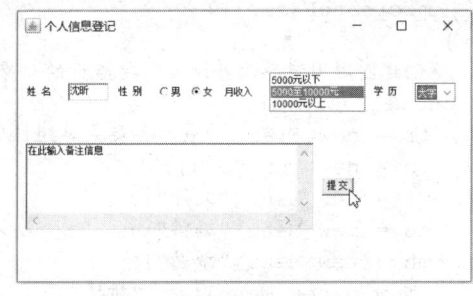

（a）程序起始画面　　　　　　　　　（b）用户输入和选择后的效果

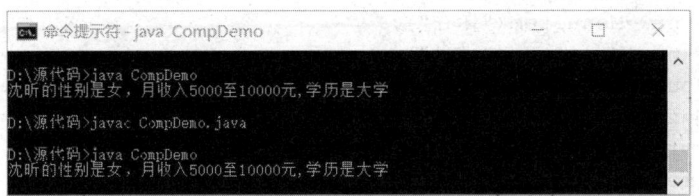

（c）用户单击"提交"按钮后"命令提示符"窗口输出的效果

图 8-3-1　程序 CompDemo 的运行效果

5. 画布（Canvas）

Canvas 组件表示容器上一个空白矩形区域，应用程序可以在该区域内绘图，或者从该区域

捕获用户的输入事件。程序必须继承 Canvas 类才能获得有用的功能，如创建一个自定义组件。如果想在画布上完成一些图形处理，则必须重写 Canvas 类的 paint()方法。Canvas 组件监听各种鼠标、键盘事件。当在 Canvas 组件中输入字符时，必须先调用 requestFocus()方法。我们将在下一节结合绘图功能来具体介绍 Canvas 的使用。

6. 对话框（Dialog）

它是 Window 类的子类。对话框和一般窗口的区别在于它依赖于其他窗口不能独立出现。对话框分为非模式（non-modal）和模式（modal）两种。

7. 文件对话框（Filedialog）

当用户想打开或存储文件时，可使用文件对话框进行操作。

【案例 8.12】菜单

编写程序 MenuDemo，在界面中创建一个含有三个主菜单的菜单，其中"文件"主菜单含有 4 个菜单命令，单击"退出"菜单命令可以关闭界面退出程序。程序运行效果如图 8-3-2 所示。

```java
import java.awt.*;           //导入 awt 包，以便使用其中的类
import java.awt.event.*; //导入 java.awt.event 包中的所有类
public class MenuDemo implements ActionListener{
  Frame fr;
  MenuBar mb;
  Menu mf, me,mh;
  MenuItem mNew, mOpen, mSave, mExit;
  public static void main(String[] args){
    MenuDemo m = new MenuDemo();
    m.createFrame();
  }
  /*创建图形用户界面并设置需要监听的对象*/
  public void createFrame(){
    fr = new Frame("展示各类菜单组件");
    mb = new MenuBar();
    mf = new Menu("文件");
    me = new Menu("编辑");
    mh = new Menu("帮助");
    mNew = new MenuItem("新建");
    mOpen = new MenuItem("打开");
    mSave = new MenuItem("保存");
    mExit = new MenuItem("退出");
    fr.setBounds(200,200,350,200);
    fr.setMenuBar(mb);
    mb.add(mf);
    mb.add(me);
    mb.add(mh);
    mf.add(mNew);
    mf.add(mOpen);
    mf.add(mSave);
    mf.addSeparator();
    mf.add(mExit);
    mExit.addActionListener(this);
```

```
    fr.setVisible(true);
  }
  /*事件处理方法*/
  public void actionPerformed(ActionEvent e){
    System.exit(0);
  }
}
```

在上面的代码中，MenuItem 组件 mExit 被 ActionListener 监听用来处理用户单击"退出"菜单命令的操作，图 8-3-2 所示为程序运行的效果。

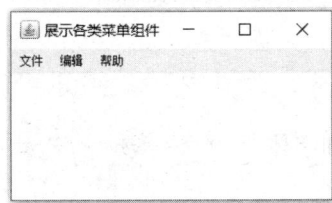

（a）程序起始画面

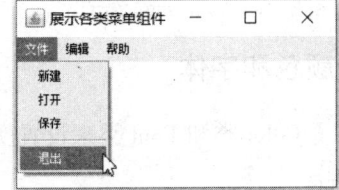

（b）单击"退出"菜单命令

图 8-3-2　程序 MenuDemo 的运行效果

8．组件与监听器的对应关系

表 8-3-1 中列出了各个组件与所有的监听器的对应关系，打上"●"表明该组件可以注册此种监听器。

表 8-3-1　组件与监听器的对应关系

组　件	监　听　器										
	Act	Adj	Cmp	Cnt	Foc	Item	Key	Mou	MM	Txt	Win
Button	●		●		●		●	●	●		
Canvas			●		●		●	●	●		
Checkbox			●		●	●	●	●	●		
CheckboxMenuItem						●					
Choice			●		●	●	●	●	●		
Component			●		●		●	●	●		
Container			●	●	●		●	●	●		
Dialog			●	●	●		●	●	●		●
Frame			●	●	●		●	●	●		●
Label			●		●		●	●	●		
List	●		●		●	●	●	●	●		
MenuItem	●										
Panel			●	●	●		●	●	●		
Scrollbar		●	●		●		●	●	●		
Scrollpane			●	●	●		●	●	●		
TextArea			●		●		●	●	●	●	

续表

组　件	监　听　器										
	Act	Adj	Cmp	Cnt	Foc	Item	Key	Mou	MM	Txt	Win
TextField	●		●		●		●	●	●	●	
Window			●	●	●		●	●	●		●

Act = ActionListener　　　　Adj = AdjustmentListener　　　Cmp = ComponentListener
Cnt = ContainerListener　　　Foc = FocusListener　　　　　Itm = ItemListener
Key = KeyListener　　　　　Mou = MouseListener　　　　　MM = MouseMotionListener
Txt = TextListener　　　　　Win = WindowListener

8.3.2　设置颜色和字体

AWT 提供了 Color 类和 Font 类来设置颜色和字体。

1. 设置颜色

绘图离不开颜色，用户可以设置窗口的背景颜色，也可以设置窗口中各种图形的颜色。创建颜色的方法有以下两种：

（1）使用三原色数值创建颜色。通过调配红、绿和蓝三原色的比例，用户自己创建所需的颜色，其格式为：

```
Color(int r,int g,int b)或Color(int r,int g,int b,int a)
```

其中，r、g 和 b 分别表示红、绿和蓝的含量，a 表示 alpha 值，所有参数的取值范围均为 0~255。例如，下面的语句表示创建一个颜色变量 c，其代表的颜色为黄色。

```
int r=255,g=255,b=0;
Color c=new Color(r,g,b);
```

（2）使用颜色常量创建颜色。在 Java 的 Color 类中定义了 13 种颜色常量，如表 8-3-2 所示。使用颜色常量的格式为：Color.颜色常量。

表 8-3-2　13 种颜色常量

颜　色　常　量	颜　　色	RGB 值
Color.black	黑色	0,0,0
Color.blue	蓝色	0,0,255
Color.green	绿色	0,255,0
Color.cyan	青色	0,255,255
Color.darkGray	深灰色	64,64,64
Color.gray	灰色	128,128,128
Color.lightGray	浅灰色	192,192,192
Color.red	红色	255,0,0
Color.magenta	深红色	255,0,255
Color.pink	粉红色	255,175,175
Color.orange	橘黄色	255,200, 0
Color.yellow	黄色	255,255,0
Color.white	白色	255,255,255

在系统中，默认的背景色为白色，默认的当前颜色为黑色。

改变组件背景色的语句格式为：组件对象名.setBackground(Color c);

改变组件前景色的语句格式为：组件对象名.setForeground(Color c);

例如：

```
Color c=new Color(255,0,255);        //创建洋红色
Fr.setBackground(c);                 //设置窗口背景色为洋红色
btn.setForeground(Color.red);        //设置按钮btn上的文字颜色为红色
btn.setBackground(Color.black);      //设置按钮btn背景色为黑色
```

改变窗口中图形颜色的语句格式为：g. setColor(Color c);

java.awt.SystmeColor 类中封装了系统的默认颜色。另外，在 java.awt.color 包中提供了 Java 2D API 颜色空间的一些高级应用。

2．设置文字字体

Java 使用 java.awt 包中的 Font 类和 FontMetrics 类来操作字体。同样，在 java.awt.font 包中提供了 Java 2D API 字体的一些高级应用。不同的系统环境提供了各种各样的字符集，字体没有实例变量。使用 Font 类可以设置文字的字体、字形和字号，其格式为：

```
Font(String name,int style,int size)
```

其中，参数 name 是字体的名称；style 代表字形，包括 Font.PLAIN（普通）、Font.BOLD（黑体）和 Font.ITALIC（斜体）三种；size 代表字体大小，单位是 point，一个 point 是 1/72 英寸。例如，下面的语句将设置一种字体为宋体、字形为黑斜体、字号为 50 的文字字体。

```
Font f=new Font("宋体",Font.BOLD+Font.ITALIC,50);
```

如果要改变当前默认文字的字体，应使用如下格式：

```
g.setFont(Font f);
```

其中，参数 f 为新创建的文字字体。例如：

```
Font f=new Font("楷体",Font.BOLD,40);
g.setFont(f);
```

在 Java 语言中，输出文字的方法有三种。

（1）字节输出方法，其格式为：

```
drawBytes(byte b[],int offset,int i,int x,int y);
```

（2）字符输出方法，其格式为：

```
drawChars(char c[],int offset,int i,int x,int y);
```

（3）字符串输出方法，其格式为：

```
drawString(String s,int x,int y);
```

其中，参数 x、y 代表输出字符的起始坐标位置，b[]是字节数组，c[]是字符数组，s 是要输出的字符串，offset 是数组的起始下标，i 是要绘制的元素个数。这三种方法都属于 Graphics 类，使用当前的颜色和字体来绘制字符。其中，drawString()是最常用的方法。

8.3.3　绘制图形

Graphics 类是 java.awt 包中的一个类，它包含很多绘制图形和显示编辑文字所需用的方法，例如，第 1 章 Applet 程序中的 drawString()方法。在使用 Graphics 类之前，必须先使用 import java.awt.*;语句导入 java.awt 包。

在界面中，其绘图坐标系统以左上角为坐标原点(0,0)，x 轴向右水平延伸，y 轴向下垂直延伸。所有坐标值均为正数，坐标以像素为单位。系统默认的绘图颜色是黑色，绘制任何图形时，都以当前系统颜色来绘图。绘图时，一定要注意每个方法使用的先后顺序，以免要显示的图形被覆盖。下面介绍基本文字编辑方法和图形绘制方法，这些方法只能在 paint(Graphics g)方法中使用。

1. 绘制线段

绘制直线的方法是 drawLine()，格式为：

```
drawLing(int x1,int y1,int x2,int y2)
```

其中，x1 和 y1 是起点的坐标，x2 和 y2 是终点的坐标。例如，下面的语句可以绘制三条线段，效果如图 8-3-3 所示。

```
g.drawLine(100,30,200,30 );        //画一条水平线段
g.drawLine(100,30,100,130 );       //画一条垂直线段
g.drawLine(100,30,200,130 );       //画一条斜线段
```

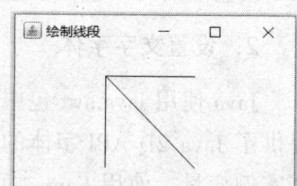

图 8-3-3　绘制三条线段

2. 绘制椭圆形

绘制椭圆形的方法有两种，分别介绍如下：

（1）drawOval()方法。drawOval()方法用来绘制一个椭圆形，格式为：

```
drawOval(int x,int y,int width,int height)
```

其中，x 和 y 是椭圆形外切矩形左上角的坐标，width 是椭圆形的宽度，height 是椭圆形的高度。

（2）fillOval()方法。fillOval()方法用来绘制一个椭圆形并在其内填充颜色，格式为：

```
fillOval(int x,int y,int width,int height)
```

其中，x 和 y 是椭圆形外切矩形左上角的坐标，width 是椭圆形的宽度，height 是椭圆形的高度。

例如，下面的语句可以绘制两个椭圆形，当参数 width 和参数 height 的值相等时，绘制出来的是圆形，效果如图 8-3-4 所示。

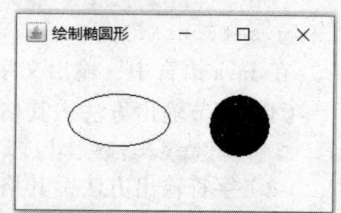

```
g.drawOval(50,40,100,50);        //绘制左边的椭圆形
g.fillOval(200,40,60,60);        //绘制右边的椭圆形
```

图 8-3-4　绘制两个椭圆形

3. 绘制矩形

绘制矩形的方法有三种，分别介绍如下：

（1）drawRect()方法。drawRect()方法用来绘制一个矩形，格式为：

```
drawRect(int x,int y,int width,int height)
```

其中，x 和 y 是矩形左上角顶点的坐标，width 是矩形的宽度，height 是矩形的高度。

（2）fillRect()方法。fillRect()方法用来绘制一个矩形并在其内填充颜色，格式为：

```
fillRect(int x,int y,int width,int height)
```

其中，x 和 y 是矩形左上角顶点的坐标，width 是矩形的宽度，height 是矩形的高度。

（3）clearRect()方法。clearRect()方法用来清除一个矩形区域，格式为：

```
clearRect(int x,int y,int width,int height)
```

其中,x 和 y 是矩形左上角顶点的坐标,width 是矩形的宽度,height 是矩形的高度。clearRect()
方法相当于使用 fillRect()方法,颜色为背景色,绘制一个矩形。

例如,下面的语句可以绘制两个矩形,当参数 width 和 height
数值相等时,绘制出来的图形是正方形,效果如图 8-3-5 所示。

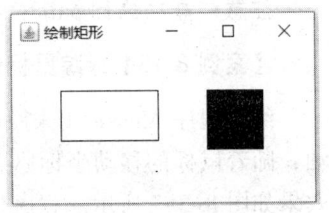

```
g.drawRect(50,40,100,50);    //绘制左边的矩形
g.fillRect(200,40,60,60);    //绘制右边的矩形
```

图 8-3-5　绘制两个矩形

4.绘制弧形曲线和扇形

(1)绘制弧形曲线。drawArc()方法用来绘制一个弧形,即
椭圆形的一部分,格式为:

```
drawArc(int x,int y,int width,int height,int startAngle,int arcAngle)
```

其中, x 和 y 是弧形所在椭圆形外切矩形左上角的坐标,width 是弧形的宽度,height 是弧
形的高度,startAngle 是弧形起始角度,arcAngle 是弧形旋转的角度。

(2)绘制扇形。fillArc()方法用来绘制一个扇形,其内的填充颜色为系统当前颜色,格
式为:

```
fillArc(int x,int y,int width,int height,int startAngle,int arcAngle)
```

其中, x 和 y 是扇形所在椭圆形外切矩形左上角的坐标,width 是扇形的宽度,height 是扇
形的高度,startAngle 是扇形起始角度,arcAngle 是扇形旋转的角度。

在以上两种方法中,起始角度 startAngle 的值为 0 时,表示钟表时针 3 点的位置。arcAngle
值为正数时,表示逆时针旋转的角度。arcAngle 值为负数时,表示顺时针旋转的角度。

例如,下面的语句分别使用上述方法绘制弧形曲线和扇形,当参数 arcAngle 的值为 360 时,
绘制出来的图形是椭圆形,效果如图 8-3-6 所示。

```
g.drawArc(10,30,70,100,0,75);      //绘制左边的弧线曲线
g.drawArc(120,30,120,70,0,360);    //绘制中间的弧线曲线
g.setColor(Color.red);             //改变当前颜色为红色
g.fillArc(250,30,200,160,150,-75); //绘制右边的扇形
```

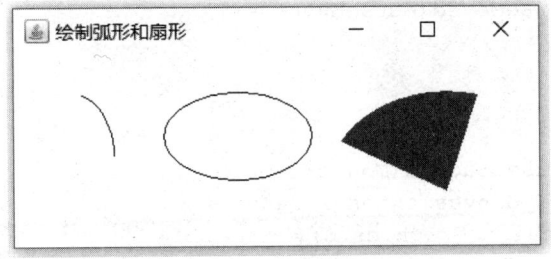

图 8-3-6　绘制弧形和扇形

5.repaint()方法

因为 Graphics 类中各种绘图方法只能在 paint()方法中使用,而且大多数方法需要使用参
数 g 来调用,所以要综合使用组件和 Graphics 类中的方法就必须解决如何调用 paint()方法的
问题。

在其他方法中调用 paint()方法可以通过使用 repaint()方法来实现。例如,在 actionPerformed()
方法中添加 repaint();语句。当程序执行到该语句时会自动跳到 paint()方法,并且开始执行 paint()

方法中的语句。执行完 paint()方法中的所有语句后，会自动返回 actionPerformed()方法中 repaint();
语句的下一行继续执行程序。

注意： 每次执行 paint()方法都是重新绘制图形，之前的所有图形都被覆盖。

【案例 8.13】跟踪鼠标的移动

编写程序 Mouse 用来跟踪鼠标的移动，程序运行后以鼠标所在坐标为原点绘制 X 轴和 Y
轴，随着鼠标的移动坐标原点、X 轴和 Y 轴也跟着变化，同时界面中会显示鼠标当前的坐标，
效果如图 8-3-7 所示。程序代码如下：

```java
import java.awt.*;          //导入 awt 包，以便使用其中的类
import java.awt.event.*;    //导入 java.awt.event 包中的所有类
public class Mouse implements MouseMotionListener{
  Frame fr;
  private MyCanvas can;
  private int mouseX;        //鼠标在界面中 X 轴坐标
  private int mouseY;        //鼠标在界面中 Y 轴坐标
  public static void main(String[] args){
    Mouse m = new Mouse();
    m.createFrame();
  }
  /*创建图形用户界面并设置需要监听的对象*/
  public void createFrame(){
    fr = new Frame("跟踪鼠标移动");
    can = new MyCanvas();
    fr.setLocationRelativeTo(null);   //设置窗口起始位置为屏幕的中心
    fr.setSize(400,300);              //设置窗口的大小
    fr.add(can);
    can.addMouseMotionListener(this);
    fr.setVisible(true);
  }
  public void mouseMoved(MouseEvent e){
    mouseX=e.getX();
    mouseY=e.getY();
    can.repaint();
  }
  public void mouseDragged(MouseEvent e){}
  private class MyCanvas extends Canvas{
    public void paint(Graphics g){
      g.drawString("("+mouseX+","+mouseY+")",mouseX,mouseY);
      g.setColor(Color.red);
      g.drawLine(mouseX,0,mouseX,300);
      g.drawLine(0,mouseY,400,mouseY);
    }
  }
}
```

在上面的代码中，Mouse 类实现了 MouseMotionListener 接口，用来监听和处理用户移动鼠标
所产生的事件。在窗口中创建了 Canvas 类组件用来绘制图形，并使用 addMouseMotionListener(this)
监听。当用户在 Canvas 类对象中移动鼠标时，会调用 mouseMoved()方法来处理事件。

在 mouseMoved(MouseEvent e)方法中，通过参数 e 分别调用 getX()和 getY()方法，其返回值为鼠标当前 x 轴的坐标值和 y 轴的坐标值。这两个坐标值均为鼠标在界面中的相对坐标，一旦鼠标指针移出界面，坐标值将不会再有变化，直到鼠标指针返回界面内。

can.repaint();语句用来调用 MyCanvas 类中的 paint()方法。MyCanvas 内部类继承了 Canvas 类，因此对象 can 具有 Canvas 类全部的功能。本案例中不需要处理用户拖动鼠标所产生的事件，但是必须重写 mouseDragged(MouseEvent e){}方法。

程序运行后的两个效果如图 8-3-7 所示。

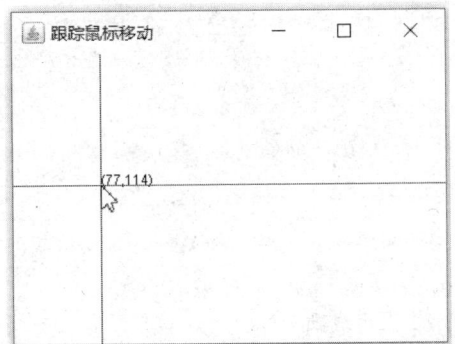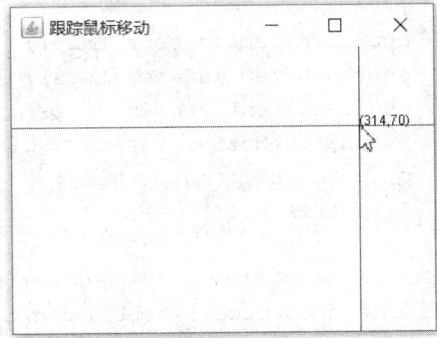

图 8-3-7　程序 Mouse 的运行效果

【案例 8.14】简易"画图"软件

编写程序 Huatu，模拟一个简易的"画图"软件，用户可以通过在界面中拖动鼠标绘制线段、椭圆形和矩形，界面中可以显示用户最近 10 次绘制的图形。程序代码如下：

```java
import java.awt.*;          //导入 awt 包，以便使用其中的类
import java.awt.event.*;    //导入 java.awt.event 包中的所有类
public class Huatu extends MouseAdapter implements ItemListener,
MouseListener, MouseMotionListener{
  Frame fr;
  private myPanel p;
  private int X1[]=new int[10];     //鼠标按下位置的 X 轴坐标
  private int Y1[]=new int[10];     //鼠标按下位置的 Y 轴坐标
  private int X2[]=new int[10];     //鼠标抬起位置的 X 轴坐标
  private int Y2[]=new int[10];     //鼠标抬起位置的 Y 轴坐标
  private int index[]=new int[10];  //图案的类型
  private int count=0;              //当前绘制图案的编号
  private int shape=1;              //当前选中的图案类型，1-线段（默认）
  private Checkbox chb1,chb2,chb3;  //图形选项
  public static void main(String[] args){
    Huatu h = new Huatu();
    h.createFrame();
  }
  /*创建图形用户界面并设置需要监听的对象*/
  public void createFrame(){
    fr = new Frame("简易"画图"软件");
    p = new myPanel();
```

```
    CheckboxGroup cbg = new CheckboxGroup();
    chb1 = new Checkbox("线  段",cbg,true);
    chb2 = new Checkbox("椭圆形",cbg,false);
    chb3 = new Checkbox("矩  形",cbg,false);
    p.add(chb1);
    p.add(chb2);
    p.add(chb3);
    fr.setLocationRelativeTo(null);  //设置窗口起始位置为屏幕的中心
    fr.setSize(400,300);                //设置窗口的大小
    fr.add(p);
    chb1.addItemListener(this);
    chb2.addItemListener(this);
    chb3.addItemListener(this);
    p.addMouseMotionListener(this);
    p.addMouseListener(this);
    fr.setVisible(true);
  }
 public void itemStateChanged(ItemEvent e){
    if(e.getSource()==chb1)shape=1;  //1表示线段
    if(e.getSource()==chb2)shape=2;  //2表示椭圆形
    if(e.getSource()==chb3)shape=3;  //3表示矩形
  }
/*保存鼠标按下的位置坐标，其用户选中的图形类型*/
 public void mousePressed(MouseEvent e){
    X1[count]=e.getX();
    Y1 [count]=e.getY();
    index[count]=shape;
  }
/*保存拖动鼠标过程中的位置坐标，并重新绘制图形*/
 public void mouseDragged(MouseEvent e){
    X2[count]=e.getX();
    Y2[count]=e.getY();
    p.repaint();
  }
  /*保存鼠标抬起的位置坐标，并设置count的值*/
 public void mouseReleased(MouseEvent e){
    X2[count]=e.getX();
    Y2[count]=e.getY();
    p.repaint();
  /*最多保留10个图案，第11个覆盖第1个，第12个覆盖第2个，依此类推*/
    if(count==9)
      count=0;
    else
      count++;
  }
private class myPanel extends Panel{
  public void paint(Graphics g){
```

```
    g.setColor(Color.blue);
    for(int i=0;i<=X1.length-1;i++){
      if(index[i]==1)
        g.drawLine(X1[i],Y1[i],X2[i],Y2[i]);
      if(index[i]==2)
        g.fillOval(Math.min(X1[i],X2[i]),Math.min(Y1[i],Y2[i]),
Math.abs(X2[i]-X1[i]),Math.abs(Y2[i]-Y1[i]));
      if(index[i]==3)
        g.fillRect(Math.min(X1[i],X2[i]),Math.min(Y1[i],Y2[i]),
Math.abs(X2[i]-X1[i]),Math.abs(Y2[i]-Y1[i]));
      }
    }
  }
}
```

在上面的代码中，使用了 Panel 类对象作为绘图的界面。数组 X1 和 Y1 保存用户每次按下鼠标时的坐标值，X2 和 Y2 保存用户每次拖动或松开鼠标时的坐标值，一共可以保存 10 个图案的坐标值。变量 count 用来保存当前图案的个数，当 count 的值为 9 时，重新设置为 0。变量 shape 用来保存用户当前选中的图案，1 表示线段，2 表示椭圆形，3 表示矩形。数组 index 用来保存每个图案的类型，也就是 shape 的值。程序运行后，用户单击相应的选项选择要绘制的图形（默认为直线），如图 8-3-8（a）所示为绘制的矩形。一共能显示 10 个最近绘制的图案，如图 8-3-8（b）所示。

（a）矩形　　　　　　　　　　　（b）10 个最近绘制的图案

图 8-3-8　程序 Huatu 的运行效果

思考与练习 8-3

1. 填空题

（1）在使用 Graphics 类之前，必须先使用_____语句导入_____包。

（2）在界面中，其绘图坐标系统以_____为坐标原点(0,0)，_____轴向右水平延伸，_____轴向下垂直延伸，坐标以_____为单位。

（3）系统默认的绘图颜色是_____，绘制任何图形时，都以_____颜色来绘图。

（4）在其他方法中调用 paint()方法可以通过使用_____语句来实现。

2．操作题

（1）编写程序在 Canvas 类对象中绘制一幅图画，要求包括线段、椭圆形、圆形、矩形、正方形，以及弧形和扇形。

（2）编写程序，用户在文本框中输入正方形的边长，然后单击"绘制"按钮，在窗口中的随机位置绘制一个填充颜色为蓝色边框的黑色正方形。

（3）编写程序，可以在界面中绘制一个由红色、橙色、黄色、绿色、青色、蓝色和紫色7种颜色组成的彩色扇形图案，如图 8-3-9 所示。

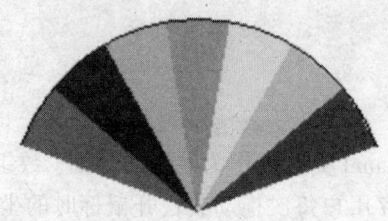

图 8-3-9　彩色扇形图案

8.4　用 Swing 实现图形用户界面

在 Java1.4 中，Sun 公司推出了新的用户界面开发包：Swing。相对 AWT 来说，Swing 功能更强大、使用更方便，它的出现使得 Java 的图形用户界面上了一个台阶。下面介绍如何用 Swing 来实现图形用户界面。

8.4.1　Swing 的简介

1．为什么使用 Swing

Swing 是可以替代 AWT 的图形界面类。Swing 是 AWT 的扩展，它提供了更强大和更灵活的组件集合。除了前面已经介绍的组件外，Swing 还包括许多新的组件，如选项板、滚动窗口、树、表格等。除此之外，Swing 对原有的 AWT 组件（如按钮）增加了新功能。例如，按钮的状态改变时，按钮的图标也会随之改变。

与 AWT 组件不同，Swing 组件实现了不包括任何与平台相关的代码。Swing 组件是纯 Java 代码，因此与平台无关。一般用轻量级（lightweight）这个术语描述这类组件。

实际上，AWT 提供给编程人员的只是抽象的窗体界面系统，而在其内部会针对每种操作系统，分别使用不同的方式来实现图形用户界面。使用这种方式虽然加快了 GUI 的实现速度，但是因为每种操作系统的组件大小、文字字体和界面布局都不同，所以会造成同一个程序在不同系统中的图形用户界面效果不同。例如，在 Mac 上设计的一个友好的程序图形用户界面，其效果如图 8-4-1（a）所示；将该程序在 PC 上运行得到的图形用户界面可能不尽如人意，其效果如图 8-4-1（b）所示。

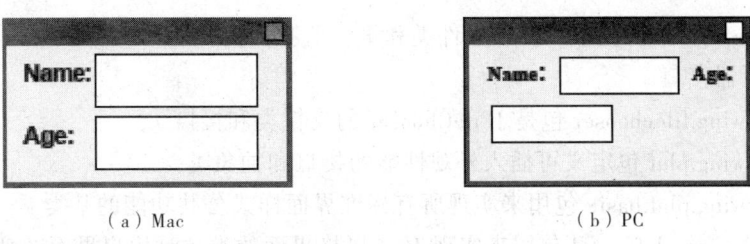

（a）Mac　　　　　　　　　　　　（b）PC

图 8-4-1　不同的 AWT 图形界面效果

为了解决 AWT 这个严重的缺陷，Sun 公司在 Java2（Java 1.4）以后的版本中增加了 javax.swing 包到 Java 的基础类库中（JFC—Java Fundation Class）。因此，在使用 Swing 组件时，要导入 javax.swing 包。

Swing 不仅包含了 AWT 中几乎所有的容器和组件，而且增加了很多新的容器和组件。因为 AWT 中的类已经使用了各个容器和组件的英文名称，所以 Swing 中的类需要在原有名称前加一个字母 J，以示区别。例如，与 AWT 中 Button 类具有同样功能的 Swing 中的类称为 JButton 类。Swing 中的所有组件都是"轻量级"的，很小巧；而顶层容器则是"重量级"的，支持"可插入外观和效果"（Look and Feel，简写为 L&F）。也就是说，用户界面的外观可以在不同的平台和不同的操作系统上被动态地改变以符合用户的期望。例如，图 8-4-2 展示了 4 种不同的用户界面外观。

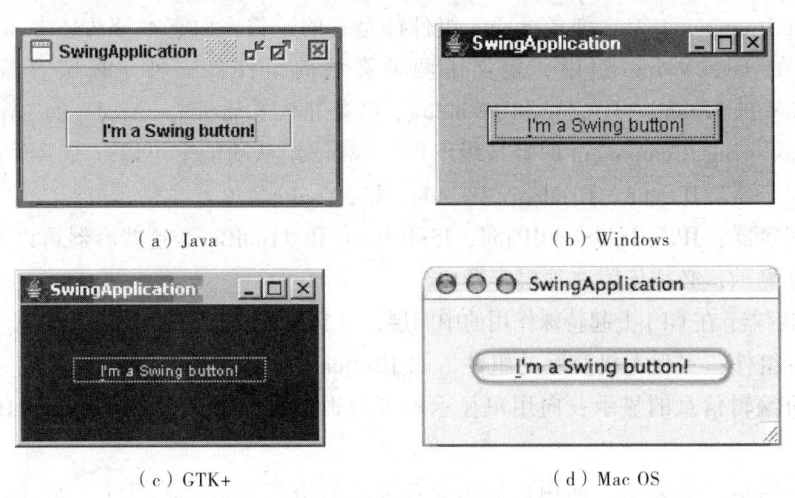

（a）Java　　　　　　　　　　　　（b）Windows

（c）GTK+　　　　　　　　　　　　（d）Mac OS

图 8-4-2　Swing 图形界面效果

2．Swing 的开发包

Swing 是 Java 基础类（Java Foundation Classes，JFC）的一部分，由许多包组成，介绍如下：

（1）java.swing.plaf.motif 包是用户界面代表类，用来实现 Motif 界面样式。

（2）java.swing.plaf.windows 包是用户界面代表类，用来实现 Windows 界面样式。

（3）javax.swing 包是 Swing 提供的最大的包，含有近 100 个类和几十个接口，绝大多数的 Swing 组件都在 swing 包中。

（4）javax.swing.border 包用来设置 Swing 轻量组件的边框。

（5）javax.swing.colorchooser 包是 JColorChooser 的支持类和接口。

（6）javax.swing.event 包中声明了事件类和事件监听器类，与 AWT 的 event 包类似，都包括事件类和监听器接口。

（7）javax.swing.filechooser 包是 JFileChooser 的支持类和接口。

（8）javax.swing.plaf 包定义可插入外观性能的接口和抽象类。

（9）javax.swing.plaf.basic 包用来实现所有标准界面样式公共功能的基类。

（10）javax.swing.plaf.metal 包用来实现 Java 风格界面的类，是用户界面的默认风格。

（11）javax.swing.plaf.multi 包用来实现多种界面风格的类。

（12）javax.swing.table 包中主要包括了 JTable 组件的支持类。

（13）javax.swing.text 包支持文档的显示和编辑。

（14）javax.swing.html 包支持显示和编辑 HTML 文档。

（15）javax.swing.html.parser 包是 HTML 文档的分析器。

（16）javax.swing.text.rtf 包支持显示和编辑 RTF 文件。

（17）javax.swing.tree 包是 JTree 组件的支持类。

（18）javax.swing.undo 包支持取消操作。

3．Swing 的类层次结构

就类的层次结构而言，Swing 组件都是 AWT 的 Container 类的直接子类或间接子类，尤其是 javax.swing.JComponet 类，许多 Swing 组件都是它的子类，而它本身又是 java.awt.Container 类的子类。在 javax.swing 包中，定义了两种类型的组件：一种是顶层容器包括继承了 java.awt.Window 的 JFrame、JDialog 和 JWindow，以及继承了 java.awt.Applet 的 JApplet；另一种是继承了 javax.swing.JComponent 的轻量级组件。Swing 组从功能上可以分为下面 6 种：

（1）顶层容器：JFrame、JDialog、JWindow 和 JApplet。

（2）中间容器：JPanel、JScrollPane、JSplitPane 和 JToolBar。这些容器可以充当载体，但是不可以独立显示，必须依附在顶层容器内。

（3）特殊容器：在 GUI 上起特殊作用的中间层，如 JInternalFrame、JLayeredPane、JRootPane 等。

（4）基本组件：实现人机交互的组件，如 JButton、JTextField、JComboBox、JMenu 等。

（5）不可编辑信息的显示：向用户显示不可编辑信息的组件，如 JLabel、JProgressBar、JToolTip 等。

（6）可编辑信息的显示：向用户显示能被编辑的格式化信息的组件，如 JColorChooser、JFileChooser、JTable 等。

4．JComponent 类

作为大多数组件的父类，JComponent 类具有下面的特殊功能：

（1）边框设置：使用 setBorder()方法可以设置组件的外围边框。使用一个 EmptyBorder 类对象能在组件周围留出空白区。

（2）双缓冲区：使用双缓冲技术能改进频繁编号的组件的显示效果。与 AWT 组件不同，JComponent 组件默认双缓冲区，不必自己重新代码。如果想关闭双缓冲区，可以在组件上施加 setDoubleBuffered(false)方法。

（3）提示信息：使用 setToolTipText()方法可以为组件设置对用户有帮助的提示信息。程序运行后，用户把鼠标光标移到到组件上系统就会自动显示提示信息。

（4）键盘导航：使用 registerKeyboardAcion()方法能使用户键盘代替鼠标来驱动组件。JComponent 类的子类 AbstractButton 还提供了便利的方法——用 setMnemonie()方法指明一个字符，通过这个字符和一个当前 L&F 的特殊修饰共同激活按钮动作。

（5）可插入 L&F：每个 JComponent 对象都有一个相应的 ComponentUI 对象，为它完成所有的绘画、事件处理、决定尺寸大小等工作。ComponentUI 对象依赖当前使用的 L&F，用 UIManager.setLookAndFeel()方法可以设置需要的 L&F。

（6）支持布局：通过设置组件最大、最小、推荐尺寸的方法和设置 X、Y、对齐参数值的方法，可以指定布局管理器的约束条件，为布局提供支持。

8.4.2　容器和面板

JApplet 和 JFrame 属于 Java Swing 的底层容器框架，是非常重要的窗口组件，几乎所有的 GUI 都建立在这两个底层容器框架上。JApplet 类继承了 java.awt 包的 Applet 类，是用来建立 Swing 组件的小应用程序，我们将在第 6 节介绍。JFrame 类继承于 java.awt 包的 Frame 类，是用来建立应用程序或小应用程序的底层容器框架组件。

1．JFrame 类

JFrame 是最简单最常用的 Swing 顶层容器，它含有一个内容面板（content pane）用来容纳所有的组件。JFrame 的默认布局管理器是 BorderLayout。内容面板是顶层容器包含的一个普通容器，它是一个轻量级组件。这三者的层次关系如图 8-4-3 所示，其图形用户界面示意图如图 8-4-4 所示。

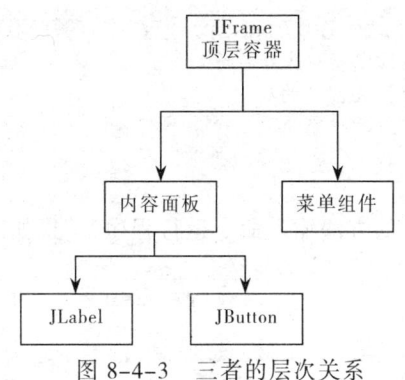

图 8-4-3　三者的层次关系

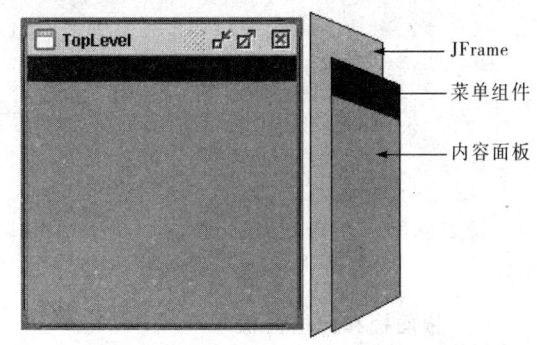

图 8-4-4　图形用户界面示意图

JFrame 的创建、设置和显示方法如下：

（1）创建 JFrame。

创建 JFrame 对象的常用格式有两种：

```
JFrame 对象名=new JFrame();
JFrame 对象名=new JFrame(String s);
```

如果使用第二种创建形式，则在创建 JFrame 的同时，也设置了其窗口标题的内容。例如，下面的语句创建了一个 JFrame 对象 f，且其窗口的标题为"欢迎学习 Java 语言"。

```
JFrame f = new JFrame("欢迎学习 Java 语言");
```

（2）添加组件。

因为大多数组件不可以直接添加到 JFrame 中，所以使用 JFrame 的对象调用其 getContentPane()方法，返回一个 JFrame 类对象的内容面板对象，然后再通过调用 add()方法将组件对象添加到内容框架中，格式为：

```
JFrame 对象名.getContentPane().add(组件对象名);
```

或者也可以声明一个 JPanel 或 JDesktopPane 之类的中间容器，把组件添加到容器中，再用 setContentPane()方法把该容器设置为 JFrame 的内容面板。

（3）JFrame 类中的常用方法

pack()方法：将 JFrame 的窗口设置为根据其中所含的容器和组件的大小来决定，以能够容纳每个组件的最佳大小为准。

setTitle(String s)方法：设置窗口的标题。

setDefaultCloseOperation（参数）方法：用来控制当 JFrame 窗口被关闭后，Swing 应用程序的下一步操作。一般只使用 JFrame.EXIT_ON_CLOSE 作为参数，表示窗口被关闭后，自动结束程序运行。

【案例 8.15】JFrame 窗口

编写程序 JFrameDemo，创建一个含有标签组件的 JFrame 窗口，代码如下：

```java
import javax.swing.*;                    //导入 Swing 包，以便使用其中的类
public class JFrameDemo{
  public static void main(String[] args){
    JFrame f = new JFrame();             //创建容器 JFrame 的对象 f
    JLabel l = new JLabel("世界，你好！");
    f.getContentPane().add(l);
    f.setDefaultCloseOperation(JFrame.EXIT_ON_CLOSE);   //窗口关闭后结束程序
    f.setSize(350,150);                  //设定窗口大小
    f.setTitle("欢迎学习 Java 语言");      //设置窗口的标题
    f.setVisible(true);                  //显示对象 f
  }
}
```

将上面的程序保存后，按照运行 Java Application 的方法输入命令运行程序，结果如图 8-4-5 所示。

2. 根面板和分层面板

与 AWT 不太一样，在 Swing 中，由根面板（JRootPane）、层面板（JLayeredPane）、内容面板（ContentPane）、玻璃面板（GlassPane）和菜单条（JMenuBar，可以省略）这 5 部分，以及顶层容器 JFrame 共同创建了窗口，如图 8-4-6

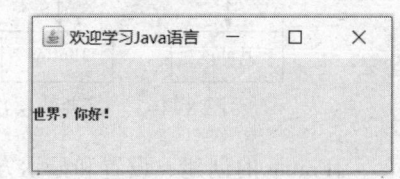

图 8-4-5　JFrame 窗口

所示。JRootPane 类和 JLayeredPane 类都是 JComponent 类的子类。玻璃面板是完全透明的，默认值为不可见，为接收鼠标事件和在所有组件上绘图提供方便。根面板提供的方法如下：

```
Container getContentPane();         //获得内容面板
setContentPane(Container);          //设置内容面
JMenuBar getMenuBar( );             //活动菜单条
setMenuBar(JMenuBar);               //设置菜单条
```

```
JLayeredPane getLayeredPane();        //获得分层面板
setLayeredPane(JLayeredPane);         //设置分层面板
Component getGlassPane();             //获得玻璃面板
setGlassPane(Component);              //设置玻璃面板
```

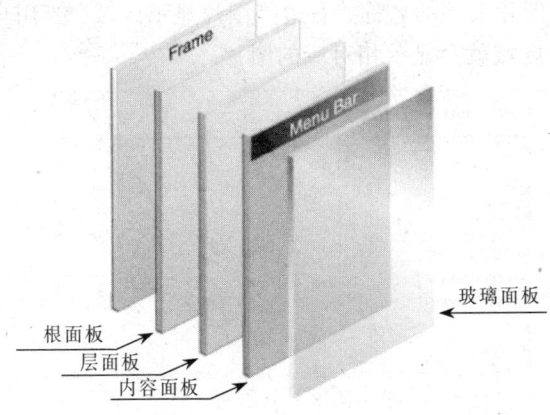

图 8-4-6　各面板之间的组织关系

JLayeredPane 类和其子类 JDesktopPane 类是 Swing 提供的两种分层面板，专门为容纳内部框架（JInternalFrame）而设置。层面板分为很多层，每一层使用一个相应的数字来表示。可以使用 add(Component c, Integer Layer, int position)向一个分层面板中添加组件，参数 Layer 设置将其加入哪一层，参数 position 设置组件在该层中的位置。

3. JPanel 类（面板）

JPanel 是 Swing 中的一个中间容器，它是轻量级容器组件，用法与 Panel 相同，其中可以添加各种组件。默认布局管理器是 FlowLayout。

4. JScrollPane 类（滚动窗口）

JScrollPane 类用来创建带滚动条的面板，主要通过移动 JViewport（视口）来实现。JViewport 是一种特殊的对象，用于查看基层组件，滚动条实际就是沿着组件移动视口，同时描绘出它在下面"看到"的内容。图 8-4-7（a）所示为滚动窗口的工作原理，图 8-4-7（b）所示为一个滚动窗口。

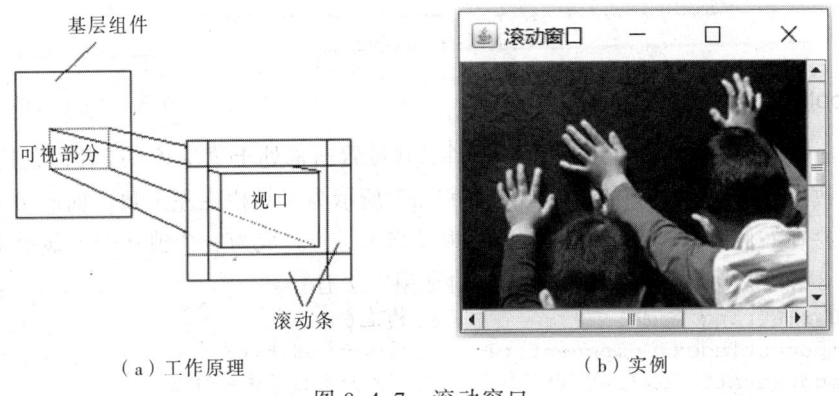

（a）工作原理　　　　　　　　　　（b）实例

图 8-4-7　滚动窗口

5．JSplitPane 类（分隔板）

JSplitPane 用于水平或者垂直分隔两个（且只能两个）组件。两个组件图形化分隔以外观实现为基础，并且这两个组件可以由用户交互式调整大小。图 8-4-8 所示为一个分隔板的程序，左边是列表，列出了所有图片文件的名称，右边是图片显示区域，当用户在左边的列表中选中一个文件名，右边的图片区域就会显示相应的图片。

图 8-4-8　分隔板

JSplitPane 的常用方法有：

```
addImpl(Component comp,Object constraints,int index)  //增加指定的组件
setTopComponent(Component comp)                       //设置顶部的组件
setDividerSize(int newSize)                           //设置拆分的大小
setUI(SplitPaneUI ui)                                 //设置外观和感觉
```

6．JTabbedPane 类（选项板）

JTabbedPane 允许用户通过单击具有给定标题或图标的选项卡，在一组组件之间进行切换。例如，图 8-4-9 所示为有 4 个选项卡的 JTabbedPane 类对象，单击图标会显示相应的选项卡界面。JTabbedPane 类的常用方法有：

```
add(String title,Component component)   //增加一个带特定标签的组件
addChangeListener(ChangeListener l)     //选项板注册一个变化监听器
```

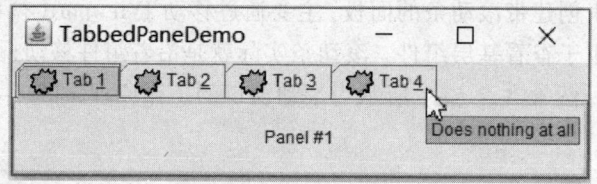

图 8-4-9　选项板

7．JToolBar 类（工具栏）

JToolBar 是用于显示常用工具控件的组件，其位置通常处于菜单条（或者标题栏）的下面，但是也可以改变它的位置。例如，图 8-4-10（a）所示为工具栏在左上角，而图 8-4-10（b）所示为工具栏在右侧。用户也可以把工具栏拖动出来，使其成为一个独立的可显示工具控件的窗口，如图 8-4-10（c）所示。JToolBar 类的常用方法有：

```
JToolBar(String name)                   //构造方法
getComponentIndex(Component c)          //返回一个组件的序号
getComponentAtIndex(int i)             //得到一个指定序号的组件
```

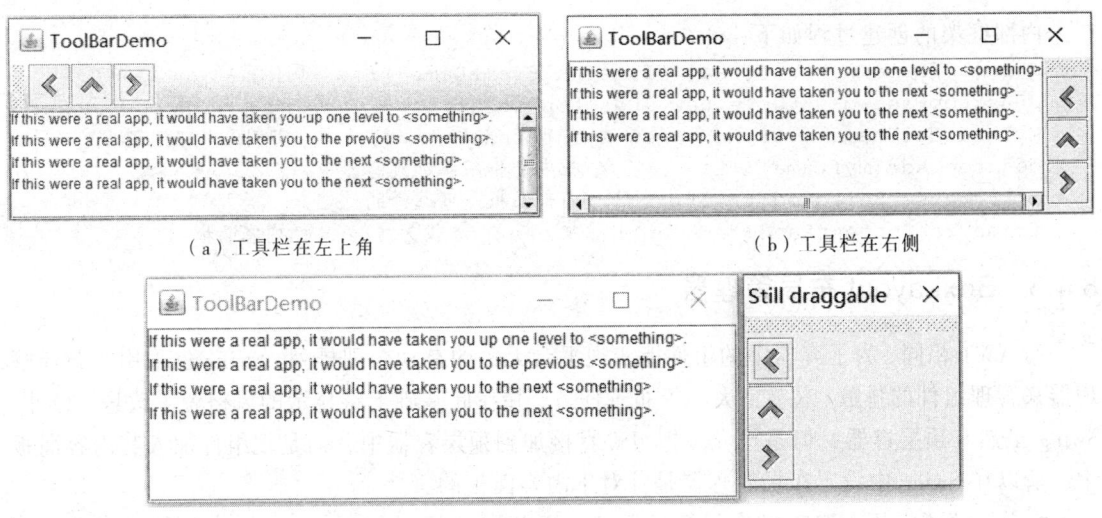

（a）工具栏在左上角　　　　　　　　　　（b）工具栏在右侧

（c）独立窗口

图 8-4-10　工具栏

8．JInternalFrame 类（内部框架）

内部框架 JInternalFrame 就如同一个窗口在另一个窗口内部，如图 8-4-11 所示。其特点如下：

（1）必须把内部框架添加到一个容器中（通常为 JDesktopPane），否则不显示。

（2）不必调用 setVisible()方法，内部框架即可随所在的容器一起显示。

（3）必须用 setSize()、pack()或 setBounds()方法设置框架尺寸，否则尺寸为零，框架不能显示。

（4）可以用 setLocation()或者 setBounds()方法设置内部框架在容器中的位置，如果省略则放置在容器的左上角。

（5）与顶层容器 JFrame 一样，对内部框架添加组件也要加在它的内容面板上。

（6）在内部框架中建立对话框，不能使用 JDialog 作为顶层窗口，必须用 JOptionPane 或者 JInternalFrame。

（7）内部框架不能监听 WindowEvent，但可以通过监听 JInternalFrameEvent 来处理内部框架窗口的操作。JInternalFrameEvent 与 WindowEvent 非常类似，将 WindowEvent 的接口和其方法名称中的 Window 换成 JIternalFrame 即可。

图 8-4-11　内部框架

内部框架的创建过程如下：

```
JFrame frame = new JFrame("InternalFrameDemo");//实例化窗口
JDesktopPane desktop = new JDesktopPane();        //实例化容器 JDesktopPane
MyInternalFrame myframe = new MyInternalFrame();   //实例化内部框架
desktop.add(myframe);              //把内部框架添加到容器中
myframe.setSelected(true);         //内部面板是可选择的
frame.setContentPane(desktop);//把desktop设为frame的内容面板
```

8.4.3 BoxLayout 布局管理器

与 AWT 相同，为了容器中的组件能实现平台无关的自动合理排列，Swing 也采用了布局管理器来管理组件的排放、位置、大小等布置任务，并在此基础上将显示的风格做了改进。另外，Swing 虽然有顶层容器，但是不允许把组件直接加到顶层容器中，而是把组件加入其内容面板中，所以在 Swing 中设置布局管理器是针对于内容面板的。

Swing 除了沿用 AWT 的布局管理器外，还新增加了一个 BoxLayout 布局管理器。使用 BoxLayout 布局管理器的容器会将其所含的容器或者组件按照垂直方向或水平方向排列。这种排列方式不会随 JFrame 窗口大小的改变而改变，也就是说，所有容器和组件一直保持一排或者一列的放置方式。BoxLayout 类的构造方法只有一种：

```
public BoxLayout(Container target,int axis)
```

其中，参数 target 代表使用 BoxLayout 布局管理器容器的对象。参数 axis 可以是 X_AXIS 或者 Y_AXIS，分别表示从左到右放置和从上到下放置。

【案例 8.16】演示 BoxLayout 类

编写程序 BoxLayoutDemo，在 JFrame 窗口中，按照 BoxLayout 的布局方式从上到下显示 4 个组件。程序代码如下，运行结果如图 8-4-12 所示。

```java
import javax.swing.*;
public class BoxLayoutDemo{
  public static void main(String[] args){
    JFrame fr = new JFrame("演示 BoxLayout");
    JPanel pane = new JPanel();
    pane.setLayout(new BoxLayout(pane,BoxLayout.Y_AXIS));
    JButton btn1 = new JButton("按钮组件 1");
    JButton btn2 = new JButton("按钮组件 2");
    JButton btn3 = new JButton("这是按钮组件 3");
    JButton btn4 = new JButton("这是最后一个按钮组件");
    pane.add(btn1);
    pane.add(btn2);
    pane.add(btn3);
    pane.add(btn4);
    fr.getContentPane().add(pane);
    fr.setDefaultCloseOperation(JFrame.EXIT_ON_CLOSE);
    fr.setSize(340,180);
    fr.setVisible(true);
  }
}
```

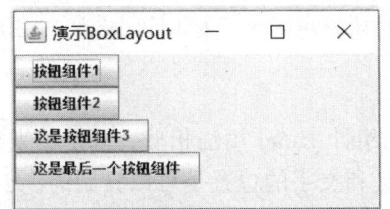

图 8-4-12　程序 BoxLayoutDemo 的运行结果

思考与练习 8-4

1. 填空题

（1）在使用 Swing 组件时，要导入_____包，在该包中定义了两种类型的组件：_____和继承了 javax.swing.JComponent 的轻量级组件。

（2）在 Swing 中 4 个顶层容器是_____、_____、_____和_____。

（3）使用_____布局管理器的容器其组件的一直保持一排或者一列的放置方式，不会随 JFrame 窗口大小的改变而改变。

（4）大多数组件不可以直接添加到 JFrame 中，需要使用_____来实现。

（5）_____类用来创建带滚动条的面板；JSplitPane 类用于水平或者垂直分隔_____个组件。

2. 操作题

（1）编写程序，创建一个含有一个标签和一个按钮的 JFrame 窗口。

（2）描述下面程序的运行结果。

```java
import javax.swing.*;
public class Exp{
  public static void main(String[] args){
    JFrame f = new JFrame();
    ImageIcon icon = new ImageIcon("smile.gif");
    JLabel l = new JLabel("hi! How are you");
    f.setDefaultCloseOperation(JFrame.EXIT_ON_CLOSE);
    f.setBounds(50,50,200,100);
    f.getContentPane().add(l);
    f.setTitle("JFrame Ex");
    f.setVisible(true);
  }
}
```

8.5　Swing 组件

本节将具体介绍 Swing 的各种组件（如新添加的 JTable 组件），以及 Swing 的事件处理机制。

8.5.1　常用的 Swing 组件

大部分 Swing 组件都具有与前面介绍的 AWT 组件（如按钮、单行文本输入区和标签等）

类似的功能，但是 Swing 组件的功能更强大、使用更灵活。

1. JLable 类

JLabel 的用法与 AWT 中的组件 Label 用法相似，都是用来显示一段文本，但是 JLabel 可以提供带图标的标签，而且图标和文字的位置是可以控制的。创建 JLabel 的形式如下：

```
JLabel 对象名=new JLabel(String s,ImageIcon icon,JLabel.CENTER);
```

其中，参数 icon 代表加载的图片文件对象，参数 JLabel.CENTER 代表中央对齐方式，其他对齐方式还有 JLabel.BOTTOM、JLabel.LEFT、JLabel.RIGHT、JLabel.TOP，分别表示底端对齐、左对齐、右对齐和顶端对齐，参数 s 是标签的显示内容。三个参数均可以省略。

2. JTextField 类

JTextField 的用法与 AWT 中的组件 TextField 用法基本一样，都是用来接收和编辑用户输入到文本框中的文本。创建 JTextField 类对象的格式如下：

```
JTextField 对象名=new JTextField(String s,int i);
```

其中，参数 s 表示在文本框中显示的内容，i 表示文本框的宽度。两个参数均可以省略。

3. JButton 类

JButton 的用法与 AWT 中的组件 Button 用法相似，但是 JButton 对象除了可以像 Button 对象一样显示文字之外，还可以显示图标，甚至只有图标都是可以的，这样就构成了图形按钮。创建 JButton 类对象的格式如下：

```
JButton 对象名=new JButton(String s,ImageIcon icon);
```

其中，参数 icon 代表加载的图片文件对象，参数 s 是按钮显示的文字，两个参数均可以省略。如果要给按钮添加图片，则要先创建图片的对象，其方法如下：

```
ImageIcon 对象名=new ImageIcon(图片文件名);
```

其中，图片文件名必须要双引号括起来，而且如果图片文件与应用程序保存在不同的文件夹中，则需要给出完整的路径，否则只给出文件名即可。例如，下面的语句可以创建一个含有图片和文字的按钮。

```
ImageIcon icon = new ImageIcon("pic.gif");
JButton btn = new JButton("确  定",icon);
```

4. JTextArea 类

JTextArea 类用来创建图形用户界面中的文本输入区，其能够接收用户输入的多行文本。文本输入区的声明方式为：

```
JTextArea 对象名=new JTextArea();
JTextArea 对象名=new JTextArea(String s);
JTextArea 对象名=new JTextArea(int rows,int columns);
JTextArea 对象名=new JTextArea(String s,int rows,int columns);
```

其中，参数 s 表示在文本区中显示的内容，rows 表示文本区具有的行数，columns 表示文本区具有的列数。三个参数均可以省略。

5. JPasswordField 类

JPasswordField 类是 JTextField 类的子类，它具有 JTextField 类的所有功能。当用户在密码框中输入字符（也就是密码）时，JPasswordField 会自行用设定的字符代替输入的字符，达到遮掩密码的作用。JPasswordField 类中默认的遮掩密码的字符是星号"*",如果想使用其他字符,可以通过其对象调用 setEchoChar(char c)方法。

在 Java2 以后的版本中,JPasswordField 类中的 getText()方法被 getPassword()方法取代。getPassword()方法的作用是将用户输入的原始字符以字符型数组数据的形式返回。

【案例 8.17】模拟用户登录界面

编写程序 Login 模拟用户登录界面。程序起始界面如图 8-5-1(a)所示。用户在单行文本输入区输入密码时,显示字符"*"代替实际的字母或者数字。完成用户名和密码的输入后,单击"确定"按钮或者按【Enter】键,如果用户名和密码都输入正确,则显示登录成功的信息,如图 8-5-1(b)所示;如果用户名输入错误则显示相应提示信息并清空两个单行文本输入区,如图 8-5-1(c)所示;如果用户名输入正确而密码输入错误则显示相应提示信息并清空输入密码的单行文本输入区,如图 8-5-1(d)所示。操作步骤如下:

(1)在"记事本"中,输入如下程序代码。

```java
import javax.swing.*;
import java.awt.event.*;
public class Login implements ActionListener{
  JLabel msg;
  JTextField txtID;                      // "用户名"单行文本输入区
  JPasswordField txtPS;                  //密码框
  String ID="graciesh";                  //正确的用户名
  char[] password={'1','2','3','4'};     //正确的密码
  public static void main(String[] args){
    JFrame fr = new JFrame("用户登录界面");
    fr.setDefaultCloseOperation(JFrame.EXIT_ON_CLOSE);
    Login lo = new Login();              //创建程序本身的一个对象 lo
    /*使用对象调用 createComponents()方法,content 用来保存整个图形界面*/
    JPanel content = lo.createComponents();
    fr.getContentPane().add(content);
    fr.setSize(200,200);
    fr.setVisible(true);
  }
  /*在 createComponents()方法中创建图形界面*/
  public JPanel createComponents(){
    JPanel pa = new JPanel();
    JLabel lblID = new JLabel("用 户 名");
    JLabel lblPS = new JLabel("密      码");
    msg = new JLabel("请输入用户名和密码");
    txtID = new JTextField(8);
    txtPS = new JPasswordField(8);
    JButton btn = new JButton("登    录");
    txtPS.addActionListener(this);       //监听组件 txtPS
    btn.addActionListener(this);         //监听组件 btn
    pa.add(lblID);
    pa.add(txtID);
    pa.add(lblPS);
    pa.add(txtPS);
    pa.add(btn);
```

```
    pa.add(msg);
    return pa;
}
public void actionPerformed(ActionEvent e){
    boolean b = true;                    //保存输入的密码是否正确
    char[] c = txtPS.getPassword();  //将输入的密码保存到数组 c 中
    /*将输入的密码依次与正确的密码进行比较*/
    for(int i=0;i<password.length-1;i++){
        if((c[i]!=password[i])||(c.length!=password.length)){
            b = false;
            break;
        }
    }
    if(!txtID.getText().equalsIgnoreCase(ID)){//如果输入的用户与 ID 中的值不同
        msg.setText("用户名不存在，请重新输入");
        txtID.setText("");
        txtPS.setText("");
    }
    else{          //如果输入的用户与 ID 中的值相同
        if( b )      //如果密码相同
            msg.setText("登录成功，长城论坛欢迎您！");
        else{        //如果密码不相同
            msg.setText("密码错误，请重新输入");
            txtPS.setText("");
        }
    }
}
}
```

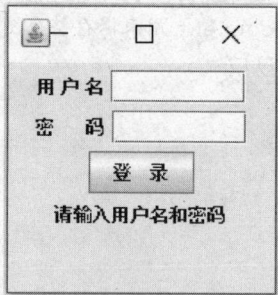

（a）程序起始界面

（b）输入密码登录成功

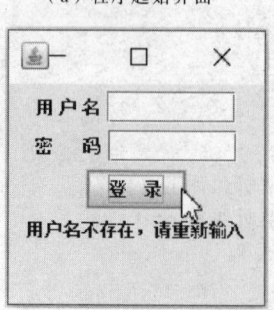

（c）输入错误的用户名

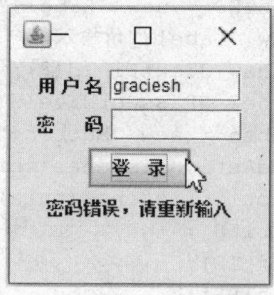

（d）输入密码错误

图 8-5-1　程序 Login 的运行效果

（2）在上面的代码中，为了使程序的结构更加清楚、提高语句块的可复用性，在 main()方法中只创建和设置 JFrame 的对象，然后通过调用 createComponents()方法，创建一个 JPanel 的对象并在其中添加所有的组件。在 actionPerformed()方法中，将用户输入的密码依次与正确的密码进行比较，如果某个字符不相同，则改变变量 b 的值为 false 并结束循环，否则变量 b 的值一直不变。最后根据变量 b 的值和 txtID.getText()的值输出判断结果。

注意：Swing 的事件处理机制沿用了 AWT 的事件处理机制，因此编写程序的时候需要导入 java.awt.event 包。

6. JRadioButton 类

JRadioButton 类用来创建图形用户界面中的单选按钮。JRadioButton 类本身不具有同一时间内只有一个单选按钮对象被选中的性质，也就是说 JRadioButton 类的每个对象都是独立，不因其他对象状态的改变而改变。因此，必须使用 ButtonGroup 类将所需的 JRadioButton 类对象构成一组，使得同一时间内只有一个单选按钮对象被选中。只要通过 ButtonGroup 类对象调用 add()方法，将所有 JRadioButton 类对象添加到 ButtonGroup 类对象中即可。ButtonGroup 类只是一个逻辑上的容器，它并不在 GUI 中表现出来。创建 JRadioButton 类对象的格式如下：

```
JRadioButton 对象名= new JRadioButton(String s,ImageIcon icon,boolean
selected);
```

其中，参数 icon 表示图标文件，参数 s 表示单选框右边的说明文字，参数 selected 表示单选按钮状态，true 为选中，false 为未选中。如果没有任何参数，则表示创建一个没有文字说明、没有图标、默认状态为未选中的 JRadioButton 对象。

当用户单击某个 JRadioButton 类对象时，可以产生一个 Action 事件和一个或者两个 Item 事件（一个来自被选中的对象，另一个来自之前被选中现在未选中的对象），也就是说 JRadioButton 类可以同时响应 ItemEvent 和 ActionEvent。大多数情况下，只需要处理被用户单击选中的对象，所以使用 ActionEvent 来处理 JRadioButton 类对象的事件。

7. JCheckBox 类

JCheckBox 类用来创建图形用户界面中的复选框，使用户可以在多个项目中选中一个或者多个。创建 JCheckBox 的格式如下：

```
JCheckBox 对象名=new JCheckBox(String s,ImageIcon icon,boolean selected);
```

其中，参数 icon 表示图标文件，参数 s 表示复选框右边的说明文字，参数 selected 表示复选框状态，true 为选中，false 为未选中。如果没有任何参数，则表示创建一个没有文字说明、没有图标、默认状态为未选中的 JCheckBox 对象。

当用户单击某个 JCheckBox 类对象时，也可以产生一个 Item 事件和一个 Action 事件。大多数情况下，需要判断 JCheckBox 类对象是否被选中，所以经常使用 ItemListener 接口来处理 ItemEvent 类的事件。

（1）使用 ItemListener 接口处理 ItemEvent 类的步骤如下：

程序的最前面使用"import java.awt.event.*;"语句导入 java.awt.event 包中的所有类。

给程序的主类添加 ItemListener 接口。

将需要监听的组件注册，其格式为：

```
对象名.addItemListener(this);
```

在 itemStateChanged()方法中编写具体处理该事件的方法，其格式为：

```
public void itemStateChanged(ItemEvent e){
    语句体
}
```

（2）ItemEvent 类中的方法

在 ItemListener 接口的 itemStateChanged()方法中，经常使用下面两种方法来判断对象当前的状态。

getItem()方法用来获得触发此次事件的事件源对象，其返回类型为 Object。

getStateChange()方法：返回事件源对象的当前状态，其返回值有两个，ItemEvent. SELECTED 和 ItemEvent.DESELECTED。ItemEvent.SELECTED 表示对象当前为选中，ItemEvent.DESELECTED 表示对象当前未选中。

8. JComboBox 类

JComboBox 类用来创建图形用户界面中的下拉列表框，允许用户从多个项目中选择一个所需要的项目。如果使 JComboBox 类对象处于可编辑状态，则可在其中输入值来编辑选项。选项可以是任意类，而不再局限于 String。

（1）创建 JComboBox 类对象的格式有以下两种：

```
JComboBox 对象名=new JComboBox();
JComboBox 对象名=new JComboBox(Object[]);
```

其中，参数 Object[]表示任何类型的对象数组，一般经常使用 String 类型数组来描述 JComboBox 中所含项目的内容。例如：

```
String[] names={"李明","肖柠朴","沈昕","丰金兰","张小燕"};
JComboBox sales=new JComboBox(names);
```

（2）JComboBox 类中的方法有以下 8 种：

addItem(Object object)方法用来将参数 object 添加到 JComboBox 中。其中，JComboBox 对象必须是由数组类型的参数创建的，且参数 object 的类型必须与创建该 JComboBox 对象的数组类型一致。

insertItemAt(Object object, int index)方法用来将参数 object 插入到 JComboBox 中下标值为参数 index 的元素位置。其中，JComboBox 对象必须是由数组类型的参数创建的，且参数 object 的类型必须与创建该 JComboBox 对象的数组类型一致。

removeAllItem()方法用来删除 JComboBox 中所有的项目。

removeItemAt(int index)方法用来删除 JComboBox 中下标值为参数 index 的项目。

removeItem(Object object)方法用来删除的数据值与参数 object 相同的项目。

getItemAt(int index)方法用来返回 JComboBox 对象中下标值为参数 index 的元素。

getSelectedItem()方法用来返回 JComboBox 对象中当前选定的项目。

getItemCount()方法用来统计一个 JComboBox 对象中共有多少个项目。其返回值为 int 类型的数据。

JComboBox 类可以响应 ActionEvent 类事件和 ItemEvent 类事件。

【案例 8.18】模拟网上购物界面

编写程序 OnlineShopping，模拟网上购物的界面，操作步骤如下：

（1）在"记事本"中，输入如下程序。

```java
import javax.swing.*;
import java.awt.event.*;
public class OnlineShopping implements ItemListener,ActionListener{
  JCheckBox cb1,cb2,cb3;
  JRadioButton rb1,rb2;
  ButtonGroup group = new ButtonGroup();
  JLabel lbl;
  JButton btn;
  int cost,totalCost;
  double discount=0.9;
  public static void main(String[] args){
    JFrame frame=new JFrame("网上购物");
    OnlineShopping op = new OnlineShopping();
    JPanel pane = op.createComponents();
    frame.getContentPane().add(pane);
    frame.setDefaultCloseOperation(JFrame.EXIT_ON_CLOSE);
    frame.setSize(300,200);
    frame.setVisible(true);
  }
  public JPanel createComponents(){
    JPanel mainpane = new JPanel();
    JPanel paneC = new JPanel();
    JPanel paneR = new JPanel();
    paneC.setLayout(new BoxLayout(paneC,BoxLayout.Y_AXIS));
    paneR.setLayout(new BoxLayout(paneR,BoxLayout.Y_AXIS));
    btn = new JButton("购买");
    lbl = new JLabel("总金额:    0    ￥ ");
    /*给两个面板添加带标题的边框*/
    paneC.setBorder(BorderFactory.createTitledBorder("产品及价格"));
    paneR.setBorder(BorderFactory.createTitledBorder("会员优惠"));
    /*创建复选框，并添加到 paneC 中*/
    cb1 = new JCheckBox("洗面奶(28￥)",false);
    cb1.addItemListener(this);
    paneC.add(cb1);
    cb2 = new JCheckBox("沐浴露(68￥)",false);
    cb2.addItemListener(this);
    paneC.add(cb2);
    cb3 = new JCheckBox("洗发液(40￥)",false);
    cb3.addItemListener(this);
    paneC.add(cb3);
    /*创建单选按钮，并添加到 paneR 中*/
    rb1 = new JRadioButton("金卡会员(10%)");
    rb1.addActionListener(this);
    rb1.setSelected(true);
    paneR.add(rb1);
    rb2 = new JRadioButton("普通会员(2%)");
    rb2.addActionListener(this);
    btn.addActionListener(this);
    paneR.add(rb2);
```

```
      group.add(rb1);
      group.add(rb2);
      mainpane.add(paneC);
      mainpane.add(paneR);
      mainpane.add(lbl);
      mainpane.add(btn);
      return mainpane;
    }
  public void itemStateChanged(ItemEvent e){
      JCheckBox cb=(JCheckBox)e.getItem();  //获得事件源对象
      if(cb==cb1)
        if(e.getStateChange()==ItemEvent.SELECTED)
          cost+=28;
        else
          cost-=28;
      if(cb==cb2)
        if(e.getStateChange()==ItemEvent.SELECTED)
          cost+=68;
        else
          cost-=68;
      if(cb==cb3)
        if(e.getStateChange()==ItemEvent.SELECTED)
          cost+=40;
        else
          cost-=40;
      totalCost=(int)(cost*discount);
      lbl.setText("总金额: "+totalCost+" ￥");
    }
  public void actionPerformed(ActionEvent e){
      if(e.getSource()==btn)
        lbl.setText("感谢您的购买! ");
      else if(e.getSource()==rb1){
        discount=0.9;
        totalCost=(int)(cost*discount);
        lbl.setText("总金额: "+totalCost+" ￥");
      }
      else{
        discount=0.98;
        totalCost=(int)(cost*discount);
        lbl.setText("总金额: "+totalCost+" ￥");
      }
    }
}
```

（2）在 OnlinShopping 类中声明了多个全局变量：JCheckBox 类的对象 cb1、cb2 和 cb3 分别为界面中的三个复选框；JRadioButton 类的对象 rb1 和 rb2 分别为界面中的两个单选按钮；ButtonGroup 类对象 group 的作用是将 JRadioButton 类的对象编成一组，这样每次只能有一个选项被选中；JLabel 对象 lbl 用来显示购买信息；JButton 类对象 btn 用来创建界面中的按钮；int 类型变量 cost 为选中项目的总价钱，totalCost 为打折后的实际付款数目。double 类型变量

discount 为打折比率，其默认值为 0.9，表示打 9 折。

（3）BorderFactory 类用来给容器和组件添加边框效果，其中的 createTitledBorder()方法可以给容器或组件添加带有标题的边框。

（4）在 itemStateChanged()方法中，首先创建一个 JCheckBox 类对象 cb，用来保存用户单击的复选框对象，再通过 if 语句依次与对象 cb1、cb2 和 cb3 比较，来确定具体单击了哪个复选框。然后通过调用 getStateChange()方法获得该复选框当前的状态。如果是选中，则返回值为 ItemEvent.SELECTED，如果未选中，则返回值为 ItemEvent.DESELECTED。最后根据复选框的状态来决定是增加还是减少变量 cost 的值。

（5）在 actionPerformed()方法中，首先通过调用 getSource()方法，返回用户单击的对象。如果该对象是 btn，则在标签 lbl 中显示"感谢您的购买!"文字。如果是对象 rb1，则变量 discount 的值为 0.9，计算实际总金额并显示出来；如果对象为 rb2，则变量 discount 值为 0.98，计算实际总金额并显示出来。

（6）保存并运行程序，程序运行后的起始界面如图 8-5-2（a）所示。用户可以在"产品及价格"选项区域中选择多个要购买的产品，"总金额"标签处会显示相应的价钱，如图 8-5-2（b）所示。在"会员优惠"选项区域中，用户可以选择会员的类型以获得不同的折扣，"总金额"标签处显示的为打折后的价钱，如图 8-5-2（c）所示。单击"购买"按钮，标签处显示文字"感谢您的购买!"，如图 8-5-2（d）所示。

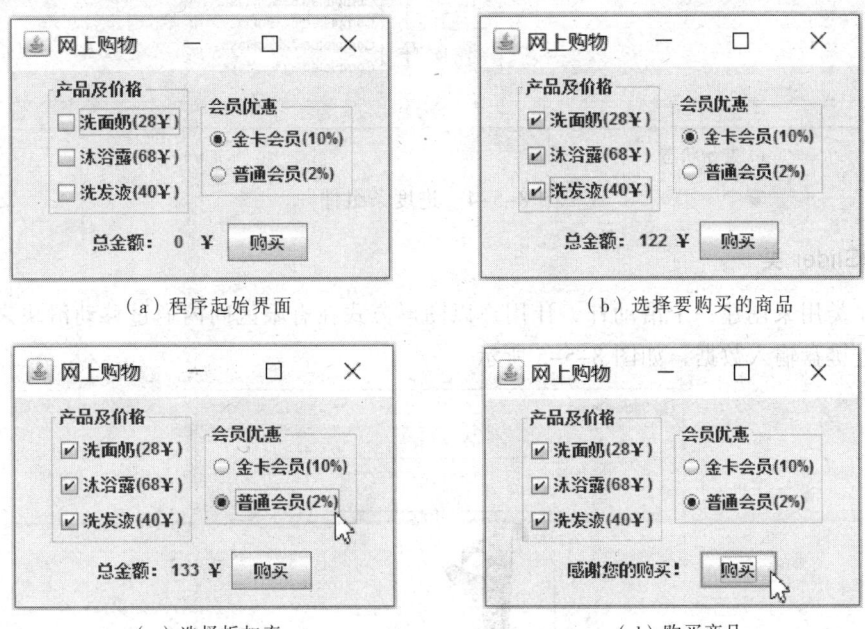

图 8-5-2 程序 OnlineShopping 的运行效果

9．JList 类

JList 类是 Swing 包中比较重要的类，用来创建列表组件。它提供了一组列表选项供用户选择一项或者多项，而且列表的选项可以由任意类型的对象构成，如图 8-5-3 所示。

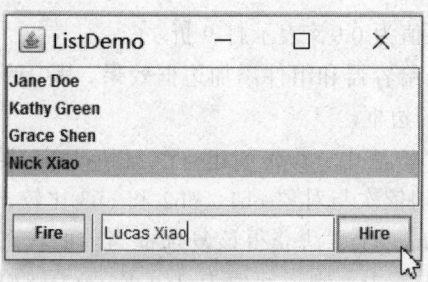

图 8-5-3　列表组件

10．JProgressBar 类

JProgressBar 类提供了一个以可视化形式显示某些任务进度的进度条组件。在任务的完成进度中，进度条显示该任务完成的百分比。此百分比通常由一个矩形以可视化形式表示，该矩形开始是空的，随着任务的完成逐渐被填充，如图 8-5-4 所示。此外，进度条可以显示此百分比的文本表示形式。

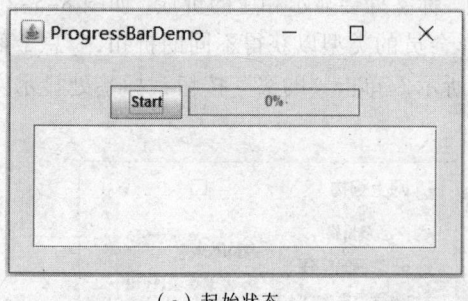

（a）起始状态　　　　　　　　　　　　　　（b）运行中

图 8-5-4　进度条组件

11．JSlider 类

JSlider 类用来创建一个滑动杆，让用户以图形方式在有限区间内通过移动滑块来选择值，不需要通过键盘输入数据，如图 8-5-5 所示。

图 8-5-5　滑动杆组件

12．JTable 类

JTable 的主要功能是把数据以二维表格的形式显示出来，它为显示大块数据提供了一种简单的机制。JTable 有很多东西是用于数据的生成和编辑，其中的很多东西还可以自定义，从而进一步增强其功能。使用其构造方法可以非常轻松地创建出所需要的表格，构造方法如下：

```
public JTable(Object[][] rowData, Object[] columnNames)
```

其中，参数 rowData 是表格内的数据，参数 columnNames 是表格第一行中显示的内容。例如，下面的代码创建了一个含有三组数据的简单表格，效果如图 8-5-6 所示。

```java
import javax.swing.*;
public class JTableDemo{
  public static void main(String[] args){
    JFrame fr = new JFrame("表格演示");
    String[] columnNames = {"姓名", "年龄", "性别", "学历", "民族", "是否已婚"};   //声明数组,表格的标题
    Object[][] info = {
                        {"肖昊天", new Integer(29), "男", "大专", "汉", new Boolean(false)},
                        {"沈昕", new Integer(27), "女", "大本", "汉", new Boolean(true)},
                        {"冯金龙", new Integer(39), "男", "大专", "汉", new Boolean(true)}};   //声明二维对象数组
    JTable table = new JTable(info, columnNames);   //实例化JTable组件对象
    JScrollPane scr = new JScrollPane(table);       //加入滚动条面板
    fr.add(scr);
    fr.setSize(400, 150);
    fr.setVisible(true);
    fr.setDefaultCloseOperation(JFrame.EXIT_ON_CLOSE);
  }
}
```

姓名	年龄	性别	学历	民族	是否已婚
肖昊天	29	男	大专	汉	false
沈昕	27	女	大本	汉	true
冯金龙	39	男	大专	汉	true

图 8-5-6　表格组件

注意：在创建表格时，要把 JTable 类的对象加入到 JScrollPane 中，否则表格的标题将无法显示出来。

使用 JTable 类的构造方法创建的表格相对比较单一，如果想制作一些操作界面更加友好的表格，如在表格中加入单选框或下拉列表框，则需要借助于 TableModel 接口。但是，在实际的开发中很少直接实现该接口，而是使用其接口的子类 AbstractTableModel。AbstractTableModel 类的对象负责表格的大小、内容的填写、赋值、表格单元更新的检测等一切和表格内容有关的属性及其操作。JTable 类的对象以该 TableModel 为参数，负责将 TableModel 对象中的数据以表格的形式显示出来。使用表格最好先生成一个 myTableModel 类型的对象来表示数据，这个类是从 AbstractTableModel 类中继承来的，其中有几个方法一定要重写的，例如，getColumnCount()、getRowCount()、getColumnName()和 getValueAt()方法等。

8.5.2　菜单组件

菜单是图形用户界面中一个非常重要的组件，它可以给用户提供简明清晰的信息，让用户

从多个项目中进行选择，又可以节省界面的空间。因此大多数图形用户界面程序都会使用各种形式的菜单。下面介绍 6 种菜单组件。

1．JMenuBar 类组件

JMenuBar 类用来创建图形用户界面中的菜单条，其作用是放置 JMenu 类对象创建的主菜单，创建格式为：

```
JMenuBar 对象名=new JMenuBar();
```

2．JMenu 类组件

JMenu 类用来创建图形用户界面中的主菜单，其对象中不仅可以添加普通的菜单命令，还可以添加具有单选按钮或者复选框形式的菜单命令。

（1）创建 JMenu 类对象。JMenu 类用来创建图形用户界面中的主菜单，创建格式为：

```
JMenu 对象名=new JMenu(String s);
```

其中，参数 s 为菜单显示的名称，如果没有该参数则菜单不显示任何内容。

（2）JMenu 类中的方法。JMenu 类中的常用方法有以下三个。

add(Componet c)方法用来将某个组件对象 c 添加到 JMenu 类对象中已有组件的下方。

add(Componet c,int index)方法用来将某个组件对象 c 添加到 JMenu 类对象中参数 index 所示的位置上。

addSparator()方法用来在 JMenu 类对象中已有组件的下方添加一条分隔线。

3．JMenuItem 类组件

JMenuItem 类用来创建图形用户界面主菜单中的普通菜单命令，创建格式为：

```
JMenuItem 对象名=new JMenuItem();
JMenuItem 对象名=new JMenuItem(ImageIcon icon);
JMenuItem 对象名=new JMenuItem(String s);
JMenuItem 对象名=new JMenuItem(String s,ImageIcon icon);
JMenuItem 对象名=new JMenuItem(String s,int m);
```

其中，参数 icon 为菜单命令的图标，参数 s 为菜单命令的显示名称，参数 m 为菜单命令对应的键盘快捷键。

4．JRadioButtonMenuItem 类组件

JRadioButtonMenuItem 类用来创建具有 JRadioButton 类（单选框）形式和功能的菜单命令。大多数情况下，若干 JRadioButtonMenuItem 类对象为一组，当用户单击选中其中一个时，原来被选中的项目变为未选中状态。与 JRadioButton 类一样，如果要实现上述的功能，则需要使用 ButtonGroup 类。

JRadioButtonMenuItem 类的创建格式有以下 7 种：

```
JRadioButtonMenuItem 对象名 = new JRadioButtonMenuItem();
JRadioButtonMenuItem 对象名 = new JRadioButtonMenuItem(ImageIcon icon);
JRadioButtonMenuItem 对象名 = new JRadioButtonMenuItem(ImageIcon
    icon,boolean     selected);
JRadioButtonMenuItem 对象名 = new JRadioButtonMenuItem(String s);
JRadioButtonMenuItem 对象名 = new JRadioButtonMenuItem(String s,boolean
    selected);
```

```
JRadioButtonMenuItem 对象名 = new JRadioButtonMenuItem(String s,ImageIcon
    icon);
JRadioButtonMenuItem 对象名 = new JRadioButtonMenuItem(String s,ImageIcon
icon,boolean selected);
```
其中，参数 icon 为菜单命令的图标，参数 s 为菜单命令的显示名称，参数 selected 为菜单命令的默认状态，true 为被选中状态，false 为未选中状态。

5. JCheckBoxMenuItem 类组件

JCheckBoxMenuItem 类用来创建具有 JCheckBox 类（复选框）形式和功能的菜单命令，其创建格式有以下 6 种：
```
JCheckBoxMenuItem 对象名=new JCheckBoxMenuItem();
JCheckBoxMenuItem 对象名=new JCheckBoxMenuItem(ImageIcon icon);
JCheckBoxMenuItem 对象名=new JCheckBoxMenuItem(String s);
JCheckBoxMenuItem 对象名=new JCheckBoxMenuItem(String s,boolean selected);
JCheckBoxMenuItem 对象名=new JCheckBoxMenuItem(String s,ImageIcon icon);
JCheckBoxMenuItem 对象名=new JCheckBoxMenuItem(String s,ImageIcon icon,
    boolean selected);
```
其中，参数 icon 为菜单命令的图标，参数 s 为菜单命令的显示名称，参数 selected 为菜单命令的默认状态，true 为被选中状态，false 为未选中状态。

6. JPopupMenu 类组件

JPopupMenu 类用来创建类似与 Windows 系统中的快捷菜单。快捷菜单是一种特殊形式的菜单，其性质和菜单几乎一样。但 JPopupMenu 创建的菜单并不固定在窗口的任何位置，而是由鼠标指针和系统判断决定 JPopupMenu 要出现在哪里。其创建格式有以下两种：
```
JPopupMenu 对象名=new JPopupMenu(String s);
```
其中，参数 s 为指定的标题名称，可以省略。

例如，下面的语句创建了一个含有两个菜单命令的快捷菜单。
```
JPopupMenu popup=new JPopupMenu();
menuItem=new JMenuItem("第一个快捷菜单命令");
menuItem.addActionListener(this);
popup.add(menuItem);
menuItem=new JMenuItem("第二个快捷菜单命令");
menuItem.addActionListener(this);
popup.add(menuItem);
MouseListener popupListener=new PopupListener();
output.addMouseListener(popupListener);
menuBar.addMouseListener(popupListener);
```
在上面的代码中，output 对象为需要响应快捷菜单的组件对象。popupListener 对象为 PopupListener 类的对象。自定义 PopupListener 类用来控制快捷菜单显示的位置，其类代码如下：
```
import java.awt.event.*;
import javax.swing.*;
class PopupListener extends MouseAdapter{
  JPopupMenu popup;
  PopupListener(JPopupMenu popupMenu){
    popup=popupMenu;
  }
```

```
public void mousePressed(MouseEvent e){
  maybeShowPopup(e);
}
public void mouseReleased(MouseEvent e){
  maybeShowPopup(e);
}
private void maybeShowPopup(MouseEvent e){
  if(e.isPopupTrigger())popup.show(e.getComponent(),e.getX(),e.getY ());
}
}
```

【案例 8.19】展示各类菜单组件

编写程序 Caidan，在图形用户界面中创建各类菜单组件，操作步骤如下：

（1）在"记事本"中，输入如下程序代码。

```
import java.awt.event.*;
import javax.swing.*;
public class Caidan{
  JMenuItem menuItem1,menuItem2,menuItem3,menuItem4,menuItem5,menuItem6;
  JRadioButtonMenuItem radMenu1,radMenu2,radMenu3,radMenu4;
  ButtonGroup grp1=new ButtonGroup();
  ButtonGroup grp2=new ButtonGroup();
  JCheckBoxMenuItem cboMenu1,cboMenu2,cboMenu3;
  ImageIcon icon=new ImageIcon("pic2.jpg");
  static JFrame frame;
  public static void main(String[] args){
    frame=new JFrame( "展示各类菜单组件" );
    frame.setDefaultCloseOperation(JFrame.EXIT_ON_CLOSE);
    Caidan c=new Caidan();
    frame.setJMenuBar(c.createMenuBar());
    c.createPopupMenu();
    frame.setSize(350, 200);
    frame.setVisible(true);
  }
  /*创建菜单及其菜单命令*/
  public JMenuBar createMenuBar()  {
    JMenuBar menuBar=new JMenuBar();        //创建菜单条
    /*创建"菜单"主菜单及其普通菜单命令*/
    JMenu menu1=new JMenu("菜单");          //创建"菜单"主菜单
    menuItem1=new JMenuItem("文字菜单命令");
    menuItem2=new JMenuItem("图标文字菜单命令",icon);
    menuItem3=new JMenuItem(icon);          //创建只有图标的菜单命令
    /* "菜单"主菜单中的子菜单及其菜单命令*/
    JMenu subMenu=new JMenu("子菜单");       //创建子菜单
    menuItem4=new JMenuItem("子菜单的菜单命令");
    /* "单选按钮菜单"主菜单及其菜单命令*/
    JMenu menu2=new JMenu("单选按钮菜单");    //创建"单选按钮菜单"主菜单
    radMenu1=new JRadioButtonMenuItem("单选按钮菜单命令1",icon);
    radMenu2=new JRadioButtonMenuItem("单选按钮菜单命令2",true);
    radMenu3=new JRadioButtonMenuItem("单选按钮菜单命令3");
    radMenu4=new JRadioButtonMenuItem("单选按钮菜单命令4",true);
```

```
    grp1.add(radMenu1);grp1.add(radMenu2);        //前两个菜单命令为一组
    grp2.add(radMenu3);grp2.add(radMenu4);        //后两个菜单命令为另一组
    /*"复选框菜单"主菜单及其菜单命令*/
    JMenu menu3=new JMenu("复选框菜单");
    cboMenu1=new JCheckBoxMenuItem("文字复选框菜单命令");
    cboMenu2=new JCheckBoxMenuItem("图标文字复选框菜单命令",icon);
    cboMenu3=new JCheckBoxMenuItem("被选中的复选框菜单命令",true);
    /*将所创建的菜单组件添加到主菜单中*/
    menu1.add(menuItem1);menu1.add(menuItem2);menu1.add(menuItem3);
    subMenu.add(menuItem4);menu1.add(subMenu);
    menu2.add(radMenu1);menu2.add(radMenu2);menu2.addSeparator();
    menu2.add(radMenu3);menu2.add(radMenu4);
    menu3.add(cboMenu1);menu3.add(cboMenu2);menu3.add(cboMenu3);
    /*将3个主菜单添加到菜单条中*/
    menuBar.add(menu1);menuBar.add(menu2);menuBar.add(menu3);
    return menuBar;
  }
  /*创建快捷菜单及其菜单命令*/
  public void createPopupMenu(){
    JPopupMenu popup=new JPopupMenu();
    menuItem5=new JMenuItem("快捷菜单命令1");
    popup.add(menuItem5);
    menuItem6=new JMenuItem("快捷菜单命令2");
    popup.add(menuItem6);
    MouseListener popupListener=new PopupListener(popup);
    frame.addMouseListener(popupListener);        //对象frame响应快捷菜单
  }
}
```

在上面的程序中，创建了 3 个主菜单、4 个普通菜单命令、1 个子菜单、4 个单选按钮菜单命令、3 个复选框菜单命令和一个含有 2 个菜单命令的快捷菜单。其中，对象 radMenu1 和 radMenu2 为一组单选按钮菜单，对象 radMenu3 和 radMenu4 为另一组单选按钮菜单，它们之间互相独立。

（2）参照前面介绍的内容，请读者自行创建 PopupListener 类。

（3）保存两个文件，编译并运行 Caidan.java，程序启动后，单击"菜单"主菜单会显示其菜单命令，单击"子菜单"菜单命令会显示下一级菜单命令，如图 8-5-7 所示。单击"单选按钮菜单"主菜单会显示其菜单命令，如图 8-5-8 所示。单击"复选框菜单"主菜单会显示其菜单命令，如图 8-5-9 所示。右击界面中的任意位置，可以调出快捷菜单，如图 8-5-10 所示。

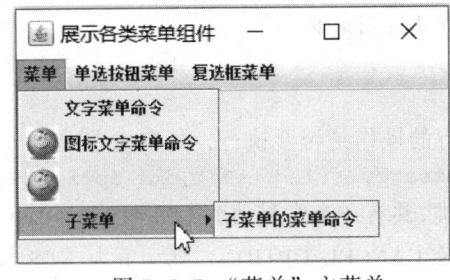

图 8-5-7　"菜单"主菜单

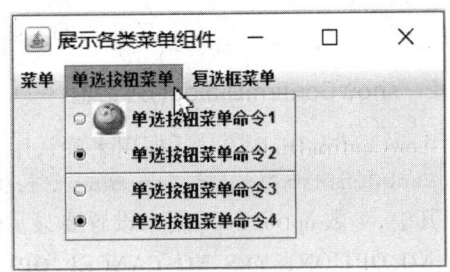

图 8-5-8　"单选按钮菜单"主菜单

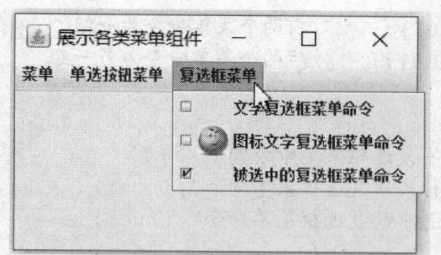

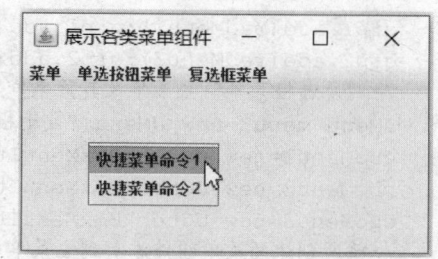

图 8-5-9　"复选框菜单"主菜单　　　　　　　图 8-5-10　快捷菜单

8.5.3　JOptionPane（对话框）

在 Swing 中，许多类都支持对话框，例如，JFileChooser、JColorChooser、JOptionPane 等。这里主要介绍 JOptionPane 类支持的对话框类型。

1. showMessageDialog()对话框

showMessageDialog()对话框用来显示对用户的提示信息，其格式为：

```
showMessageDialog(Component c,Object message,String title,int messageType)
```

其中，参数 c 为放置该对话框的组件或者容器，一般为 JFrame 类对象。参数 message 为需要向用户传达的提示信息，一般为 String 类型的数据。参数 title 为对话框的显示标题，其默认值为"消息"。参数 messageType 为对话框中信息的类型，其共有 5 个常量值分别对应不同的图标。这 5 个常量为 ERROR_MESSAGE、INFORMATION_MESSAGE、WARNING_MESSAGE、QUESTION_MESSAGE 和 PLAIN_MESSAGE，默认值为 INFORMATION_MESSAGE。

例如，下面两条语句分别创建了两个 showMessageDialog()对话框来显示不同的信息，效果如图 8-5-11 所示，其中 frame 为 JFrame 类对象。

```
JOptionPane.showMessageDialog(frame," 文 件 已 经 删 除 ！ "," 文 件 管 理 器
",JOptionPane.INFORMATION_MESSAGE);
JOptionPane.showMessageDialog(frame," 文 件 不 存 在 ！ "," 文 件 管 理 器
",JOptionPane.ERROR_MESSAGE);
```

（a）第一条语句创建的对话框　　　　　　　（b）第二条语句创建的对话框

图 8-5-11　showMessageDialog()对话框

2. showConfirmDialog()对话框

showConfirmDialog()对话框用来确认用户刚刚进行的操作是否要执行，其格式为：

```
showConfirmDialog(Component c,Object message,String title,int optionType)
```

其中，参数 optionType 用来设置要显示的按钮种类，共有 4 个常量值为 DEFAULT_OPTION、YES_NO_OPTION、YES_NO_CANCEL_OPTION 和 OK_CANCEL_OPTION，默认值为 YES_NO_CANCEL_OPTION。它们分别表示显示"确定"按钮，显示"是"和"否"按钮，显示"是"

"否"和"取消"按钮，以及"确定"和"取消"按钮。其他参数的含义与 showMessageDialog()
对话框的相同。

例如，下面两条语句分别创建了两个 showConfirmDialog()对话框来显示不同的信息，效果
如图 8-5-12 所示，其中 frame 为 JFrame 类对象。

```
JOptionPane.showConfirmDialog(frame,"是否保存该文件?","文件管理器",
JOptionPane.OK_CANCEL_OPTION);
JOptionPane.showConfirmDialog(frame,"确定要删除该文件?","文件管理器",
JOptionPane.YES_NO_CANCEL_OPTION);
```

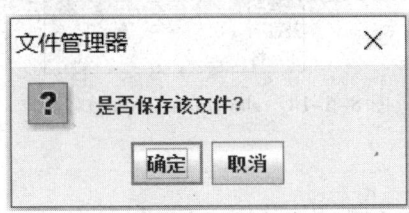 

（a）第一条语句创建的对话框　　　　　（b）第二条语句创建的对话框

图 8-5-12　showConfirmDialog()对话框

3. showOptionDialog()对话框

showOptionDialog()对话框的设置非常灵活，用户可以通过编辑图标、显示信息、按钮显示
信息、对话框标题等，创建个性化的对话框，其格式为：

```
showOptionDialog(Component c,Object message,String title,int optionType,
int messageType,ImageIcon icon,Object[] options,object initValue)
```

其中，参数 icon 为在对话框中显示的图标，参数 options 为对话框中每个按钮的显示信息，
参数 initValue 为对话框的焦点按钮。其他参数的含义与前两个对话框的相同。

例如，下面的语句创建的对话框效果如图 8-5-13 所示。因为数组 options 中含有三个元素，
所以设置参数 optionType 的值为 YES_NO_CANCEL_OPTION。ImageIcon 类对象 icon 用来保存
pic.jpg 图片文件，并以此作为对话框的图标。options[0]表示第一个按钮为对话框的焦点按钮。

```
ImageIcon icon=new ImageIcon("pic.jpg");
Object[] options={"优秀","良好","不及格"};
JOptionPane.showOptionDialog(frame,"请选择学生的总评成绩","登记成绩",
JOptionPane.YES_NO_CANCEL_OPTION,JOptionPane.QUESTION_MESSAGE,icon,opti
ons,options[0]);
```

4. showInputDialog()对话框

showInputDialog()对话框允许用户在若干项目中进行选择或者直接输入所需的内容，其格
式为：

```
showInputDialog(Component c,Object message,String title,int messageType,
Icon icon,Object[] possibleValues,object initPossibleValue)
```

其中，参数 possibleValues 为对话框中可供用户选择的项目内容，参数 initPossibleValue 为
对话框的默认显示项目。其他参数的含义与前三个对话框的相同。如果没有提供可选的项目，
用户也可以自行输入所需的内容。

例如，下面的语句创建的对话框效果如图 8-5-14 所示。数组 possibleValues 的元素为对话
框中下拉列表框选择项目，"优秀"为默认的显示项目。

```
Object[] possibleValues={"优秀","良好","中等","及格","不及格"};
JOptionPane.showInputDialog(frame,"请选择学生的总评成绩","登记成绩",
JOptionPane.INFORMATION_MESSAGE,null,possibleValues,"优秀");
```

图 8-5-13　showOptionDialog()对话框

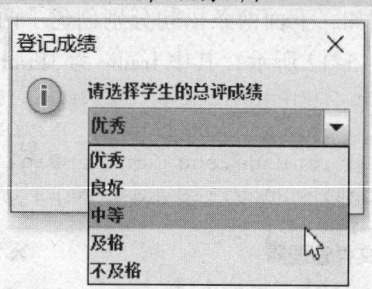

图 8-5-14　showInputDialog()对话框

5．响应对话框中的按钮

当用户单击对话框中的按钮后，可以根据所单击按钮的不同，执行不同的语句来完成不同的操作。

（1）showMessageDialog()对话框只有一个"确定"按钮。当用户单击该按钮时，对话框会自动关闭，程序继续执行创建该对话框语句的下一条语句。

（2）showConfirmDialog()对话框和 showOptionDialog()对话框都可以具有多个按钮。创建这两类对话框的语句都可以返回一个 int 类型的值，该值为用户所单击按钮的对应数值。"确定"按钮的数值为 OK_OPTION，"取消"按钮的数值为 CANCEL_OPTION，"是"按钮的数值为 YES_OPTION，"否"按钮的数值为 NO_OPTION。例如，下面的语句声明了一个 int 类型变量 n 来保存 showConfirmDialog()方法的返回值。

```
int n=JOptionPane.showConfirmDialog(frame,"是否保存该文件?","文件管理器",
JOptionPane.OK_CANCEL_OPTION);
if(n==JOptionPane.OK_OPTION)
  lbl.setText("文件已经被保存! ");
```

（3）showInputDialog()对话框也可以具有多个按钮，但是其返回值为用户所输入或者所选中项目的类型。例如，在下面的语句中，定义一个 String 类型变量 s 来保存 showInputDialog()方法的返回值。如果变量 s 的值不等于 null 并且长度大于 0，则在标签中显示用户选择的试题。如果不确定返回值的类型时，最好强制转换返回值的数据类型。

```
String s=(String) JOptionPane.showInputDialog(frame,"请选择学生的总评成绩",
"登记成绩",JOptionPane.INFORMATION_MESSAGE,null,possibleValues,"优秀");
if((s!=null)&&(s.length()>0))
  lbl.setText("该学生的总评成绩是"+s);
```

【案例 8.20】测试你适合的职业

编写程序 Zhiye，根据用户的答案给出用户适合的职业，操作步骤如下：

（1）在"记事本"中，输入如下程序代码。

```
import java.awt.event.*;
import javax.swing.*;
public class Zhiye implements ActionListener{
  JMenuItem menuItem1,menuItem2;
  static JFrame frame;
  public static void main(String[] args){
```

```
    frame=new JFrame("测试你适合的职业");
    frame.setDefaultCloseOperation(JFrame.EXIT_ON_CLOSE);
    Zhiye zhi=new Zhiye();
    frame.setJMenuBar(zhi.init());
    frame.setSize(300, 200);
    frame.setVisible(true);
  }
  public JMenuBar init(){
    JMenuBar menuBar=new JMenuBar();
    JMenu menu=new JMenu("程序");
    menuItem1=new JMenuItem("开始测试");
    menu.add(menuItem1);
    menuItem2=new JMenuItem("退出");
    menu.add(menuItem2);
    menuBar.add(menu);
    menuItem1.addActionListener(this);
    menuItem2.addActionListener(this);
    return menuBar;
  }
  public void actionPerformed(ActionEvent e){
    String s="";
    if( e.getSource()==menuItem1){
      Object[] type={"A.名牌服饰","B.家庭电器","C.贵重首饰"};
      s=(String)JOptionPane.showInputDialog(frame, "在某娱乐节目中，你赢得了大
                奖，你最希望是哪类奖品呢？", "测试你适合的职业", JOptionPane.
                INFORMATION_MESSAGE, null,type,"A.名牌服饰");
    }
    else{
      int n=JOptionPane.showConfirmDialog(frame,"是否要退出程序？","测试你适
合的职业",JOptionPane.OK_CANCEL_OPTION);
      if(n==JOptionPane.OK_OPTION)System.exit(0);
    }
    if(s.substring(0,1).equals("A"))
      JOptionPane.showMessageDialog(frame,"你适合大众传播、时尚行业","选择A",
          JOptionPane.INFORMATION_MESSAGE);
    if(s.substring(0,1).equals("B"))
      JOptionPane.showMessageDialog(frame,"你适合公务员、办公室职员","选择B",
          JOptionPane.INFORMATION_MESSAGE);
    if(s.substring(0,1).equals("C"))
      JOptionPane.showMessageDialog(frame,"你适合商业、外交、公关行业","选择C",
          JOptionPane.INFORMATION_MESSAGE);
  }
}
```

在上面的程序中，使用了 JOptionPane 类中的两种对话框，变量 s 用来保存用户选择的选项。然后使用 if 语句根据用户的选择，创建相应的对话框。

（2）保存并运行程序 Zhiye，单击"程序"主菜单中的"开始测试"菜单命令，如图 8-5-15（a）所示，弹出"测试你适合的职业"对话框，在其中的下拉列表框中选择答案，如图 8-5-15（b）

所示。然后单击"确定"按钮，会调出相应的对话框，显示适合的职业，如图 8-5-15（c）所示为选择 C 的效果。单击"程序"主菜单中的"退出"菜单命令，则会调出对话框询问用户是否要退出程序，如图 8-5-15（d）所示。

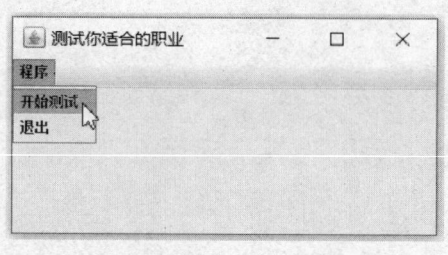

（a）"测试你适合的职业"对话框

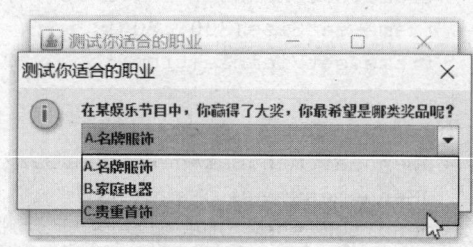

（b）做出选择

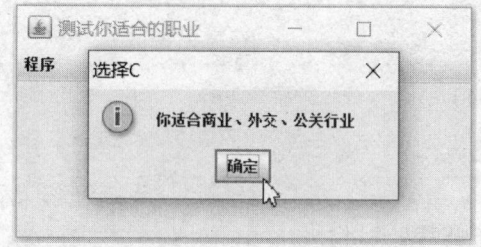

（c）选择 C 的效果

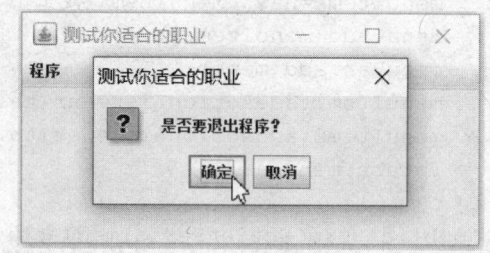

（d）退出程序

图 8-5-15　程序 Zhiye 的运行效果

思考与练习 8-5

1．填空题

（1）图形用户界面中的复选框和单选按钮可以分别通过 Swing 中的＿＿＿＿＿类和＿＿＿＿＿类来创建。

（2）必须通过使用＿＿＿＿＿类，JRadioButton 类对象才能具有单选性质。

（3）在一般情况下，使用＿＿＿＿＿来处理 JCheckBox 类的事件，使用＿＿＿＿＿来处理 JRadioButton 类的事件。

（4）＿＿＿＿＿类用来创建图形用户界面中的密码框，它是＿＿＿＿＿类的子类，具有其所有功能。

（5）在创建表格时，要把＿＿＿＿＿类的对象加入到＿＿＿＿＿中，否则表格的标题将无法显示出来。

（6）＿＿＿＿＿类用来创建类似与 Windows 系统中的快捷菜单，是由＿＿＿＿＿和系统判断决定快捷菜单要出现在哪里。

2．操作题

（1）改写【案例 8.18】，给"产品及价格"选项区域中添加一个"护发素（20￥）"复选框，给"会员优惠"选项区域中添加一个"钻石卡会员（15%）"单选按钮，修改部分程序使其运行效果不变。

（2）写出下面程序的运行结果。

```
import java.awt.*;
import java.awt.event.*;
import javax.swing.*;
```

```
public class Exp implements ItemListener{
  final static int Item_Num=5;
  final static int START_INDEX=0;
  double[] price={2999.99,789.99,1899.99,200.99,566.88};
  JTextField txtPrice;
  JComboBox cbItems;
  String[] names={"电视机","洗衣机","电冰箱","吸尘机","DVD机"};
  public static void main(String[] args){
    JFrame frame=new JFrame("家用电器价格表");
    Exp app=new Exp();
    JPanel pane=app.createComponents();
    frame.getContentPane().add(pane);
    frame.setDefaultCloseOperation(JFrame.EXIT_ON_CLOSE);
    frame.setSize(400,180);
    frame.setVisible(true);
  }
  public JPanel createComponents(){
    JPanel pane=new JPanel();
    JLabel lblPrice=new JLabel(" 价格（￥）");
    txtPrice=new JTextField(8);
    JComboBox cbItems=new JComboBox(names);
    txtPrice.setText(" "+price[START_INDEX]);
    pane.add(cbItems);
    pane.add(lblPrice);
    pane.add(txtPrice);
    cbItems.addItemListener(this);
    return pane;
  }
  public void itemStateChanged(ItemEvent e){
    String s=(String)e.getItem();
    for (int i=0;i<Item_Num;i++)
    if(s.equals(names[i]))
      txtPrice.setText(" "+price[i]);
  }
}
```

（3）描述下面三条语句所创建的对话框格式。

```
JOptionPane.showInputDialog(frame,"请选择您的月收入","用户信息",JOptionPane.
    INFORMATION_MESSAGE,null,null,"");
JOptionPane.showMessageDialog(frame,"欢迎进入新星的主页！");
JOptionPane.showConfirmDialog(frame,"是否要退出游戏","网络游戏",JOptionPane.
    OK_CANCEL_OPTION);
```

（4）编写程序使用菜单组件模拟"记事本"软件界面的菜单栏。

8.6　Applet 中实现图形用户界面

　　Applet 的主要目的是将动态执行与交互的功能引入 Web 页面中，因此，几乎所有的 Applet 都需要创建图形用户界面与用户进行动态交互，并通过图像、文本等方式输出运行结果。本节将介绍如何基于 AWT 和 Swing 构造图形用户界面，以及如何在 Applet 中进行事件处理。

8.6.1　基于 AWT 组件的 Applet 用户界面

由于 Applet 是 AWT 的 Panel 类的子类，Applet 本身就是一个面板，因此，可以像操作 AWT 其他容器一样，向 Applet 中增加组件并且使用布局管理器设置组件在屏幕上的位置和大小。一般在 init()方法中创建相应的组件。Applet 作为一种容器，常用的方法如下：

add()方法用来添加指定的组件。

remove()方法用来删除指定的组件。

setLayout()方法用来设置布局管理器。

Applet 中的事件处理机制与 Java Application 中的相同，采用监听器方式。下面以 ActionEvent 类为例，简单介绍如何在程序中实现对事件的响应。

当用户在文本框中输入所需内容后按【Enter】键时，或者当用户单击按钮时，会产生一个 ActionEvent 类的事件。处理这类事件的步骤如下：

（1）在程序的最前面使用 import java.awt.event.*;语句导入 java.awt.event 包中的所有类。

（2）给程序的主类添加 ActionListener 接口，其格式为：

```
public class 类名 extends Applet implements ActionListener
```

（3）在 init()方法中，将需要监听的组件注册，其格式为：

```
public void init(){
    add(对象名 1);                    //向界面中添加创建的组件对象
    …
    add(对象名 n);
    对象名 1.addActionListener(this);    //需要监听的对象
    …
    对象名 n.addActionListener(this);
}
```

程序只对被监听的组件所产生的事件做出响应，没有被监听的组件所产生的事件将不会被处理。

（4）在 actionPerformed()方法中编写具体处理该事件的方法，其需要做出的响应，其格式为：

```
public void actionPerformed(ActionEvent e){
    语句体
}
```

例如，下面的程序 Baocun 运行后，用户首先在文本框中输入内容，然后按【Enter】键或者单击"确定"按钮，均会在标签中显示"内容已经被保存！"的字样。图 8-6-1（a）为程序的起始状态，图 8-6-1（b）为输入内容并按【Enter】键或者单击"确定"按钮后的效果。

```
import java.applet.*;
import java.awt.*;
import java.awt.event.*;
public class Baocun extends Applet implements ActionListener{
    Label msg=new Label("请输入需要保存的信息");
    TextField text=new TextField(20);
    Button btn=new Button("确定");
    public void init(){        //初始化图形用户界面
        /*添加所有的组件*/
        add(text);
        add(btn);
```

```
    add(msg);
    /*添加需要监听的组件*/
    text.addActionListener(this);
    btn.addActionListener(this);
  }
  public void actionPerformed(ActionEvent e){    //事件处理方法
    msg.setText("内容已经被保存! ");
  }
}
```

在"记事本"中编写 HTML 文件并保存，程序代码如下：

```
<HTML>
<BODY>
<APPLET CODE="Baocun.class" WIDTH=300 HEIGHT=100>
</APPLET>
</BODY>
</HTML>
```

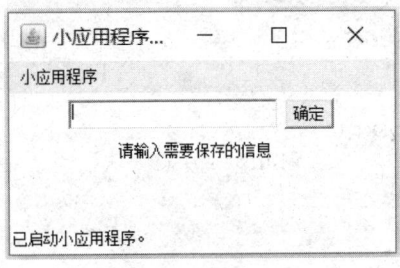

（a）程序起始画面

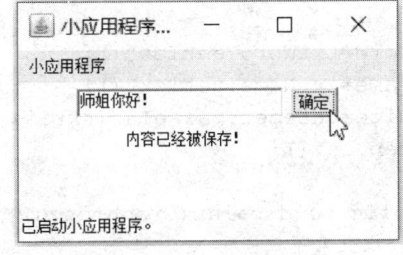

（b）进行操作后的效果

图 8-6-1　程序 Baocun 的运行效果

【案例 8.21】简易"字体"对话框

编写程序 Ziti 模拟一个简易的"字体"对话框，可以根据用户输入的字体、字号来设置文字的字体。还可以通过单击对应的按钮改变文字的颜色，操作步骤如下：

（1）在"记事本"中，输入如下程序代码。

```
import java.applet.*;
import java.awt.*;
import java.awt.event.*;
public class Ziti extends Applet implements ActionListener{
  String word="";        //保存用户输入的文字
  String name="";        //保存文字的字体
  int size=0;            //保存文字的字号
  int c=0;               //保存文字颜色，0 表示黑色，1 表示红色，2 表示蓝色
  Label lblWord=new Label("请输入文字");
  TextField txtWord=new TextField(14);
  Label lblName=new Label("字体");
  TextField txtName=new TextField(7);
  Label lblSize=new Label("字号");
  TextField txtSize=new TextField(2);
  Button btnRed=new Button("红色");
  Button btnBlue=new Button("蓝色");
  Button btnBlack=new Button("黑色");
```

```
Button btn=new Button("显示");
public void init(){
  add(lblWord);add(txtWord);
  add(lblName);add(txtName);
  add(lblSize);add(txtSize);
  add(btnRed);add(btnBlue);add(btnBlack);add(btn);
  btnRed.addActionListener(this);
  btnBlue.addActionListener(this);
  btnBlack.addActionListener(this);
  btn.addActionListener(this);
}
public void actionPerformed(ActionEvent e){
  if(e.getSource()==btnRed)
    c=1;
  else if(e.getSource()==btnBlue)
    c=2;
  else if(e.getSource()==btnBlack)
    c=0;
  word=txtWord.getText();
  name=txtName.getText();
  size=Integer.parseInt(txtSize.getText());
  repaint();                              //调用 paint()方法
}
public void paint(Graphics g){
  /*设置文字颜色*/
  if(c==0)
    g.setColor(Color.black);
  else if(c==1)
    g.setColor(Color.red);
  else
    g.setColor(Color.blue);
  Font f=new Font(name,Font.BOLD,size);  //设置文字字体
  g.setFont(f);                          //改变字体
  g.drawString(word,30,120);             //绘制文字
  }
}
```

在上面的程序中，使用 repaint();语句来调用 paint()方法显示文字。用户每次单击按钮后，程序都会根据用户输入的内容重新给变量 word、name、size 和 c 赋值，然后执行 paint()方法中的语句按照新的设置重新显示文字。

（2）请读者自行编写 HTML 程序。程序的运行后的起始画面如图 8-6-2 所示。用户在"请输入文字"文本框中输入要显示的文字，在"字体"文本框中输入文字的字体，在"字号"文本框中输入文字的字号。单击"显示"按钮即可按设置显示文字。图 8-6-3 所示为两个运行效果。

8.6.2　基于 Swing 的 Applet 用户界面

JApplet 是一个使 Applet 能够使用 Swing 构件的类。JApplet 类继承了 java.awt 包的 Applet 类，包含 Swing 组件的 Applet 必须是 JApplet 类的子类。

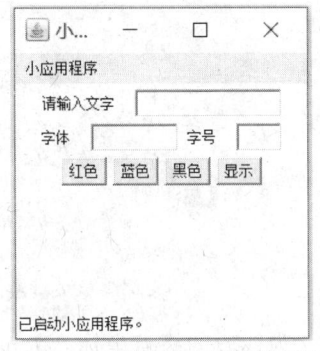
图 8-6-2 程序 Ziti 的起始画面

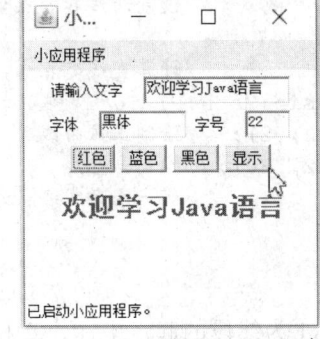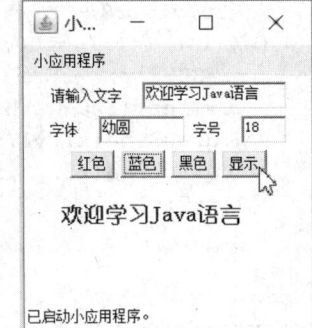
图 8-6-3 程序 Ziti 的两个运行效果

1. JApplet 的特点

JApplet 是 Swing 的顶层容器，与前面介绍的其他顶层容器一样，它含有一个根面板（JRootPane）作为唯一的直接后代。而根面板中的内容面板（ContentPane）用来放置 JApplet 中除菜单外所有的组件。

与一般的 Applet 不同，向 JApplet 中增加组件是把组件添加到 Swing Applet 的内容面板中，而不是直接添加到 Applet 中。同样，对 JApplet 设置布局管理器时，也是对 Swing Applet 的内容面板进行设置，而不是对 Applet 进行设置。Swing Applet 的内容面板的默认布局管理器是 BorderLayout，而 Applet 默认的布局管理器是 FlowLayout。此外，在 Swing Applet 中进行绘图时，不能直接改变相应的 Swing 组件的 paint()方法，而是应该使用 paintComponent()方法。

2. JApplet 内容面板的使用

给 JApplet 添加组件的常用方式有两种。

（1）使用 getContentPane()方法获得 JApplet 的内容面板，然后再向面板中添加组件。

```
Containter pane = getContentPane();
pane.add(组件对象名);
```

（2）建立一个中间容器，比如 JPanel，把组件添加到中间容器中，然后再用 setContentPane()方法把该容器设置为 JApplet 的内容面板。

```
JPanel pane = new JPanel();
pane.add(组件对象名);
setContentPane();
```

同样的删除组件或者设置布局管理器等操作都是针对内容面板，而不是直接针对 JApplet 的，内容面板对象变量必须指向实际 JApplet 的内容面板，不能设置为 null。

【案例 8.22】绘制 sin()函数图案

编写程序 Sin，在 JApplet 窗口中显示 sin()函数图案，操作步骤如下：

（1）在"记事本"中，输入如下程序代码。

```
import javax.swing.*;
import java.awt.*;
public class Sin extends JApplet{
  int x1,x2,y1,y2;
  public void paint(Graphics g){
    g.drawLine(20,120,340,120); //绘制坐标轴的 x 轴
    g.drawLine(30,20,30,230);   //绘制坐标轴的 y 轴
```

```
x1=30;y1=120;                    //设置曲线起始点坐标
for(int i=1;i<=100;i++){
  x2=30+i*3;                     //计算直线终点
  y2=(int)(120-Math.sin(Math.PI/50*i)*100);
  g.drawLine(x1,y1,x2,y2);       //绘制正弦曲线
  g.drawLine(x2,y2,x2,120);      //绘制垂直线
  x1=x2;y1=y2;                   //前一条直线终点为起点
  }
 }
}
```

在上面的程序代码中，x1 和 y1 为线段的起点坐标，x2 和 y2 为线段的终点坐标。在 paint() 方法中先绘制了一个坐标轴，其坐标原点在 JApplet 窗口中的坐标值是(30,120)，所以 x1 的初始值为 30，y1 的初始值为 120。

（2）for 语句用来绘制 sin()函数图案，一共循环 100 次，表示用 100 条线段来绘制 sin()函数图案。x2=30+i*3;语句中，i*3 表达式为两条线段的间距，增加或减少乘数的值可以控制图案的疏密程度。y2=(int)(120-Math.sin(Math.PI/50*i)*100);语句调用 Math 类中的 sin()方法来控制线段在纵轴的终点位置。

（3）请读者自行编写与 Sin 文件对应的 HTML 文件，程序运行结果如图 8-6-4 所示。

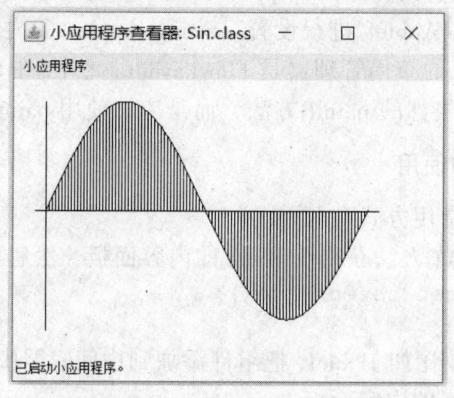

图 8-6-4　程序 Sin 的运行结果

【案例 8.23】简易"格式"工具栏

编写程序 Geshi 模拟一个简易的"格式"工具栏界面，操作步骤如下：

（1）在"记事本"中，输入如下程序代码。

```
import java.awt.*;
import javax.swing.*;
public class Geshi extends JApplet{
  JComboBox cboFonts,cboSizes;    // "字体"和"字号"下拉列表框
  JToggleButton btnB,btnI,btnU;   // "加粗""倾斜""下画线"按钮
  //第一个下拉列表框中的选项
  String[] strFonts={"Times New Roman","楷体_GB2312","隶书","宋体"};
  //第二个下拉列表框中的选项
  String[] strSizes={"14","16","18","20","24","28","32"};
  public void init() {
    Container p = getContentPane();
    /*创建界面中央显示的组件*/
    JToggleButton btnB=new JToggleButton("B");
```

```
    JToggleButton btnI=new JToggleButton("I");
    JToggleButton btnU=new JToggleButton("U");
    cboFonts=new JComboBox(strFonts);
    cboSizes=new JComboBox(strSizes);
    p.setLayout(new GridLayout(1,5));
    /*添加界面中央显示的组件*/
    p.add(cboFonts);
    p.add(cboSizes);
    p.add(btnB);
    p.add(btnI);
    p.add(btnU);
  }
}
```

（2）请读者自行编写与 Geshi 文件对应的 HTML 文件。运行程序，其起始界面如图 8-6-5 所示。用户可以在下拉列表框中选择所需的字体和字号。当单击其中的按钮时，按钮会陷下去，再次单击该按钮，按钮才会弹起，如图 8-6-6 所示。

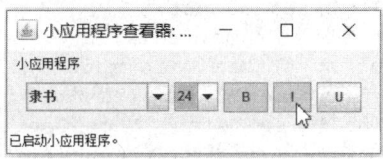

图 8-6-5　程序 Geshi 的起始画面　　　　图 8-6-6　程序 Geshi 的运行效果

8.6.3　使用音频文件

如果要在程序中播放音频文件，首先必须导入 java.applet 包和 java.net 包。然后声明一个 AudioClip 的对象来装载音频文件。载入音频文件需要利用 Applet 类中提供的三个方法，分别介绍如下：

（1）getAudioClip(URL url)方法，其返回参数 url 所指向路径的音频文件，返回值类型为 AudioClip。

（2）getAudioClip(URL url, String filename)方法，其返回参数 url 所指向路径内名称为变量 filename 值的音频文件，返回值类型为 AudioClip。

（3）newAudioClip(URL url)方法，其返回参数 url 所指向路径的音频文件，返回值类型为 AudioClip。

前两种方法是实例方法，可以在继承 Applet 类的程序中直接调用；后一种为类方法，可以在没有继承 Applet 类的程序中，通过 Applet 类调用。

AudioClip 中有以下三个方法：

（1）public void play()用来播放一遍载入的音频文件。

（2）public void stop()用来停止正在进行的播放。

（3）public void loop()用来循环播放载入的音频文件。

URL 类用来指向所需文件的路径。文件可以是计算机硬盘中的文件，也可以是保存在网络上的网页。System 类中的 getProperty()类方法，可以根据参数的不同返回 String 类型的特定的系统信息。例如，参数 user.dir 为用户当前工作的目录，参数 user.home 为用户的根目录，参数 user.name 为用户的账户名称，等等。

【案例 8.24】播放音乐

编写程序 Yinyue 用来播放一个音频文件，效果如图 8-6-7 所示，程序代码如下：

图 8-6-7　程序 Yinyue 的画面

```java
import java.awt.*;
import java.awt.event.*;
import javax.swing.*;
import java.applet.*;
import java.net.*;
public class Yinyue implements ActionListener{
  JMenuItem menuItem1,menuItem2,menuItem3,menuItem4;//4 个菜单命令
  AudioClip sound=loadSound("1.wav");//变量 sound 保存音频文件 1.wav
  JTextArea output;
  static JFrame frame;
  public static void main(String args[]){
    frame=new JFrame("播放音乐");
    frame.setDefaultCloseOperation(JFrame.EXIT_ON_CLOSE);
    Yinyue yin=new Yinyue();
    frame.setJMenuBar(yin.createMenuBar());
    frame.setContentPane(yin.createContentPane());
    frame.setSize(300,150);
    frame.setVisible(true);
  }
  public JMenuBar createMenuBar(){
    JMenuBar menuBar=new JMenuBar(); //创建 JMenuBar 对象
    JMenu menu=new JMenu("音乐");        //创建 JMenu 对象（主菜单）
    menuItem1=new JMenuItem("播放"); //创建菜单命令
    menu.add(menuItem1);   //将菜单命令添加到对应的主菜单中
    menuItem2=new JMenuItem("循环");
    menu.add(menuItem2);
    menuItem3=new JMenuItem("停止");
    menu.add(menuItem3);
    menuItem4=new JMenuItem("退出");
    menu.add(menuItem4);
    menuBar.add(menu);
    //将主菜单及其菜单命令添加到 JMenuBar 对象中
    menuItem1.addActionListener(this);
    menuItem2.addActionListener(this);
    menuItem3.addActionListener(this);
    menuItem4.addActionListener(this);
    return menuBar;   //返回 JMenuBar 对象
  }
  public JPanel createContentPane(){
    JPanel contentPane=new JPanel(new BorderLayout());
    output=new JTextArea(5,30);
    output.setEditable(false);
    contentPane.add(output, BorderLayout.CENTER);
    return contentPane;
  }
  /*根据用户单击的菜单命令，执行相应的语句*/
```

```
public void actionPerformed(ActionEvent e){
  if(e.getSource()==menuItem1){//播放音频文件
    sound.play();
    output.setText("播放音频文件");
  }
  if(e.getSource()==menuItem2){//循环播放音频文件
    sound.loop();
    output.setText("循环播放音频文件");
  }
  if(e.getSource()==menuItem3){//停止播放音频文件
    sound.stop();
    output.setText("停止播放音频文件");
  }
  if(e.getSource()==menuItem4){
    int n=JOptionPane.showConfirmDialog(frame,"是否关闭程序？","播放音乐
",JOptionPane.OK_CANCEL_OPTION);
    if(n==JOptionPane.OK_OPTION)System.exit(0);//退出程序
  }
}
/*导入音频文件*/
private AudioClip loadSound(String fileName){
  URL url=null;//保存音频文件的完整路径
  try{
    url=new URL("file:"+System.getProperty("user.dir")+ "/" + fileName);
  }
  catch(MalformedURLException e) {}
  return Applet.newAudioClip(url);//返回创建的 AudioClip 对象
}
}
```

思考与练习 8-6

1．填空题

（1）如果要在程序中播放音频文件，则必须先导入_____包和_____包。

（2）AudioClip 中有三个方法，_____用来播放一遍载入的音频文件，loop()方法用来_____。

2．操作题

（1）使用 Applet 创建登记用户个人信息的图形用户界面。

（2）改写【案例 8.24】，用户可以通过对话框选择播放不同的曲目，参考图 8-6-8 所示。

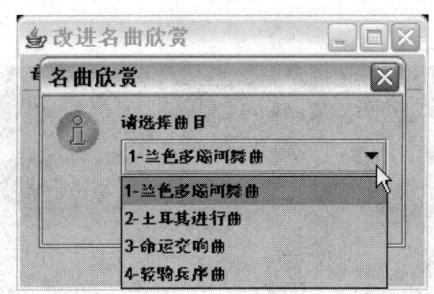

图 8-6-8 选择播放不同曲目

第9章 异常、断言和线程

本章主要介绍 Java 语言异常处理机制和方法以及线程的概念和多线程的应用。

9.1 异常处理和断言

本节主要介绍编程中常见的错误，在程序运行过程中出现错误或者异常现象时，Java 语言的处理机制和方法，以及使用断言对程序逻辑的某种假设进行测试的方法。

9.1.1 常见错误

Java 语言虽然功能强大，使用方便、灵活，但是要真正学好、用好并不容易。尤其是初学者，往往出了错误还不知道怎么回事。还有一些学过其他高级语言编程的读者经常按照原有的习惯来编写 Java 语言程序，这也是造成错误的一个原因。在 Java 语言中，产生异常现象的错误大体可以分成三大类：编译错误、运行错误和逻辑错误。

1. 编译错误

编译错误是指在编写程序时，输入错误的关键字或者标识符、遗漏标点符号及赋值时数据类型不匹配等错误。这类错误会在使用 javac 命令编译程序时，显示在"命令提示符"窗口内。只有在更正编译错误后，才可以运行程序。每次修改程序的错误后，必须要再次保存程序，然后输入 javac 命令。下面列举了部分常见的编译错误。

（1）大小写形式混淆。Java 语言是严格区分大小写的计算机编程语言。类、方法、变量的名称必须前后完全一致，否则将出现无法解析符号的错误。例如，声明了变量 lblAge，在后面使用该变量时书写成了 lblage，则编译程序时会显示找不到符号的错误信息，如图 9-1-1 所示。此外，语句命令也同样要注意大小写，否则会出现命令不存在的错误，如图 9-1-1 所示。

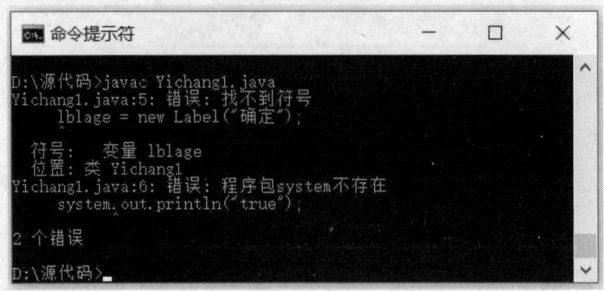

图 9-1-1 大小写形式混淆

（2）使用未声明的变量。在有些高级语言中，变量不需要先声明，就可以直接使用。而 Java 语言则规定在使用任何变量前必须要先声明该变量的类型。如果使用未声明的变量，编译程序时会出现无法解析符号的错误。

（3）使用未初始化的变量。虽然声明了变量，但是在未赋初值前就进行计算或者打印输出等非赋值操作。这种情况下，会显示变量可能尚未初始化的错误提示信息。

（4）语句后面遗漏分号。Java 语言规定每条语句的末尾必须有分号，也就是说分号是两条语句之间的分隔点。如果某条语句的分号没有输入，则程序编译时就会出现错误。在一般情况下，错误提示会正确指出程序中缺少分号的位置。但是如果语句比较复杂，错误提示指出的位置可能并不是实际缺少分号的位置，编程者必须仔细查看程序，自行找出错误位置。

（5）数据类型与变量类型不符。当数据类型与变量类型不符时，如果 Java 语言可以自行转换的话，则不会显示错误信息，但是运行结果将很可能与编程者意愿不符。如果 Java 语言不能自行转换，则会显示错误信息。例如，下面语句的错误信息如图 9-1-2 所示。

```
int number=1234.5;
String str='A';
```

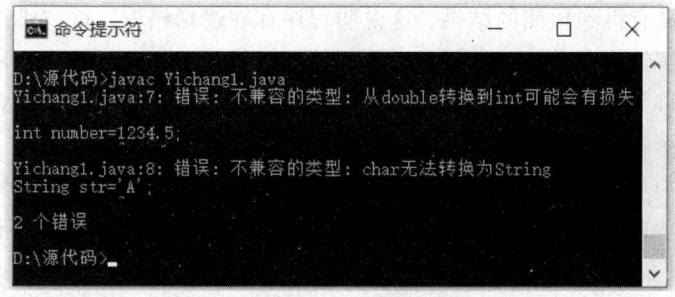

图 9-1-2　数据类型与变量类型不符

不论是上面哪种错误，Java 语言都会指出错误的数据类型，以及所需的正确的数据类型，这可以帮助编程者改正错误。

（6）小括号不配对。小括号左右个数不等的现象经常出现在 if 语句和 while 语句的条件表达式中。当表达式结构复杂，必须使用多层小括号时，很容易出现这类错误。因此，建议编程者养成先输入一对小括号，然后再在其中输入内容的好习惯。

2．运行错误

运行错误是指在执行 Java 程序时因非法操作或者操作失败所产生的错误。例如，计算时除数为零、数组下标越界、文件没找到等。这类错误在编译程序时一般是无法发现的。产生运行错误时，程序会被中断并显示错误信息。下面列出两种常见的运行错误。

（1）数组下标越界。数组下标越界是初学者常犯的一个错误。Java 语言规定数组的下标由 0 开始到数组元素个数减 1 为止。例如，下面程序中数组 numbers 共有 10 个元素，给这 10 个元素赋值的循环语句如下。

```
int numbers[]=new int[10];
for(int i=1;i<=10;i++)
  numbers[i]=10;
```

实际上，数组 numbers 的下标范围为 0~9，所以当执行最后一次循环 i=10 时，numbers[10]

已经超出了数组下标范围，会显示数组下标溢出范围的错误信息，如图 9-1-3 所示。

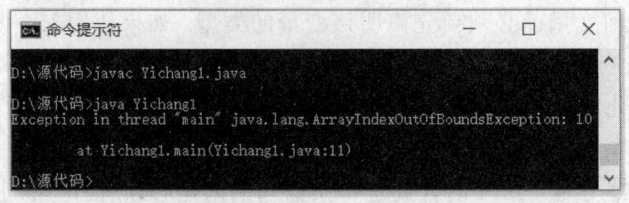

图 9-1-3　数组下标越界

（2）除数为零。Java 语言不允许计算过程中出现除数为零的情况。因此，在编写程序时，一定要注意计算过程中的中间值。如果出现除数为零的情况，则程序会被中断并显示除数为 0 的错误信息（ArithmeticException: / by zero）。

运行错误通常都比较隐蔽，而且会造成程序中断甚至系统死机等现象。为此 Java 语言提供处理这类错误的方法，帮助编程者避免程序中断等现象的发生。

3. 逻辑错误

程序运行后，没有得到预期的结果，这说明程序存在逻辑错误。这类错误从语法上来说是有效的，只是程序逻辑上存在缺陷。例如，使用的变量类型不正确、语句次序错误、循环变量的初值和终值不正确等。通常，逻辑错误不会产生错误提示信息，所以错误较难排除，需要编程者仔细地分析整个程序的运行步骤。下面列出三种常见的逻辑错误。

（1）超出数据类型的数值范围。在 Java 语言中，每种数据类型都有其数值范围，一旦数值超过了数据类型的取值范围，就会造成计算结果错误。例如，下面的循环语句用来求 20!。

```
int sum=1;
for(int i=1;i<=20;i++)
  sum=sum*i;
```

变量 sum 的计算结果为 -2102132736，计算的结果为负数显然是不合常理的。这是因为当运算过程中，数值超出数据类型范围后，Java 语言会按照一定的方法将数据处理为范围之内的一个数值。如果将变量 sum 的类型改为 long，则会输出正确的答案。

（2）将等于关系符号写成 "="。在许多高级语言和数学表达式中，用 "=" 符号来表示相等的关系，而在 Java 语言中，该符号是赋值运算符号，"==" 符号才是关系运算符号。在一般情况下，只要比较的数据类型不是 boolean 类型，Java 语言可以在编译程序的时候发现该错误，但是如果进行比较的两个数据的类型本身就是 boolean 类型，则很难发现该错误，最终造成程序出现逻辑错误。例如，在下面的 if 语句表达式中，Java 语言编译系统将 boo=true 作为赋值表达式进行处理，也就是说先将 true 赋值给变量 boo，然后再判断 boo 的值是否为 true，如果为 true，则执行打印语句，否则继续执行下面的语句。很显然，无论变量 boo 之前的值是什么，该表达式的值永远为 true，所以打印语句一定会被执行。

```
boolean boo=false;
if(boo=true) System.out.println("Yes!");
```

这种错误在编译时是检查不出来的，但运行结果往往是错的。而且由于习惯的影响，编程者自己也很难发现。

（3）语句体忘记加花括号：花括号在 Java 程序中具有非常重要的作用，当语句体的语句不止一条时，必须使用花括号，否则很容易出现错误。例如，下面的语句本意是要计算 1+2+⋯+

99+100 的和，但是因为忘记了使用花括号将语句体括起来，所以实际上只是重复执行了 sum =
sum + i;语句，而且进入了死循环状态。

```
sum=0;int i=1;
while(i<=100)
  sum=sum+i;
  i++;
```

为了避免这类错误的发生，最好在任何情况下都使用花括号将语句体括起来。

9.1.2 异常处理

异常（exception）指的是程序运行时出现的非正常情况，又称差错、违例等。

1. 异常处理机制的优点

上面介绍的运行错误就是异常的主要现象。当异常发生时，会造成程序运行中断、系统死
机等问题。Java 语言可以用特定的语句来处理异常并继续执行程序，而不让其中断。

Java 语言提供一个异常处理类 Exception 类，专门处理程序执行期间的错误。每当 Java 程
序运行过程中发生一个可识别的运行错误时，即该错误有一个异常类与之相对应时，系统都会
产生一个相应的该异常类的对象，即产生一个异常。

一旦一个异常对象产生了，系统中就一定有相应的机制来处理它，确保不会产生死机、死
循环或其他对操作系统的损害，从而保证了整个程序运行的安全性。

Java 语言异常处理机制有以下一些优点：

（1）Java 语言通过面向对象的方法进行异常处理，把各种不同的异常事件进行分类，体现
了良好的层次性，提供了良好的接口，这种机制对具有动态运行特性的复杂程序提供了强有力
的控制方式。

（2）Java 语言的异常处理机制使得处理异常的内容和程序本身内容分开，降低了程序的复
杂性，增强了程序的可读性。

（3）由于把异常事件当成对象来处理，利用类的层次性，可以对多个具有相同父类的异常
统一处理，也可以区分不同的异常分别处理，使用非常灵活。

2. 异常类

Java 语言的异常类是处理运行时错误的特殊类，每一种异常类对应一种特定的运行错误。
所有的 Java 异常类都是系统类库中的 Exception 类的子类。

Exception 类有若干子类，每一个子类代表了一种特定的运行时错误。这些子类有些是系
统事先定义好并包含在 Java 类库中的，称为系统定义的运行异常。

系统定义的运行异常通常对应着系统运行错误。由于这种错误可能导致操作系统错误甚至
是整个系统的瘫痪，所以需要定义异常类来特别处理。

下面是常见的系统定义异常：

（1）ArithmeticException：数学错误。

（2）ArrayIndexOutOfBoundsException：数组下标越界使用。

（3）ClassNotFoundException：未找到欲使用的类。

（4）FileNotFoundException：未找到指定的文件或目录。

（5）InterruptedException：线程在睡眠、等待或其他原因暂停时被其他线程打断。

（6）IOException：输入/输出错误。

（7）MalformedURLException：URL 格式错误。

（8）NullPointerException：引用空的尚无内存空间的对象。

（9）SecurityException：安全性错误，如 Applet 欲读/写文件。

（10）UnknownHostException：无法确定主机的 IP 地址。

系统定义的异常主要用来处理系统可以预见的较常见的运行错误，对于某个应用程序所特有的运行错误，则需要编程者根据程序的特殊逻辑在应用程序中自行创建自定义的异常类和异常对象。这种用户自定义异常主要用来处理用户程序中特定的逻辑运行错误，将在后面具体介绍。

3. 处理过程

在 Java 语言中，异常处理最常用的是 try…catch…finally 语句结构，此外还可以使用 throw 和 throws 关键字，分别介绍如下。

（1）try…catch…finally 语句。Java 语言中通过使用 try…catch…finally 语句来捕获一个或多个异常，基本格式为：

```
try{
  语句体
}
catch(异常错误类型 变量名){
  语句体
}
finally{
  语句体
}
```

其中，try 语句中的语句体是程序中有可能会产生一个或者多个异常的语句。catch 语句可以有一个或者多个，而 finally 语句可以没有。但是，至少要有一个 catch 语句或者 finally 语句。

catch 语句的参数类似于方法的参数，其中包括一个异常类型和一个异常对象。异常类型必须为 Exception 类的子类，它指明了 catch 语句所处理的异常类型。在程序运行时，当 try 语句体中产生异常时，系统会通过 catch 语句捕获这个异常，然后执行 catch 语句中的语句体对该异常进行处理。

catch 语句可以有多个，分别处理不同类型的异常。Java 运行时系统从上到下分别对每个 catch 语句处理的异常类型进行检测，直到找到类型相匹配的 catch 语句为止。类型匹配是指 catch 语句所处理的异常类型与生成的异常对象的类型完全一致或者是它的父类。因此，catch 语句的排列顺序应该是从特殊到一般的。

也可以用一个 catch 语句处理多个异常类型，这时它的异常类型参数应该是这多个异常类型的父类，程序设计中要根据具体的情况来选择 catch 语句的异常处理类型。

在捕捉异常时，还可以使用 finally 语句。在 try…catch 之后接上 finally 语句，表示执行 try…catch 描述后，无论有无异常，最后必须执行 finally 语句中的语句体。

（2）关键字 throws 和 throw。如果程序需要处理某个方法中产生的异常，则不能只使用 try…catch…finally，而是要借助关键字 throws。首先在声明方法时使用关键字 throws，表示该方法中语句有可能产生某些需要处理异常，然后在 try 语句中调用该方法，并在 catch 语句中编写处理异常的语句。方法的格式如下：

```
返回类型 方法名(参数列表) throws 异常类名{
  语句体
}
```

其中，异常类名可以是多个，但需要用逗号隔开。

关键字 throws 一般是用来抛出用户自定义异常的，将在下面详细讲解。

4．自定义异常处理

Java 类库中定义的异常主要用来处理系统可以预见的比较常见的运行错误。如果某个应用程序有特殊的要求，则可能出现系统不能识别的运行错误，这时就需要用户自己创建异常和异常类，使系统能够识别这种错误并进行处理，增强用户程序的健壮性和容错性，从而使系统更加稳定。

用户自定义的异常类一般都是 Exception 类的直接或者间接子类。

创建自定义异常的基本步骤如下：

（1）定义一个新的异常类，其必须继承 Exception 类、Exception 类的子类或用户自定义的其他异常类，其格式为：

```
class 自定义异常类名 extends 父异常类名{
  语句体
}
```

（2）为新的异常类定义属性和方法，或者重载父类的属性和方法，使之能够体现出程序中出现这种异常的信息。例如，下面的程序声明了一个名为 NumberRangeException 的异常类，它是 Exception 类的子类。该类具有两个构造方法：第一个构造方法使用 super();语句直接调用父类的没有参数的构造方法；第二个构造方法使用 super(str);语句直接调用父类参数为字符串类型的构造方法。当然，也可以自行编写构造方法的具体内容，以便完成更复杂的操作。

```
public class NumberRangeException extends Exception{
  public NumberRangeException(){
    super();
  }
  public NumberRangeException(String str){
    super(str);
  }
}
```

（3）抛出用户自定义的异常。用户自定义异常不可能依靠系统自动抛出，而必须通过关键字 throw 完成，通常是通过条件判断确定是否抛出这个异常类的新对象。抛出用户自定义异常格式如下：

```
返回类型 方法名(参数1,参数2,…) throws 自定义异常类{
  if(条件判断)
    throw(new 自定义异常类名(this));
  …
}
```

一般这种抛出异常的语句应该被定义为在满足一定条件时执行，例如，把 throw 语句放在 if 语句的判断分支中，只有当 if 条件得到满足，即用户定义的逻辑错误发生时才执行。由于方法包含 throw 语句，所以要准备接受和处理它在运行过程中可能会抛出的异常。如果方法中的 throw 语句不止一个，则定义方法时的异常类名也不止一个，应该包含所有可能产生的异常。

【案例 9.1】处理除数为零的异常

编写程序 Ling，用户键盘输入被除数和除数，然后计算并输出商。如果用户输入的除数为 0 且被除数为负数，则计算结果为"负无穷"；如果用户输入的除数和被除数均为 0，则计算结果为 0；如果用户输入的除数为 0 且被除数为正数，则计算结果为"正无穷"。操作步骤如下：

（1）在"记事本"中，输入如下程序代码。

```java
import java.io.*;
public class Ling{
  public static void main(String[] args){
    int num1=0,num2=0; //被除数和除数
    try {
      System.out.print("请输入被除数: ");
      BufferedReader input=new BufferedReader(new InputStreamReader(System.in));
      num1=Integer.parseInt(input.readLine());
      System.out.print("请输入除数: ");
      input=new BufferedReader(new InputStreamReader(System.in));
      num2=Integer.parseInt(input.readLine());
      System.out.println("两数相除的商为: "+num1/num2); //如果 num2=0 抛出异常
    }
    catch(ArithmeticException e){//处理数学错误造成的异常
      /*根据被除数的情况输出相应的计算结果*/
      if(num1<0 )
        System.out.println("两数相除的商为: 负无穷");
      else if(num1>0 )
        System.out.println("两数相除的商为: 正无穷");
      else
        System.out.println("两数相除的商为: 0");
    }
    catch(IOException e){}//处理输入/输出造成的错误
  }
}
```

在上面的程序中，第一个 catch 语句用来处理 ArithmeticException 类的异常，第二个 catch 语句用来处理 IOException 类的异常。如果 num2=0，则当执行到 num1/num2 表达式时，程序会抛出一个 ArithmeticException 类的对象，catch(ArithmeticException e)接收这个异常对象，然后执行其中的语句来处理这个异常。

（2）保存并运行程序，当用户输入的除数为 0 时，根据除数的情况分别输出相应的商，如图 9-1-4 所示。

【案例 9.2】应用自定义异常类

编写程序 SumException，计算用户输入的 0～20 之间任意两个整数的积。使用前面创建的自定义异常类 NumberRangeException 类来处理数字超出范围的异常。当用户

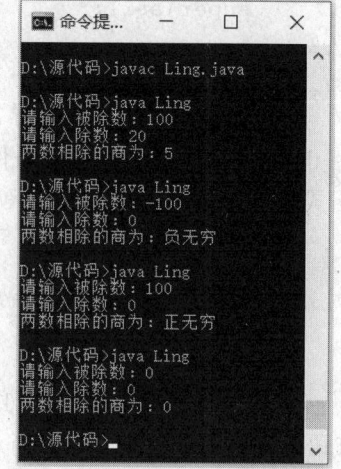

图 9-1-4　程序 Ling 的运行效果

输入的数字超出范围，则显示"输入的整数必须在 0～20 之间"的信息。操作步骤如下：

（1）在"记事本"中，输入如下程序代码。

```java
import java.io.*;
public class SumException
{
  public static void main(String args[])
  {
    int num1,num2,sum;          //被乘数、乘数和积
    try
    {
      System.out.print("请输入第一个整数: ");
      BufferedReader input=new BufferedReader(new InputStreamReader(System.
          in));
      num1=Integer.parseInt(input.readLine());
      System.out.print("请输入第一个整数: ");
      input=new BufferedReader(new InputStreamReader(System.in));
      num2=Integer.parseInt(input.readLine());
      System.out.println("两数的和为: "+sum(num1,num2));
    }
    catch (NumberRangeException e)
    {
      /*调用 NumberRangeException 类中的 getMessage()方法输出信息*/
      System.out.println(e.getMessage());
    }
    catch(IOException e){}
  }
  public static int sum(int num1,int num2) throws NumberRangeException
  {
    if((num1<0)||(num1>20)||(num2<0)||(num2>20))
      throw(new NumberRangeException("输入的整数必须在 0～20 之间"));
    return num1*num2;
  }
}
```

在上面的程序中，因为 try 语句中的语句体有可能发生两种异常，所以使用了两个 catch 语句分别来处理这两种异常。sum()方法中应用了 NumberRangeException 类，并在 throw 语句中直接创建了一个 NumberRangeException 类对象来抛出异常，其中的 String 类型参数，将由 NumberRangeException 类中的参数 str 接收。

（2）将前文介绍的 NumberRangeException 类保存在"源程序"文件夹中。保存并运行程序 SumException.java，效果如图 9-1-5 所示。

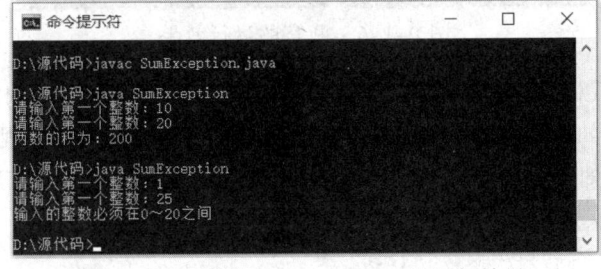

图 9-1-5　程序 SumException 的运行效果

9.1.3 断言

Java 从 JDK 1.4 版本起增加了关键字 assert 和断言功能。断言是一种经典的调试、测试方式，可以看作异常处理的一种高级形式。断言通常用于测试程序的内部逻辑，而不测试程序外部的预期结果。在程序测试后，运行时可以将断言删除。

1. 如何使用断言

在程序中，断言是一条语句，它对一个逻辑表达式进行检测，程序必须保证这个逻辑表达式的值为 true。如果该值为 false，则说明程序出现异常，系统将给出警告或者退出程序。一般情况下，断言默认是关闭的，通常在开发和测试时开启，软件发布后通常关闭或删除断言检查。断言是可以局部开启的，开启断言的 java 命令参数是-ea。在语法上，断言有两种格式：

```
assert Expression1;
assert Expression1 : Expression2;
```

其中，Expression1 是一个逻辑表达式，当系统运行断言时，如果 Expression1 的值为 false，则会抛出一个 AssertionError 异常。不要捕获该错误否则程序会异常停止。Expression2 可以是任何对象或者原始类型（包括 null），系统将计算出 Expression2 的结果，然后将这个结果作为 AssertionError 的构造函数的参数来创建 AssertionError 对象，并抛出该对象，使断言失败时获得更多的具体信息。如果 Expression1 的值为 true 则 Expression2 将不被计算。

例如，在下面的程序代码中，因为 25>50 显然是错误的，所以执行程序时会抛出异常，如图 9-1-6 所示的第一次运行。如果把 25>50 改为 25<50，则程序能顺利执行，打印 "程序正常"，如图 9-1-6 所示的第二次运行。

```
public class AssertDemo{
public static void main(String[] args){
    boolean isOk = 25>50;
    assert isOk;
    System.out.println("程序正常");
  }
}
```

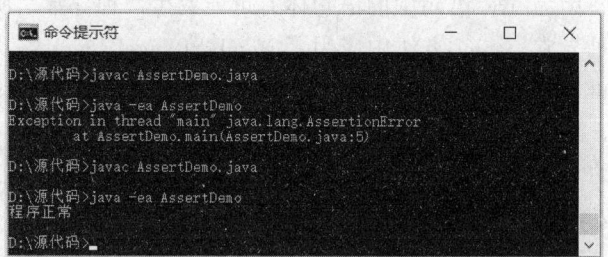

图 9-1-6　断言的运行效果

再如下面的程序代码，关键字 assert 后面 Expression1 的值为 false，所以抛出 AssertionError，其错误信息为 Expression2 的内容"程序错误"，程序执行结果就是输出"程序错误"，如图 9-1-7 所示的第一次运行。如果把 25>50 改为 25<50，则程序能顺利执行，打印 "程序正常"，如图 9-1-7 所示的第二次运行。

```
public class AssertDemo{
public static void main(String[] args){
```

```
boolean isOk = 25>50;
try{
    assert isOk : "程序错误";
    System.out.println("程序正常");
}catch(AssertionError err){
    System.out.println(err.getMessage());
    }
  }
}
```

图 9-1-7　断言的运行效果

2．断言参数

由于程序运行时对断言可选择开启或者不开启，可以开启一部分类或者包的断言功能，所以运行时的选项有些复杂。通过这些选项可以过滤所有不需要检测的类，只选择需要的类或者包来测试。断言语句的参数如下：

-ea 打开所有用户类的断言。

-da 关闭所有用户类的断言。

-ea:<classname>打开指定类的断言。

-da:<classname>关闭指定类的断言。

-ea:<packagename>打开指定包的断言。

-da:<packagename>关闭指定包的断言。

-ea:...打开默认包（无名包）的断言。

-da:...关闭默认包（无名包）的断言。

-ea:<packagename>...打开指定包和其子包的断言。

-da:<packagename>...关闭指定包和其子包的断言。

-esa 打开系统类的断言。

-dsa 关闭系统类的断言。

思考与练习 9-1

1．填空题

（1）程序中的错误可以分为_____、_____和_____。

（2）当_____现象发生时，会造成程序运行中断、系统死机等问题。

（3）多异常处理是通过在一个 try 语句后面定义若干_____语句来实现的。

（4）断言有两种格式：_____和_____。

2. 操作题

（1）编写一个程序，用户键盘输入一个字符，如果该字符是 a~z 之间的英文字母，则显示错误提示"请输入大写字母"；如果该字符不是英文字母，则显示错误提示"请输入英文字母"。

（2）编写一个程序，采用自定义异常类来处理数组下标出界的问题。要求使用 static double[] numbers = new double[10];语句来声明数组。

9.2 多 线 程

前面介绍的程序基本上都是单线程的，即一个程序只有一条从头到尾的执行路线。然而，在现实生活中，很多时候需要多种途径同时运作，例如，服务器可能同时处理多个客户的请求。同时存在的多个执行体按多条不同的执行路线共同工作的情况称为多线程。

9.2.1 多线程的基本概念

多线程程序是 Java 语言的一个很重要的特点。在一个 Java 程序中，可以同时并行多个相对独立的线程。

1. 程序、进程与线程

程序是一段静态的代码，它是应用软件执行的蓝本。

进程是程序的一次动态执行过程，它对应了从代码加载、执行至执行完毕的一个完整过程，这个过程也是进程本身从产生、发展至消亡的过程。

线程是比进程更小的执行单位，一个进程在其执行的过程中，可以产生多个线程，形成多条执行线索。每个线程也有它自身的产生、存在和消亡的过程。

每个进程都有一段专用的内存区域，并以进程控制块作为它存在的标志。不同的是，线程自身不能自动运行，而必须栖身于某一进程之中，由进程触发执行。在系统资源的使用上，属于同一进程的所有线程共享该进程的系统资源，并利用共享单元来实现数据交换、实时通信与必要的同步操作，所以线程之间切换的速度比进程切换要快得多。

2. 多线程与多任务

在操作系统中，同时运行几个相同或不相同的应用程序，每个程序占用一个进程。进程是程序的一次动态执行过程，它对应了从程序加载、执行到执行完毕的一个完整过程，这个过程也是进程本身从产生、发展到消亡的过程。一段程序可以被多次加载到系统的不同内存区域分别执行，形成不同的进程。

线程与进程相似，是一段完成某个特定功能的语句体，是程序中单个顺序的流控制。但与进程不同的是，同类的多个线程共享一块内存空间和一组系统资源，而线程本身的数据通常只有微处理器的寄存器数据，以及一个供程序执行时使用的堆栈。所以，系统在产生一个线程，或者在各个线程之间切换时，负担要比进程小得多。一个进程中可以包含多个线程。

一个线程是一个程序内部的顺序控制流。多进程是指在操作系统中，能同时运行多个任务程序。多线程是指在同一应用程序中，有多个顺序流同时执行。

多任务与多线程是两种不同的概念。前者是针对操作系统而言的，表示操作系统可以同时运行多个应用程序；后者是针对一个程序而言的，表示一个程序内部可以同时执行多个线程。

多线程的程序能更好地表述和解决现实生活的具体问题，是计算机应用开发和程序设计的一个必然发展趋势。

3. Java 语言如何实现多线程

Java 语言最大的优势就是它对线程内置和本地的支持。其他许多支持多线程的编程语言都需要利用外部的软件包才能够实现多线程，而 Java 语言本身就提供了支持多线程的包（java.lang.Thread）。Java 语言将一个虚拟的 CPU 封装在 Thread 类中，每个线程的代码通过 Thread 类与虚拟的 CPU 建立联系。Java 虚拟器本身只占用计算机 CPU 的一个进程，同时运行多个虚拟的 CPU，也就是多个 Thread 类的对象。而多个虚拟 CPU 之间的协调不需要编程者编写程序来控制，这使得编写多线程的应用程序容易了很多。

每个 Java 程序都有一个默认的主线程，对于 Java Application 来说，主线程是 main()方法执行的线索；对于 Java Applet 来说，主线程是指浏览器加载并执行 Java Applet 程序。要实现多线程，必须在主线程中创建新的线程对象。Java 语言中使用 Thread 类及其子类的对象来表示线程。

9.2.2 线程的状态和优先级

一个程序中可以有多个线程，每个线程都具有新建、就绪、运行、阻塞和死亡 5 个状态，通过一定的方法可以调度线程改变其状态。

1. 线程的状态

在 Java 语言中，一个完整的线程周期通常由以下 5 个状态组成。

（1）新建状态。新建状态是指一个 Thread 类或者其子类的对象被定义并创建后的状态。新建线程具有相应的内存空间和其他资源，并且已经被初始化。

例如，如果 MyThread 类是 Thread 类的子类，则下面的语句就可以创建一个新的线程。
```
Thread t=new MyThread();
```
（2）就绪状态。处于新建状态的线程被启动后，将进入线程队列排队等待 CPU 时间片，此时它已经具备了运行的条件。一旦轮到它来享用 CPU 资源时，就可以脱离创建它的主线程独立开始自己的运行周期。此外，原来处于阻塞状态的线程被解除阻塞后也将进入就绪状态。

（3）运行状态。当就绪状态的线程被调度并获得 CPU 资源时，便进入运行状态。每一个 Thread 类及其子类的对象都有一个重要的 run()方法，当线程对象被调度执行时，它将自动调用本对象的 run()方法，从第一条语句开始顺次执行。run()方法声明了这一类线程的操作和功能。

（4）阻塞状态。一个正在执行的线程在某些特殊情况下（如被人为挂起或者需要执行输入或者输出操作），让出 CPU 并暂时中止自己的执行周期，则进入阻塞状态。阻塞时它不能进入排队队列。只有当引起阻塞的原因被消除时，线程才可以转入就绪状态，重新进到线程队列中排队等待 CPU 资源，以便从原来终止处开始继续运行。例如，调用了 sleep()方法。

（5）死亡状态。处于死亡状态的线程不具有继续运行的能力。有两种情况可以使线程死亡：

一种是正常运行的线程完成了它的全部工作，也就是说执行完了 run()方法的最后一条语句并退出；另一种是线程被提前强制性终止，例如，通过执行 destroy()方法终止线程。

2. 线程的优先级

当一个在就绪队列中排队的线程被分配给 CPU 资源而进入运行状态后，这个线程就称为被"调度"或者被线程管理器选中了。Java 提供一个线程调度器来监控程序中启动后进入就绪状态的所有线程。线程调度器按照线程的优先级决定应调度哪个线程来执行。线程调度器是抢先式调度，也就是说如果在当前线程执行过程中，一个更高优先级的线程进入可运行状态，则这个线程立即被调度执行。

Java 语言中线程的优先级从低到高共分为 10 级，以整数 1～10 表示。设置优先级是通过调用线程对象的 setPriority()方法实现的。例如：

```
t1.setPriority(6);     //表示设置 Thread 类对象的优先级 6
t2.setPriority(4);     //表示设置 Thread 类对象的优先级 4
```

如果使用 t1.start();和 t2.start();方法启动线程，则线程 t1 将会优先于线程 t2 执行，并将占有更多的 CPU 时间。

优先级的设置可以放在线程启动前，也可以放在线程启动后，以满足不同的优先级需求。

Thread 类还定义了三个类常量，来表示线程优先级。MAX_PRIORITY 常量表示最高优先级（其值为 10），MIN_PRIORITY 常量表示最低优先级（其值为 1），NORM_PRIORITY 常量表示默认优先级（其值为 5）。

线程创建时，继承了父线程的优先级。父线程是指执行创建新线程对象语句的线程，它可能是主线程，也可能是用户自己定义的线程。一般情况下，主线程的优先级为默认优先级。

在线程创建之后，可以通过 getPriority()方法得到线程的优先级，也可以通过 setPriority()方法改变线程的优先级。

9.2.3　多线程的控制和调度

Java 中实现多线程有两种途径：一种是让程序继承 Thread 类；另一种是实现 Runnable 接口。但是，无论使用哪种方法，都需要用到 Java 基础类库中的 Thread 类及其方法。

1. Thread 类

创建线程是指将需要独立运行的子任务语句体放到 run()方法中。run()方法是 Thread 类中的一个方法，所以要实现多线程的程序必须是 Thread 类的子类。然后，在主线程中原先调用该子任务的地方先创建一个该线程类的对象，再调用线程类中的 start()方法启动线程。

（1）Thread 类构造方法有 6 种，其格式为：

```
public Thread()
public Thread(Runnable target)
public Thread(String s)
public Thread(Runnable target,String s)
public Thread(ThreadGroup group,Runnable target)
public Thread(ThreadGroup group,String s)
```

其中，参数 group 代表该线程所属的线程组，target 代表执行线程体的目标对象（该对象必须实现 Runnable 接口），s 代表线程名。利用构造方法创建新线程对象之后，这个对象中的有关数据被初始化，从而进入线程的生命周期的第一个状态。

（2）Thread 类中的主要方法有以下 10 种：

run() 方法：用来运行线程中的代码。

start() 方法：用来启动线程对象，使之从新建状态转入就绪状态。

sleep(long milis) 方法：用来让线程睡眠一段时间，此期间线程不消耗 CPU 资源，以毫秒为时间单位。

interrupt() 方法：用来中断线程。

isAlive() 方法：用来判断线程是否处于活动状态（即已调用 start，但 run 还未返回）。如果处于活动状态则返回 true，否则返回 false。

setName(String threadName) 方法：用来改变线程的名字。

getName() 方法：用来获取由 setName() 方法设置的线程名字的字符串。

yield() 方法：用来将 CPU 控制权主动移交到下一个可运行线程。

setPriority(int p) 方法：用来设置线程优先级。

getPriority() 方法：用来获取线程优先级。

用 Java 提供的线程类 Thread 来创建线程与创建普通类的对象操作是一样的，而线程就是 Thread 类或者其子类的实例对象。例如，下面的语句创建并启动了一个线程。

```
Thread mythread=new Thread();
mythread.start();
```

事实上，启动线程也就是启动线程的 run() 方法，而 Thread 类中的 run() 方法没有任何操作语句，所以这个线程没有任何操作。要使线程实现预定功能，必须重写 run() 方法。

2．Runnable 接口

Runnable 接口只有一个抽象方法 run()，所有实现 Runnable 接口的类都必须重写这个 run() 方法，编写具体操作语句。使用实现 Runnable 接口的方法创建线程的过程可以分为三个步骤：

（1）声明一个实现 Runnable 接口的类并生成对象。

（2）生成一个 Thread 类对象。

（3）将生成的 Runnable 对象作为参数传递给 Thread 构造方法。

例如，下面的语句实现了 Runnable 接口，然后创建并启动了一个线程。

```
public class UseThread implements Runnable{
  UseThread t=new UseThread();
  Thread myThread=new Thread(t);
  myThread.start();
}
```

如果通过直接继承 Thread 类来实现多线程，则程序编写简单，可以直接操纵线程。但是继承 Thread 类后，程序就不能再继承其他类。如果通过使用 Runnable 接口来实现多线程，则程序还可以继承其他类。

如果想让线程作为 Applet 应用程序的一部分而运行，经常使用 Runnable 接口这种方法。因为 Java 语言不支持多继承，即子类只能有一个父类，而 Applet 应用程序必须继承 java.applet.Applet 类，此时可用实现 Runnable 接口来使用线程。

3．线程的同步

在使用多线程时，由于可以共享资源，有时就会发生冲突。例如，有两个线程 thread1 负责向文件中写数据，thread2 负责读取文件中的数据。当它们操作同一个文件对象时，由于 thread1 与 thread2 是同时执行的，因此可能 thread1 修改了数据而 thread2 读出的仍为旧数据，此时用户将无法获得预期的结果。这主要是由于资源使用协调不当造成的，也称不同步。以前，这个问题一般由操作系统解决，而 Java 语言提供了自己协调资源的方法。

Java 提供了同步方法和同步状态来协调资源。Java 语言规定：被宣布为同步（使用 Synchronized 关键字）的方法、对象或类数据，在任何一个时刻只能被一个线程使用。通过这种方式使资源合理使用，达到线程同步的目的。

（1）使用关键字 synchonized 同步共享数据。

在一个对象中，用 synchonized 声明的方法为同步方法，其格式为：

```
public synchronized 方法名(参数列表){
   语句体
}
```

Java 语言中有一个同步模型监视器，负责管理线程对象中同步方法的访问。它的原理是：赋予该对象唯一的"钥匙"，当多个线程进入对象，只有取得该对象钥匙的线程才可以访问同步方法，其他线程在该对象中等待，直到该线程用 wait()方法放弃这把钥匙，其他等待的线程抢占该钥匙，抢占到钥匙的线程才能访问同步方法，而没有取得钥匙的线程仍被阻塞在该对象中等待。

（2）利用 wait()、notify()和 notifyAll()方法实现线程间的消息发送。

Java 程序中多个线程是通过消息来实现互动联系的，wait()、notify()和 notifyAll()方法实现了线程间的消息发送。例如，声明一个对象的 synchonized 方法，同一时刻只能够有一个线程访问该对象中的同步方法，其他线程被阻塞。通常可以用 notify()或 notifyAll()方法唤醒其他一个或所有线程。而使用 wait()方法来使该线程处于阻塞状态，等待其他的线程用 notify()唤醒。

【案例 9.3】两个线程

编写一个 Applet 程序 Xiancheng，说明在系统内部两个互不相干的线程各自运行的情况。线程 1 用来生产虚拟的黑色小球，线程 2 用来生产虚拟的白色小球。两个文本框中用来分别显示当前产生的黑色小球和白色小球的个数，操作步骤如下：

（1）在"记事本"中，输入如下程序代码。

```java
import java.awt.*;
import java.applet.*;
public class Xiancheng extends Applet implements Runnable{
  Label lblT1=new Label("当前黑色小球的个数");
  Label lblT2=new Label("当前白色小球的个数");
  TextField txtT1=new TextField(6);
  TextField txtT2=new TextField(6);
  Thread t1,t2;
  int count1=0, count2=0;    //小球的个数
  String str;                //保存当前运行线程的名称
  public void init(){
    add(lblT1);
```

```
    add(txtT1);
    add(lblT2);
    add(txtT2);
  }
public void start(){
    t1=new Thread(this,"black");
    t2=new Thread(this,"white");
    t1.start();
    t2.start();
  }
public void run(){
    while(true){
      txtT1.setText(count1 +"个");
      txtT2.setText(count2 +"个");
      try{
        /*当前线程处于阻塞状态，休眠时间为随机产生的 0～2 秒之间*/
        Thread.sleep((int)(Math.random()*2000));
      }
      catch(InterruptedException e){}
      str=Thread.currentThread().getName();//将当前运行线程的名称赋给 str
      if(str.equals("black"))
        count1++;
      if(str.equals("white"))
        count2++;
    }
  }
}
```

在上面的程序中，声明了两个线程 t1 和 t2，当 t1 开始运行调用 run()方法后，线程处于阻塞状态。此时，t2 开始运行，处于阻塞状态。然后系统会等待第一个结束阻塞状态，进入就绪状态的线程，并运行该线程。因为阻塞状态的时间是随机产生的，所以并不是线程 t1 和 t2 轮流运行。有可能 t1 处于 1 s 的阻塞状态，而 t2 的阻塞状态为 0 s，那么下一次系统还会运行 t2。根据当前运行线程名称的不同，给 count1 或 count2 增加 1。也就是说，变量 count1 和 count2 分别用来计算 t1 和 t2 实际运行的次数。

（2）请读者自行编写 HTML 程序，运行效果如图 9-2-1 所示。

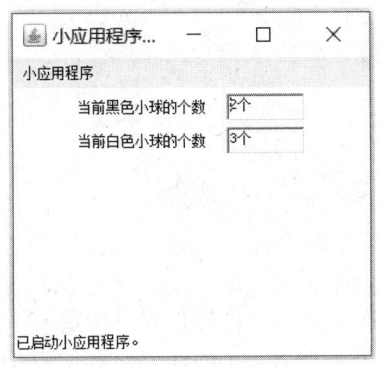

（a）程序运行几秒后的效果

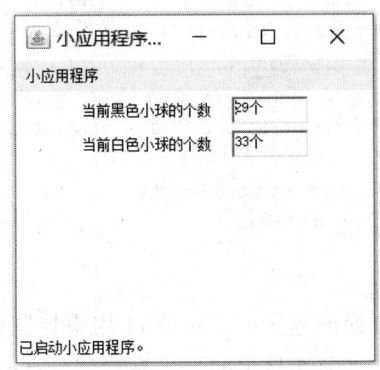

（b）程序运行一段时间后的效果

图 9-2-1　程序 Xiancheng 的运行效果

【案例 9.4】移动的标语

编写 Applet 程序 Biaoyu，程序运行后第一行标语"欢迎学习 Java 语言"从左向右循环移动，第二行标语"进入 Java 语言世界"从右向左循环移动，操作步骤如下：

（1）在"记事本"中，输入如下程序。

```java
import java.awt.*;
import java.applet.*;
public class Biaoyu extends Applet implements Runnable{
  Thread t;
  Font f1,f2;                              //两种字体
  int x1=0,x2=250;                         //两行字的 x 轴位置
  public void init(){
    f1=new Font("宋体",Font.BOLD,30);
    f2=new Font("黑体",Font.BOLD,30);
  }
  public void start(){
    if(t==null){
      t=new Thread(this,"Biaoyu");
      t.start();
    }
  }
  public void run(){
    while(t!=null ){
      if(x1==300) x1=0;                    //实现循环移动
      if(x2==0) x2=230;                    //实现循环移动
      repaint();
      x1+=2;                               //实现从左向右移动
      x2-=2;                               //实现从右向左移动
      try{
        t.sleep(100);
      }catch(InterruptedException e){}
    }
  }
  public void paint(Graphics g){
    g.setFont(f1);
    g.setColor(Color.blue);
    g.drawString("欢迎学习 Java 语言",x1,50 );
    g.setFont(f2);
    g.setColor(Color.red);
    g.drawString("进入 Java 语言世界",x2,130);
  }
  public void stop(){
    t=null;
  }
}
```

在上面的程序中，变量 x1 用来控制第一行文字每次显示的 x 坐标位置，变量 x2 用来控制第二行文字每次显示的 x 坐标位置。start()方法内创建了一个名为 t 的线程，并调用 Thread 类的 start()方法来启动这个线程。其中 this 是 Thread 构造方法中的第一个参数，是该线程的目标

对象，也就是 Biaoyu 类对象本身。线程被启动以后，调用 Biaoyu 类对象中的 run()方法。在 run()
方法的循环中，变量 x1 的值每次加 2，变量 x2 的值每次减 2，增值可以控制文字水平移动的
速度。执行 repaint()方法重新绘制 Applet 窗口中的内容后，线程会睡眠 0.1 s，从而达到动画的
效果。

（2）请读者自行编写 HTML 程序，运行效果如图 9-2-2 所示。

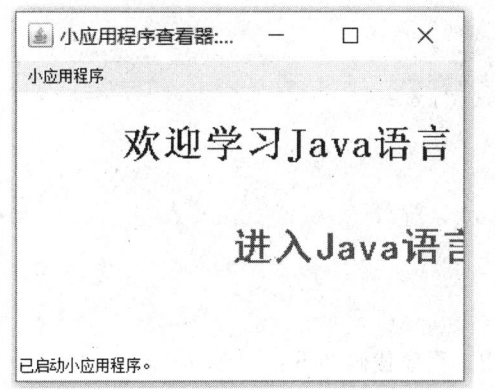 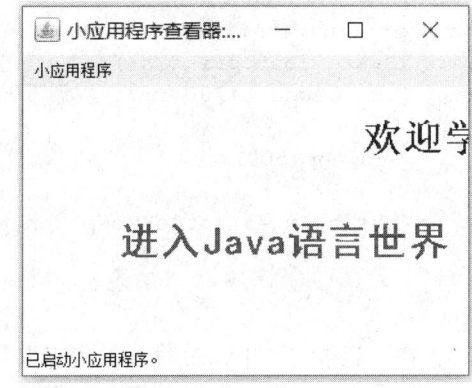

（a）程序运行后的效果　　　　　　　　　　　　　（b）程序运行一段时间后的效果

图 9-2-2　程序 Biaoyu 的运行效果

【案例 9.5】模拟存取款的处理过程

编写一组程序，模拟银行系统对用户存款和取款的处理过程。

假设存款人 A 和取款人 B 在同一时间对同一个账户进行操作。账户本身有 1000 元，A 进
行了两次存款操作，第一次存入 200 元，第二次存入 400 元；与此同时，B 进行了两次取款操
作，第一次取 100 元，第二次取 50 元。如果 A 和 B 的操作是相对独立，那么 A 最终看到账户
里有 1000+200+400=1600（元），而 B 最终看到账户里有 1000-100-50=850（元）。很显然同一
个账户不可能同时具有不同的金额，银行系统必须保证在同一时间内只有一个人可以对账户进
行操作，这就需要使用线程同步来实现，操作步骤如下：

（1）在"记事本"中，创建 Account 类，代表银行的账户，其程序代码如下：

```
public class Account{
  protected int balance=1000;  //账户原有的金额
  public synchronized void withdraw(int value){ //取钱同步方法
   balance=balance-value;
   System.out.println("提款人 B 取出 "+value+" 元");
   System.out.println("此时账户还有 "+balance()+" 元 ");
  }
  public synchronized void deposit(int value){  //存钱同步方法
   balance=balance+value;
   System.out.println("存款人 A 存入 "+value+" 元 ");
   System.out.println("此时账户还有 "+balance()+" 元");
  }
  public int balance(){  //返回账户当前金额
   return balance;
  }
}
```

（2）在"记事本"中，编写 A 类代表存款人 A，程序代码如下：

```java
public class A extends Thread{
  private Account acc;   //存款人A具有账户Account，通过对象acc调用
  public A(Account a){
    acc=a;
  }
  public void run(){
    for (int i=1;i<=2;i++){
      System.out.println();
      acc.deposit(200*i);  //调用deposit()方法
      try{
        sleep(500);
      }
      catch(InterruptedException e){}
    }
  }
}
```

（3）在"记事本"中，编写 B 类代表取款人 B，程序代码如下：

```java
public class B extends Thread{
  private Account acc;      //取款人B具有账户Account，通过对象acc调用
  public B(Account a){
    acc=a;
  }
  public void run(){
    for(int i=1;i<=2;i++){
      System.out.println();
      acc.withdraw(100/i);  //调用withdraw()方法
      try{
        sleep(500);
      }
      catch(InterruptedException e){}
    }
  }
}
```

（4）编写应用程序 Bank，模拟 A 和 B 的存款取款过程，其程序代码如下：

```java
public class Bank{
  public static void main(String[] args){
    System.out.println("银行账户原有 1000 元"+"\n");
    Account a=new Account();
    A tA=new A(a);
    B tB=new B(a);
    tA.start();
    tB.start();
  }
}
```

（5）在上边的程序代码中，创建了存款人 A 的对象 tA，取款人 B 的对象 tB，他们具有同一个账户即 Account 类对象 a。同时运行 tA 和 tB 各自的 run() 方法，即开始进行存钱和取钱的操作。假设在第一个循环过程中 tA 随机先获得了"钥匙"，调用了 Account 类中的 deposit() 方

法, 进行存款操作; 此时虽然 tB 也要求调用 withdraw()方法, 但是程序此时不会回应 tB 的请求。这是因为 deposit()方法和 withdraw()方法是同步方法, 当一个方法在被调用时, 另一个方法就被锁住了无法调用。当 tA 完成存款操作后, 释放了"钥匙", 程序才会将"钥匙"交给 tB, 调用 withdraw()方法。两个线程均进入阻塞状态 0.5 s, 然后开始第二轮循环, 假设这次 tB 随机先获得了"钥匙", 进行了取款操作, 而 tA 在 tB 完成操作释放"钥匙"后, 才进行存款操作。

（6）保存上面 4 个文件, 编译并运行程序 Bank.java, 运行结果如图 9-2-3 所示。

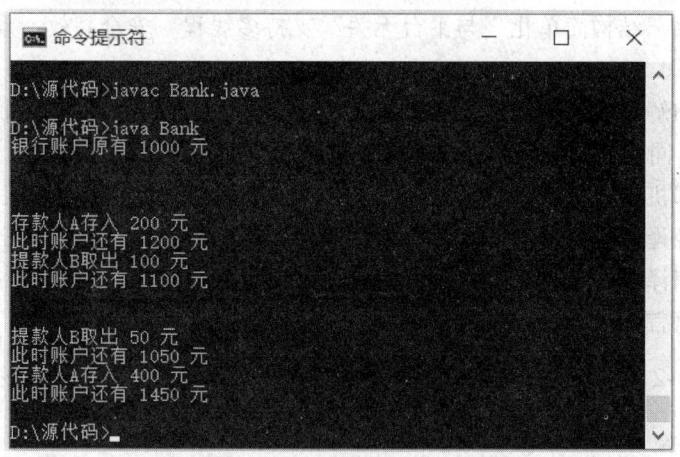

图 9-2-3 程序 Bank 的运行结果

思考与练习 9-2

1. 填空题

（1）线程是_____, 其具有_____、_____、_____、_____和_____ 5 个基本状态。

（2）在 Java 语言中, 实现线程有两种途径: 一个是让程序继承_____类, 另一个是实现_____接口。

（3）线程的同步是通过关键字_____来实现的。

2. 操作题

（1）编写程序, 在界面中央显示一行文字, 该行文字在界面中从下到上垂直移动, 当到达界面最上方后, 由界面最下方出现, 重新向上方移动。

（2）编写程序, 仿照【案例 9.3】, 运行 5 个线程。

（3）编写 Applet 程序, 制作一个红色小球在界面中移动, 碰壁后反弹的动画。

部分思考与练习参考答案

思考与练习 1-1

1. 填空题

（1）Sun　Oracle

（2）面向对象　结构简单化　与平台无关　支持多线程　安全高效　动态性

2. 问答题

（1）编译器和解释器的相同之处是都是将高级语言写好的程序翻译成计算机 CPU 能够接收的机器语言。不同之处是翻译的方式不同：编译器是把程序全部翻译成机器语言后，CPU 再运行翻译好的全部机器语言；解释器是在程序运行时每翻译一句高级语言就传递给 CPU，CPU 立即运行这部分翻译好的机器语言。

（2）首先由编译器将 Java 程序编译为字节码；然后由 Java 虚拟机解释执行字节码，将字节码翻译成机器语言。

思考与练习 1-2

1. 填空题

（1）bin

（2）javac　java　appletviewer

（3）rmic

（4）javap

（5）keytool

2. 问答题

（1）更新环境变量 PATH 后，用户不需要再输入 Bin 文件夹中可执行文件的完整路径来运行该文件，而只需要直接输入可执行文件的文件名。

（2）参看 1.2.3 节内容。

思考与练习 1-3

1. 填空题

（1）package　最前面　一

（2）main()　起始点

（3）public

（4）package 语句　import 语句　类　方法　语句

（5）Java Application　Java 应用程序　Java Applet　Java 小程序

2. 问答题

（1）输入命令"javac 文件名.java"，按【Enter】键，然后输入命令"java 文件名"，按【Enter】键。

（2）输入命令"javac 文件名.java"，按【Enter】键，然后输入命令"appletviewer 文件名.html"，按【Enter】键。

思考与练习 1-4

1. 填空题

（1）网页内容结构　尖括号

（2）网页标题　显示名称

（3）标记启动字节码文件的位置　宽度　高度

2. 操作题

（1）

```java
public class Exp1{
  public static void main(String args[]){
    System.out.println("姓名: 沈昕");
    System.out.println("性别: 女");
    System.out.println("爱好: 烘焙、摄影和健身");
  }
}
```

（2）

```java
import java.awt.*;
import java.applet.*;
public class Exp2 extends Applet{
  public void paint(Graphics g){
    g.drawString("沈昕",30,50);
    g.drawString("女",30,100);
    g.drawString("音乐、体育、美术",30,150);
  }
}
```

（4）

```
&&&&&
 &&&&&
  &&&&&
   &&&&&
   *
  ***
*****
```

思考与练习 2-1

1. 填空题

（1）注释语句

（2）反斜线

（3）\t　\n　\b　\ddd　\'　\uxxxx　\"　\\

2. 操作题

（1）核心语句如下：

```java
System.out.println( "  %  \n %%% \n%%%%%\n %%% \n  %  " );
```

（2）核心语句如下：

```java
System.out.println(" |");
System.out.println(" |");
```

```
System.out.println(" |__  o\\");
System.out.println(" | W   \\O");    //字母W代表篮筐
System.out.println(" |     |\\_          |\\ ");
System.out.println(" |     /-\\\           \\O ");
System.out.println(" |    /    \\           |");
System.out.println(" |                   |");
System.out.println(" |                  /|");
System.out.println(" |                 |  \\");
System.out.print(" ------------------------------------"); // 绘制地板
```

（3）

（4）

思考与练习 2-2

1. 填空题

（1）整数类型　浮点类型　逻辑（布尔）类型　字符类型　字符

（2）大小写字母　数字　下画线　美元符号$　数字

（3）int　long　char　String

（4）16

2. 选择题

（1）AB　　（2）BC　　（3）C　　（4）AD

2. 操作题

（1）核心语句如下：

```
temp=a;              //将变量 a 的值赋给变量 temp
a=b;                 //将变量 b 的值赋给变量 a
b=c;                 //将变量 c 的值赋给变量 b
c=temp;              //将变量 d 的值赋给变量 c
```

（3）

```
System.out.print();        //必须要有打印内容
System.out.println('1.65');//应为浮点类型
```

思考与练习 2-3

1．填空题

（1）状态　行为

（2）封装　多态　继承　抽象

（3）API

（4）实例　类的对象

（5）0（包括 0）～1（不包括 1）　　double

（6）10

（7）int i = Math.abs(-10)+Math.sqrt(Math.pow(3.57,-23));

2．操作题

（1）核心语句如下：

```
int a,b,c,max,min;
a=(int)(Math.random()*321)+55;
b=(int)(Math.random()*321)+55;
c=(int)(Math.random()*321)+55;
max=Math.max(a,b);
max=Math.max(max,c);
min=Math.min(a,b);
min=Math.min(min,c);
System.out.println(a);
System.out.println(b);
System.out.println(c);
System.out.println(max);
System.out.println(min);
```

（2）核心语句如下：

```
String str="This is a String.";
String str1=str.toUpperCase();
String str2=str.toLowerCase();
System.out.println(str1);
System.out.println(str2);
```

思考与练习 3-1

1．填空题

（1）false

（2）true

（3）>>

（4）从表达式的左边向右边

（5）变量　表达式　变量　一致

2．操作题

（1）核心语句如下：

```
final double Pi=3.1415926535;
int r=5;                //半径
double a,b,c;           //周长、面积和体积
```

```
a=2*Pi*r;                    //计算周长
b=Pi*r*r;                    //计算面积
c=4/3*r*r*r;                 //计算体积
```

思考与练习 3-2

1. 填空题

（1）有且只有一个

（2）数据类型的转换

（3）系统把所占内存空间字节数少的类型，自动转换为所占内存空间字节数多的类型，把整数类型转换为浮点类型

（4）通过语句把所占内存空间字节数多的类型，强制转换为所占内存空间字节数少的类型，把浮点类型转换为整数类型

思考与练习 4-1

1. 填空题

（1）解决一个特定问题采用的特定的、有限的方法和步骤　顺序结构　选择结构　循环结构

（2）有穷性　确定性　可行性　输入性　输出性

（3）流程图　N–S 图　PAD 图

2. 问答题

（2）当型循环是先进行判断，再执行循环体内的操作。直到型循环是先执行循环体内的操作，再进行判断。

思考与练习 4-2

1. 填空题

（1）逻辑

（2）最近且未配对的　——

（3）整型或者字符型数据　case

（4）break;

（5）语句体

（6）java.io

2. 操作题

（1）核心语句如下：

```
String str="";
System.out.print("请输入一个正整数: ");
try{
  BufferedReader input=new BufferedReader(new InputStreamReader(System.
      in));
  str=input.readLine();
}
catch(IOException e){}
int num=Integer.parseInt(str);
if((num%3==0)&&(num%5==0))
```

```
  System.out.println(num + " 是3和5的倍数");
else
  System.out.println(num + " 不是3和5的倍数");
```

（2）核心语句如下：

```
int index=0;              //变量index用来保存用户输入的星座编号
String str="";
System.out.println("请选择您的星座编号:");
System.out.println("1.白羊座 2.金牛座 3.双子座 4.巨蟹座 5.狮子座 6.处女座");
System.out.println("7.天秤座 8.天蝎座 9.射手座 10.摩羯座 11.水瓶座 12.双鱼座");
try{
   BufferedReader input=new BufferedReader(new InputStreamReader(System.
       in));
   str=input.readLine();
}
catch(IOException e){}
index=Integer.parseInt(str);
switch(index){
  case 1: System.out.println("您的幸运数字是: 1、10、11");
        break;
  case 2: System.out.println("您的幸运数字是: 4、7、9");
        break;
  case 3: System.out.println("您的幸运数字是: 23、66、87");
        break;
  case 4: System.out.println("您的幸运数字是: 6、23、73");
        break;
  case 5: System.out.println("您的幸运数字是: 6、8、10");
        break;
  case 6: System.out.println("您的幸运数字是: 14、18、29");
        break;
  case 7: System.out.println("您的幸运数字是: 11、38、62");
        break;
  case 8: System.out.println("您的幸运数字是: 9、55、34");
        break;
  case 9: System.out.println("您的幸运数字是: 2、5、7");
        break;
  case 10: System.out.println("您的幸运数字是: 44、59、61");
        break;
  case 11: System.out.println("您的幸运数字是: 8、17、33");
         break;
  case 12: System.out.println("您的幸运数字是: 7、26、30");
        break;
  default: System.out.println("输入编号不存在!");
}
```

（3）核心语句如下：

```
String str="";
double tax;
System.out.print("请输入工资: ");
try{
 BufferedReader input=new BufferedReader(new InputStreamReader(System.
in));
```

```
    str=input.readLine();
}
catch(IOException e){}
int salary=Integer.parseInt(str);
if (salary>10000) tax=3000*0.1+5000*0.2+(salary-10000)*0.3;
else if (salary>5000 && salary<=10000) tax=3000*0.1+(salary-5000)*0.2;
else if (salary>2000 && salary<=5000) tax=(salary-2000)*0.1;
else tax=0;
System.out.println("工资税是: "+tax);
```

思考与练习 5-1

1．填空题

（1）while 语句　　do…while 语句　　for 语句

（2）"死循环"

（3）1　0

（4）do…while 形式先执行循环体，然后再判断的循环语句

（5）分号

（6）对可能是解的众多候选解，根据问题所要求的条件，按某种顺序逐一判断每一个候选解，并从中找出那些符合要求的候选解作为问题的正确解

2．操作题

（1）核心语句如下：

```
int totalsum=0;
int n=2;
 while(n<=10){
  int m=1;
  int sum=1;
  while(m<=n){
    sum=sum*m;
    m=m+1;
  }
  totalsum+=sum;
  n=n+2;
}
System.out.println("2!+4!+…+10! = " + totalsum);
```

（6）核心语句如下：

```
int x,y,r1=4,r2=6;
  for(x=1;x<r2;x++){
    for(y=1;y<r2;y++){
      if(x*x+y*y>r1*r1&&x*x+y*y<r2*r2)   // 判断是否在圆环里
        System.out.print("x="+x+", y="+y+"\t");
    }
}
```

（7）核心语句如下：

```
for(int i=1;i<=500;i++)
{
  int sum=0;
```

```
  for(int j=1;j<i;j++)
    if(i%j==0) sum=sum+j;
  if(sum==i) System.out.print(i+" ");
}
```

思考与练习 5-2

1. 填空题

（1）continue

（2）break

思考与练习 6-1

1. 填空题

（1）一批按一定顺序排列的、相互有联系的数据 所能含有元素的个数 数组名.length

（2）index[0] index[49]

（3）一组无序的数据元素调整为一个从小到大或者从大到小排列的有序序列 插入排序法 选择排序法 冒泡排序法 变量的数值交换

（4）冒泡 插入

思考与练习 6-2

1. 填空题

（1）void

（2）重载

2. 操作题

（1）核心语句如下：

```
public static void main(String args[]){
  long sum=0;
  System.out.print("1!+3!+...+7!+9! = ");
  for(int i=1;i<=9;i+=2)
    sum=sum+Jiec(i);      //调用 Jiec()方法
  System.out.println(sum);
}
/*使用递归方法求 index!的值*/
static long Jiec(int index){
  if(index==1)
    return 1;
  else
    return index*Jiec(index-1);
}
```

思考与练习 7-1

1. 填空题

（1）public private static

（2）一个 多个 方法名称 参数

（3）new

（4）实例方法　实例变量

（5）父类

思考与练习 7-2

1．填空题

（1）类继承　变量　方法　父类　子类

（2）super

（3）多态

（4）构造方法　　　getClass()

思考与练习 7-3

1．填空题

（1）package 包名　import 包名.类名;

（2）java.io　java.applet

2．问答题

（1）java.lang 包：Java 语言的核心类库，包含了运行 Java 程序必不可少的系统类。

java.awt 包：Java 语言用来构建图形用户界面（GUI）的类库，它包括了所有创建用户界面所要使用的类，以及绘制图形和编辑图片所需要的类。

java.io 包：Java 语言的标准输入/输出类库，包含了实现 Java 程序与操作系统、用户界面以及其他 Java 程序做数据交换所使用的类。

java.applet 包：提供了用来创建 Applet 的必须类，它仅包含少量几个接口和一个非常有用的类：java.applet.Applet。该类用来与 Applet 中的组件进行交流。

（2）修饰符分为访问控制符和非访问控制符两大类。访问控制符用来声明类、方法或变量等是否可以被程序里的其他部分访问和调用。非访问控制符用来声明类、方法或变量等的特殊属性。

思考与练习 7-4

1．填空题

（1）interface　class　implements

（2）public　abstract

（3）static　final

（4）内部类

2．操作题

（2）核心语句如下：

```
private int[] numbers;
private int Arraysize;
public MyArray(int i)
{
  numbers=new int[i];
  Arraysize=i;
}
```

```
public void add(int num)
{
  numbers[num]=num;
}
public boolean isFull(int num)
{
  if(num==Arraysize)
    return true;
  else
    return false;
}
public int sum()
{
  int sum=0;
  for(int i=0;i<Arraysize;i++)
    sum=sum+numbers[i];
  return sum;
}
public String toString()
{
  String s=super.toString()+sum();
  return s;
}
```

思考与练习 8-1

1．填空题

（1）创建容器和组件　指定布局　响应事件

（2）GUI　容器　组件　java.awt　javax.swing

（3）Label　TextField　Button

（4）BorderLayout

（5）FlowLayout

思考与练习 8-2

1．填空题

（1）事件

（2）事件类（Event）　事件源（Event Source）　事件处理者（Event Handler）

（3）java.awt.AWTEvent　EventObject

（4）KeyListener　keyPressed()　keyReleased()　keyTyped()

（5）java.awt.event

（6）MouseEvent

（7）适配器（Adapter）

2．操作题

（1）核心语句如下：

```
public void keyPressed(KeyEvent e){
  if(e.getKeyChar()=='W')
```

```
    Y-=move;        //如果按向上方向键，则 Y 坐标值减 5
  else if(e.getKeyChar()=='Z')
    Y+=move;        //如果按向下方向键，则 Y 坐标值加 5
  else if(e.getKeyChar()=='A')
    X-=move;        //如果按向左方向键，则 X 坐标值减 5
  else if(e.getKeyChar()=='S')
    X+=move;        //如果按向右方向键，则 X 坐标值加 5
  btn.setBounds(X,Y,width,height);        //重新设置按钮的位置
}
```

（5）核心语句如下：

```
int num1,num2;          //保存用户输入的两个数字
Label lblNum1=new Label("第一个数字");
Label lblNum2=new Label("第二个数字");
Label lblMsg=new Label("请输入数字然后单击按钮");
TextField txtNum1=new TextField(4);
TextField txtNum2=new TextField(4);
Button btnJia=new Button("加");
Button btnJian=new Button("减");
Button btnCheng=new Button("乘");
Button btnChu=new Button("除");
…
  /*添加所有的组件*/
  add(lblNum1);add(txtNum1);add(lblNum2);add(txtNum2);
  add(lblMsg);
  add(btnJia);add(btnJian);add(btnCheng);add(btnChu);
  /*添加需要监听的组件*/
  btnJia.addActionListener(this);
  btnJian.addActionListener(this);
  btnCheng.addActionListener(this);
  btnChu.addActionListener(this);
}
public void actionPerformed(ActionEvent e){        //事件处理方法
  num1=Integer.parseInt(txtNum1.getText());
  num2=Integer.parseInt(txtNum2.getText());
  if(e.getSource()==btnJia)
    lblMsg.setText("两数的和是: "+String.valueOf(num1+num2));
  else if(e.getSource()==btnJian)
    lblMsg.setText("两数的差是: "+String.valueOf(num1-num2));
  else if(e.getSource()==btnCheng)
    lblMsg.setText("两数的积是: "+String.valueOf(num1*num2));
  else
    lblMsg.setText("两数的商是: "+String.valueOf(num1/num2));
}
```

思考与练习 8-3

1．填空题

（1）import java.awt.*;　java.awt

（2）左上角　x　y　像素

（3）黑色　当前系统

（4）repaint();

2．操作题

（3）核心语句如下：

```
/*从右到左依次绘制7种颜色的扇形*/
g.setColor(Color.red);
g.fillArc(20,20,200,200,20,20);
g.setColor(Color.orange);
g.fillArc(20,20,200,200,40,20);
g.setColor(Color.yellow);
g.fillArc(20,20,200,200,60,20);
g.setColor(Color.green);
g.fillArc(20,20,200,200,80,20);
g.setColor(Color.cyan);
g.fillArc(20,20,200,200,100,20);
g.setColor(Color.blue);
g.fillArc(20,20,200,200,120,20);
g.setColor(Color.magenta);
g.fillArc(20,20,200,200,140,20);
/*绘制扇形边缘的黑线*/
g.setColor(Color.black);
g.drawArc(20,20,200,200,20,140);
```

思考与练习 8-4

1．填空题

（1）javax.swing　　顶层容器

（2）JFrame　JDialog　JWindow　JApplet

（3）BoxLayout

（4）内容面板

（5）JScrollPane　　两个且只能两

思考与练习 8-5

1．填空题

（1）JcheckBox　　JRadioButton

（2）ButtonGroup

（3）ItemEvent　　ActionEvent

（4）JPasswordField　JTextField

（5）JTable　JScrollPane

（6）JPopupMenu　　鼠标指针

思考与练习 8-6

1．填空题

（1）java.applet　java.net

（2）play()　循环播放载入的音频文件

2．操作题

（2）核心语句如下：

```
public void actionPerformed(ActionEvent e){
  if(e.getSource()==menuItem1){
    Object[] qumu={ "1-蓝色多瑙河舞曲","2-土耳其进行曲","3-命运交响曲","4-轻骑兵
          序曲" };                        //调出对话框显示所有曲目的名称
    String s=(String)JOptionPane.showInputDialog(frame,"请选择曲目","名曲欣赏
          ",JOptionPane.INFORMATION_MESSAGE,null,qumu,"1-蓝色多瑙河舞曲");
    sound=loadSound(s.substring(0,1)+".wav");
    //截取曲目的编号即音频文件名
}
  if(e.getSource()==menuItem2)sound.play();
  if(e.getSource()==menuItem3)sound.loop();
  if(e.getSource()==menuItem4)sound.stop();
  if(e.getSource()==menuItem5){
    int n=JOptionPane.showConfirmDialog(frame,"是否要退出程序","名曲欣赏",
          JOptionPane.OK_CANCEL_OPTION);    //调出对话框确定用户是否要退出
  if(n==JOptionPane.OK_OPTION)
    System.exit(0);
  }
}
private AudioClip loadSound(String fileName){
  URL url=null;
  try{url=new URL("file:"+System.getProperty("user.dir")+"/"+fileName);}
  catch(MalformedURLException e) {}
  return Applet.newAudioClip(url);
}
```

思考与练习 9-1

1．填空题

（1）编译错误　运行错误　逻辑错误

（2）异常

（3）catch

（4）assert Expression1;　assert Expression1 : Expression2;

2．操作题

（2）核心语句如下：

```
static double[] numbers=new double[10];
public static void main(String args[]){
  try{
    addNum(10);
  }
  catch (ArrayIndexOutOfBoundsException e){  //接收数组下标越界异常
    System.out.println("数组下标最大值为 9，产生数组下标越界异常");
    //处理异常
  }
  finally{ //无论有无异常均执行
    for(int i=0;i<=9;i++)
```

```
      System.out.println("i ="+i+"时, "+"numbers[i]="+numbers[i]);
  }
}
public static void addNum(int index)throws ArrayIndexOutOfBoundsException{
  for(int i=0;i<=index;i++)
    numbers[i]=66.66;
    //当 i=10 时会抛出 ArrayIndexOutOfBoundsException 类异常
}
```

思考与练习 9-2

1．填空题

（1）程序内部的顺序控制流　新建　就绪　运行　阻塞　死亡

（2）Thread　Runnable

（3）synchronized

2．操作题

（3）核心语句如下：

```
Thread t;              //线程对象
Image buffer;
int x,y;               //圆心点的当前坐标
int width,height;      //当前 apple 尺寸
int incX,incY;         //当前移动方向
public void init(){
  x=y=4;               //从左上角开始
  incX=incY=4;         //开始往东南向移动
}
public void start(){
  t=new Thread(this);
  t.start();           //启动线程
}
public void run(){
  while(true)
  {
  /*如果没有缓冲区，或者 applet 大小变更，就创建一个新缓冲区*/
    if((buffer==null)||(width!=getWidth())||(height!=getHeight())){
      buffer=createImage(getWidth(),getHeight());
      width=getWidth();
      height=getHeight();
    }
    Rectangle oldRect=new Rectangle(x,y,51,51);//老位置矩形区域
    x+=incX;y+=incY;     //圆心新位置
    Rectangle newRect=new Rectangle(x,y,51,51);//新位置矩形区域
    Rectangle r=newRect.union(oldRect);
    //含新老位置矩形区域
    Graphics g=buffer.getGraphics();
    //更新屏幕外的缓冲区
    g.clipRect(r.x,r.y,r.width,r.height);//限定重绘区域
    update(g);    //把缓冲区直接拷贝到显示区域
    g=getGraphics();
```

```
      g.clipRect(r.x,r.y,r.width,r.height);//重新绘制 applet 区域
      g.drawImage(buffer,0,0,this); //显示图形
      /*当球撞到反射面后，调整方向*/
      if(x<=0)incX=4;
      else if(x+20>=getWidth()) incX=-4;
      if(y<=0)incY=4;
      else if(y+20>=getHeight()) incY=-4;
      try{
         Thread.sleep(50); //暂停 0.05 秒
      }catch(InterruptedException e){}
   }
}
public void paint(Graphics g){
   g.setColor(Color.red);
   g.fillOval(x,y,20,20);//绘制圆
}
```